教育部高等学校高职高专电子信息类专业教学指导委员会规划教材
国家示范性高职院校建设项目成果

院级精品课
配套教材

电路分析基础

汪赵强　宫晓梅　主编

電子工業出版社
Publishing House of Electronics Industry
北京·BEIJING

内 容 简 介

本书按照教育部最新的职业教育教学改革目标和电子信息教指委专业规范要求，结合国家示范院校建设课程改革成果，以及作者多年的校企合作经验进行编写。全书根据当前高职高专院校的教学需要，结合学生将来从事的工程应用设置内容，主要内容包括电路的基本概念和基本定律、线性网络的基本分析方法和定理、正弦交流电路、三相交流电路、非正弦周期电流电路、电路的暂态分析、磁路和铁芯线圈电路等。本书针对高职学生的学习特点，注重学生提高学习兴趣和掌握知识与技能，体现教学方式的灵活性，内容适宜和适度，通观全面，突出重点。在编写上叙述简练，概念清晰，通俗易懂，图文并茂，设有精选的例题和较多习题，方便教师教学和学生自学。

本书为高职高专院校电路分析基础课程的教材，也可作为应用型本科、成人教育、自学考试、电视大学、中职学校、培训班的教材，以及电子电气工程技术人员的学习参考书。

本书配有电子教学课件及习题参考答案，详见前言。

图书在版编目（CIP）数据

电路分析基础/汪赵强，宫晓梅主编. —北京：电子工业出版社，2011.12
教育部高等学校高职高专电子信息类专业教学指导委员会规划教材
ISBN 978-7-121-15045-6

Ⅰ. ①电… Ⅱ. ①汪… ②宫… Ⅲ. ①电路分析－高等职业教育－教材 Ⅳ. ①TM133

中国版本图书馆 CIP 数据核字（2011）第 231711 号

策划编辑：陈健德（E-mail：chenjd@phei.com.cn）
责任编辑：徐　萍
印　　刷：北京盛通商印快线网络科技有限公司
装　　订：北京盛通商印快线网络科技有限公司
出版发行：电子工业出版社
　　　　　北京市海淀区万寿路 173 信箱　邮编 100036
开　　本：787×1092　1/16　印张：10.5　字数：275 千字
版　　次：2011 年 12 月第 1 版
印　　次：2022 年 7 月第 8 次印刷
定　　价：24.00 元

凡所购买电子工业出版社图书有缺损问题，请向购买书店调换。若书店售缺，请与本社发行部联系，联系及邮购电话：（010）88254888。

质量投诉请发邮件至 zlts@phei.com.cn，盗版侵权举报请发邮件至 dbqq@phei.com.cn。

服务热线：（010）88258888。

前言

高等职业教育的目标是培养生产、建设、管理、服务第一线的职业型、应用型和技能型人才。“电路分析基础”是理工科许多专业的一门非常重要的专业基础课，教师在长期的教学实践中体会到，对各院校学生来说该课程难度大、内容多、学习困难。为更加轻松和有效地开展教学，我们按照教育部最新的职业教育教学改革要求，结合国家示范院校建设课程改革成果，以及多年的校企合作经验编写本书。

本书从工程应用的角度出发，在内容的选择和讲解方面，以当前高等职业院校学生就业技能实际需求，以及学生对相关知识点的实际接受能力为依据，努力体现针对性和实用性，以适应当前职业教育发展的需要。本书具有以下特点。

(1) 注重基础知识。“电路分析基础”是理工科许多专业的一门非常重要的专业基础课，因此本书重视基本概念、基本定律、基本分析方法，淡化理论推导和复杂的数学分析，在内容选择方面，力争体现教学内容适宜和适度，通观全面，突出重点，重视应用。

(2) 注重技能培养。为了提高学生的实际操作技能，教材里提供了实验内容，通过相关操作，加深学生对基本概念、基本定律及相关知识的理解。

(3) 注重启发教学。每一章内容均有提出问题、引导思考、探索求证、练习巩固等，增强课堂教学的师生互动与灵活性，可以启发思维和强化动手能力。

(4) 文字叙述注重条理化。每章章首均有“教学导航”，便于教师教学；每章章末均有“知识梳理与总结”，帮助学生理清思路和概念，使学生容易记忆理解。

(5) 精心设计实例。每章均设有一些典型实例的讲解，帮助学生理解基本概念和基本定律；精讲多练，重视学生解决实际问题能力的培养。

(6) 精编习题。习题量多，概念覆盖面宽，每一个基本概念均有针对性的习题；习题可布置性好，题型丰富，有填空题、选择题、思考题和分析计算题等。

全书共分为 7 章。第 1 章为电路的基本概念和基本定律；第 2 章为线性网络的基本分析方法和定理；第 3 章为正弦交流电路；第 4 章为三相交流电路；第 5 章为非正弦周期电流电路；第 6 章为电路的暂态分析；第 7 章为磁路和铁芯线圈电路。

本书由北京信息职业技术学院汪赵强、宫晓梅老师主编，参与编写的还有北京电子科技职业技术学院李欣老师和北京电子信息高级技工学校郝金艳、杜淼、任柳霖老师。 其中第 1 章、第 5 章由汪赵强编写，第 2 章由宫晓梅编写，第 3 章、第 4 章由李欣、宫晓梅编写，第 6 章由宫晓梅、杜淼编写，第 7 章由郝金艳、任柳霖编写。 本书在编写、整理和定稿过程中，还得到教育部教指委专家和许多同行的支持与帮助，在此向他们表示诚挚的谢意。

由于水平和时间有限，书中难免有错漏和不妥之处，敬请广大读者批评指正。

为了方便教师教学，本书配有免费的电子教学课件和习题参考答案，请有此需要的教师登录华信教育资源网（http://www.hxedu.com.cn）免费注册后进行下载，有问题时请在网站留言板留言或与电子工业出版社联系（E-mail:hxedu@phei.com.cn）。

编　者

目录

第 1 章　电路的基本概念和基本定律 ······ 1

1.1　电路和电路模型 ······ 2

1.1.1　电路的定义和组成 ······ 2

1.1.2　电路模型 ······ 3

1.2　电路的基本物理量 ······ 4

1.2.1　电流 ······ 4

1.2.2　电压 ······ 5

1.2.3　电位 ······ 7

1.2.4　电动势 ······ 8

1.2.5　电功率与电能 ······ 9

1.3　电阻、电容、电感元件及其特性 ······ 11

1.3.1　电阻元件及欧姆定律 ······ 11

1.3.2　电容元件及其特性 ······ 13

1.3.3　电感元件及其特性 ······ 15

1.4　电路中的独立电源 ······ 16

1.4.1　电压源 ······ 17

1.4.2　电流源 ······ 18

1.4.3　电源模型的等效变换 ······ 20

1.5　基尔霍夫定律 ······ 21

1.5.1　基尔霍夫电流定律 ······ 22

1.5.2　基尔霍夫电压定律 ······ 24

知识梳理与总结 ······ 25

习题 1 ······ 26

阅读材料 1：电阻元件的识别与应用 ······ 29

阅读材料 2：电容元件的识别与应用 ······ 34

阅读材料 3：电感元件的识别与应用 ······ 39

第 2 章　线性网络的基本分析方法和定理 ······ 42

2.1　电阻的串、并联和混联电路 ······ 43

2.1.1　电阻串联 ······ 43

2.1.2　电阻并联 ······ 45

2.1.3 电阻混联 …… 49
2.2 支路电流法 …… 50
2.3 网孔电流法 …… 52
2.4 节点电压法 …… 54
2.5 叠加定理 …… 55
2.6 戴维南定理和诺顿定理 …… 57
2.6.1 戴维南定理 …… 57
2.6.2 诺顿定理 …… 60
2.7 受控源 …… 61
知识梳理与总结 …… 62
习题2 …… 64
第3章 正弦交流电路 …… 69
3.1 交流电路中的基本物理量 …… 70
3.1.1 交流电路概述 …… 70
3.1.2 正弦交流电的基本概念及三要素 …… 71
3.2 正弦量的向量表示 …… 72
3.2.1 复数 …… 73
3.2.2 复数的运算 …… 73
3.2.3 正弦量的向量表示 …… 74
3.3 向量形式的基尔霍夫定律 …… 74
3.4 电阻、电感、电容电路 …… 76
3.4.1 单一参数电路 …… 76
3.4.2 电阻、电感、电容串联电路 …… 81
3.4.3 电阻、电感、电容并联电路 …… 83
3.5 谐振电路 …… 84
3.5.1 串联谐振 …… 85
3.5.2 并联谐振 …… 86
3.6 正弦交流电路中的功率 …… 88
3.6.1 正弦交流电路中功率的概念 …… 88
3.6.2 功率因数的提高 …… 90
知识梳理与总结 …… 92
习题3 …… 95
第4章 三相交流电路 …… 99
4.1 三相电源与三相负载 …… 100
4.1.1 三相交流电的产生 …… 100
4.1.2 三相电源的连接 …… 102
4.1.3 三相负载的连接 …… 104
4.2 对称三相电路分析计算 …… 107
4.3 不对称三相电路分析计算 …… 109

4.4 三相电路的功率 …… 114
知识梳理与总结 …… 115
习题4 …… 116
第5章 非正弦周期电流电路 …… 118
5.1 非正弦周期信号的产生和表示方法 …… 119
5.2 非正弦周期量的有效值、平均值和平均功率 …… 120
5.3 非正弦周期电流电路的分析 …… 122
知识梳理与总结 …… 124
习题5 …… 124
第6章 电路的暂态分析 …… 126
6.1 换路定律 …… 127
6.1.1 电路过渡过程的定义与产生原因 …… 127
6.1.2 换路定律 …… 127
6.1.3 电压和电流初始值的计算 …… 128
6.2 一阶电路的零输入响应 …… 129
6.2.1 RC电路零输入响应 …… 129
6.2.2 RL电路零输入响应 …… 130
6.3 一阶电路的零状态响应 …… 131
6.3.1 RC电路零状态响应 …… 132
6.3.2 RL电路零状态响应 …… 132
6.4 一阶电路的三要素法 …… 133
6.5 一阶电路的典型应用 …… 135
知识梳理与总结 …… 137
习题6 …… 138
第7章 磁路和铁芯线圈电路 …… 142
7.1 磁路的基本概念及基本定律 …… 143
7.1.1 磁场基本物理量 …… 143
7.1.2 磁路及其基本定律 …… 144
7.2 铁磁性物质的磁化 …… 146
7.3 交流铁芯线圈 …… 148
7.3.1 电压、电流与磁通的关系 …… 148
7.3.2 功率损耗 …… 149
7.4 电磁铁与变压器 …… 150
7.4.1 电磁铁 …… 150
7.4.2 变压器 …… 151
知识梳理与总结 …… 156
习题7 …… 156
参考文献 …… 158

第 1 章

电路的基本概念和基本定律

教学导航

<table>
<tr><td rowspan="4">教</td><td>教学目标</td><td>1. 理解电路与电路模型的概念，理解电路的基本物理量及表达方式；
2. 掌握电流、电压和电位的概念及其正方向的规定；
3. 掌握电位与电功率的计算方法；
4. 了解电阻、电感、电容和电源元件的特性，掌握电压源与电流源等效变换的原理；
5. 掌握基尔霍夫定律及其在电路分析计算中的应用</td></tr>
<tr><td>知识重点</td><td>1. 电路的概念；
2. 欧姆定律；
3. 电位和电功率的计算；
4. 电阻、电容和电感元件的伏安特性；
5. 电源的等效变换；
6. 基尔霍夫定律及其在电路分析计算中的应用</td></tr>
<tr><td>知识难点</td><td>1. 电流产生原理；
2. 基尔霍夫定律在电路分析计算中的应用</td></tr>
<tr><td>教学方法</td><td>结合生活实际，用知识的迁延法，通过水流、水压让学生理解电流、电压的原理</td></tr>
<tr><td rowspan="3">学</td><td>学习方法</td><td>1. 通过测量感知电物理量的存在；
2. 通过分析计算体会电路的特点；
3. 通过电路搭建掌握电路器件的应用方法</td></tr>
<tr><td>知识要点</td><td>1. 电位的概念；
2. 欧姆定律的应用；
3. 电功率的计算；
4. 电感、电容元件的伏安特性；
5. 电流源、电压源的等效变换；
6. 基尔霍夫定律及其在电路分析计算中的应用</td></tr>
<tr><td>技能要点</td><td>1. 正确使用万用表；
2. 直流低压电路插接</td></tr>
</table>

1.1 电路和电路模型

1.1.1 电路的定义和组成

在现代科技日益进步的今天，电作为一种优越的能量形式和信息载体已成为当今社会不可或缺的重要组成部分。而电的产生、传输和应用又必须通过电路来实现。人们在日常生活中或在生产和科研中广泛使用着种类繁多的电路。

1. 电路的定义

电路是电流流通的路径，它是为实现某种功能由电气设备或元器件按照一定方式连接而成的。

2. 电路的组成

电路的类型多种多样，结构形式也各不相同，但从大的方面来看，都可归结为由以下4个部分组成。例如，手电筒电路是一个最简单的电路，它的电路组成如图1–1所示。

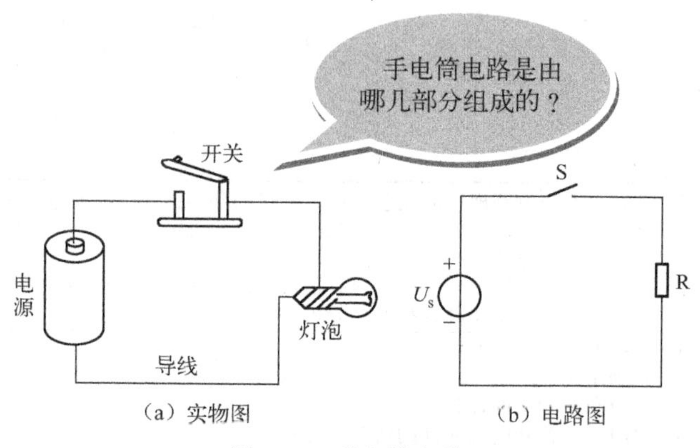

（a）实物图　（b）电路图

图1–1　手电筒电路

1）电源

电源是电路中提供电能或将其他形式的能量转化为电能的装置。例如，发电机把机械能转换成电能，干电池把化学能转换成电能。如图1–1（a）中的干电池就是电源，其作用是提供电能。

2）负载

负载是各种用电设备的总称。它将电能或电信号转化为需要的其他形式的能量或信号。例如，电动机能将电能转换成机械能，电视机能将电磁波信号转换成视听信号，电灯能将电能转换成光能。如图1–1（a）中的小灯泡就是负载，其作用是消耗电能、应用电能，将电能转变成光能。

3）控制元件

如图 1-1（a）中的开关就是控制元件，其作用是控制电路的状态，即接通或断开电流流通的通路，控制小灯泡的亮灭。

4）连接导线

导线是连接电源、负载和其他电气控制元件的金属连接线，并形成回路，让电流流通。

1.1.2　电路模型

实际电路在分析元器件的连接关系、功能和作用时是很有用的，但是实际电路的几何形态差异很大，并且实际电路元器件的电磁性质很复杂。为了便于对实际电路进行分析和计算，需要对各种实际元件或电气设备加以近似化、理想化，在一定条件下突出实际元件的主要电磁性质而忽略次要因素，把它看成理想元件。

将实际电路中的元件用理想元件表示、连接，称为实际电路的电路模型。图 1-1（b）即为电路模型描述的手电筒电路。

建立电路模型的意义十分重要，运用电路模型可以大大简化电路的分析。电路模型图中常用的理想元件有：消耗电能的电阻元件，用符号 R 表示；储存电场能量的电容元件，用符号 C 表示；储存磁场能量的电感元件，用符号 L 表示。理想电源元件中最典型的是输出恒定电压的理想电压源和输出恒定电流的理想电流源，它们的电路符号分别是 U_s 和 I_s。部分元器件的电路符号见表 1-1。

表 1-1　部分元器件的电路符号

名　称	符　号	名　称	符　号	名　称	符　号
独立电流源		理想导线		电容	
独立电压源		连接的导线		电感	
受控电流源		电位参考点		理想变压器耦合电感	
受控电压源		理想开关		回转器	
电阻		开路		二端元件	
可变电阻		短路			
非线性电阻		理想二极管			

将实际电路中的各个部件用其模型符号来表示，这种图称为实际电路的电路模型图，也称电路原理图，简称电路图。图 1-1（b）即是对手电筒实际电路进行理想化的电路图，U_s 是电压源，这里将干电池的内阻忽略不计；S 表示开关；R 是电阻元件，表示灯泡。有了电

路图就可以方便地进行电路研究了。今后书中未加特别说明时，所说的电路均指这种理想的电路模型，所说的元件均指理想电路元件。

1.2 电路的基本物理量

电路分析中常用到电流、电压、电位、电动势、电功率和电能等物理量。只有真正理解和掌握这些物理量，才能正确地分析电路。

测一测：用万用表测量图 1-1 所示电路中电阻两端的电压。

1.2.1 电流

电流是看不见的，但是可以用万用表来测试。通过测试，我们能感受到电流在电路中存在。

1. 电流的定义

在物理学中我们学过，电荷的定向移动形成了电流。单位时间内通过导体横截面的电荷量称为电流强度，并用它来衡量电流的大小，用 i 表示，有

$$i=\frac{\mathrm{d}q}{\mathrm{d}t}$$

式中，$\mathrm{d}q$ 为 $\mathrm{d}t$ 时间内通过导体横截面的电荷量。

在直流电路中，单位时间通过导体横截面的电荷量是恒定不变的，有

$$I=\frac{Q}{t}$$

国际单位制（SI）中，电荷量的单位为库仑（C）；时间单位为秒（s）；电流单位为安培，简称安（A）。常用的电流单位还有千安（kA）、毫安（mA）和微安（μA），其换算关系为

$$1\mu\mathrm{A}=10^{-3}\mathrm{mA}=10^{-6}\mathrm{A}=10^{-9}\mathrm{kA}$$

2. 电流的方向

在本节一开始测量电流的基础上，将红、黑表笔反接，记录此时的电流值，分析电流的方向性。由两次测量结果可以发现，一次为正、一次为负，说明电流不仅有大小，而且有方向。负的说明与实际方向相反。

人们习惯上规定正电荷的运动方向或负电荷运动的相反方向为电流的实际方向。在分析电路时，有时对复杂电路中某一段电路电流的实际方向很难判定，甚至电流的实际方向还在不断改变，因此，在电路中很难标明电流的实际方向。为了解决这一问题，引入了参考方向这一概念，具体做法如下。

（1）在分析电路之前，先设定电流的参考方向。

（2）按选定的参考方向计算电流，若计算结果为正（$i>0$），说明电流的参考方向与实际方向一致；若计算结果为负（$i<0$），说明电流的参考方向与实际方向相反，如图 1-2 所示。

(3) 没有设定电流的参考方向，电流的正、负就没有意义。

在电路中，元件的电流参考方向可用箭头表示，如图1-2所示，在文字叙述时也可用电流符号加双下标表示，如图1-3所示，即 i_{ab}，它表示电流由 a 流向 b，并有 $i_{ab}=-i_{ba}$。

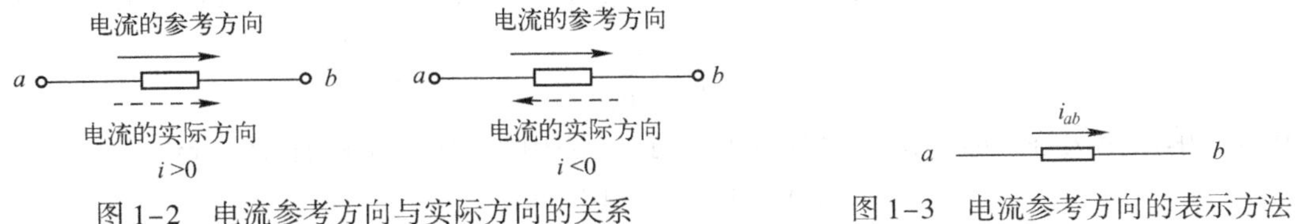

图1-2 电流参考方向与实际方向的关系

图1-3 电流参考方向的表示方法

【实例1-1】 电路如图1-4所示，电路上的参考方向已选定，已知 $I_a=10A$，$I_b=-10A$，$I_c=5A$，$I_d=-5A$，试指出电流的实际方向。

解：

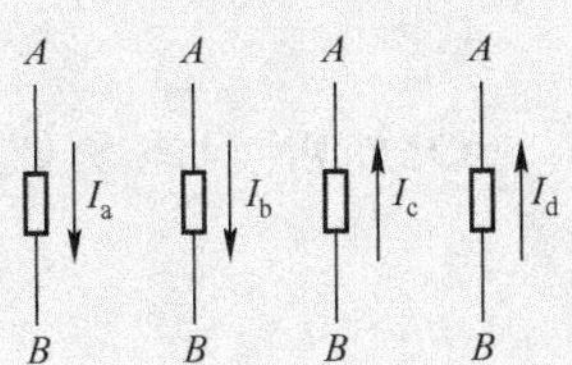

图1-4 实例1-1电路

$I_a=10A>0$，I_a 的实际方向与参考方向相同，电流 I_a 由 A 流向 B，电流的大小为10A。

$I_b=-10A<0$，I_b 的实际方向与参考方向相反，电流 I_b 由 B 流向 A，电流的大小为10A。

$I_c=5A>0$，I_c 的实际方向与参考方向相同，电流 I_c 由 B 流向 A，电流的大小为5A。

$I_d=-5A<0$，I_d 的实际方向与参考方向相反，电流 I_d 由 A 流向 B，电流的大小为5A。

【实例1-2】 电流参考方向如图1-5所示，已知：(1) $q=2t$A；(2) $q=100\sin\omega t$A，求 i 并指出其实际方向。

图1-5 实例1-2电路

解：

(1) $$i=\frac{dq}{dt}=\frac{d(2t)}{dt}=2A>0$$

实际方向和参考方向相同，即 $a\to b$。

(2) $$i=\frac{dq}{dt}=100\omega\cos\omega t\ A$$

当 $i>0$ 时， $2k\pi\sim 2k\pi+\frac{\pi}{2}$，$2k\pi+\frac{3\pi}{2}\sim 2k\pi+2\pi$

($k=0$，1，2，…) 实际方向和参考方向相同，即 $a\to b$。

当 $i<0$ 时， $2k\pi+\frac{\pi}{2}\sim 2k\pi+\frac{3\pi}{2}$

($k=0$，1，2，…) 实际方向和参考方向相反，即 $b\to a$。

1.2.2 电压

测一测：用万用表测量图1-1所示电路中电阻两端的电压。

电路中的另一个重要物理量是电压，电压是使电流流通的必要条件。先测量图1-1手电筒电路中，电阻两端的电压大小。通过测量，让我们感受电压在

电路中存在的形式。

1. 电压的定义

电场力把单位正电荷 q 从 A 点移动到 B 点所做的功 W_{AB} 称为 A 点到 B 点间的电压，即

$$U_{AB}=\frac{W_{AB}}{q}$$

电压的单位为伏特，简称伏，用符号 V 表示。常用的电压单位还有 kV、mV 等。

$$1\text{mV}=10^{-3}\text{V}=10^{-6}\text{kV}$$

【实例 1-3】 如果移动 10C 的电荷需要消耗 50J 的能量，求电压是多少？

解：

$$U=\frac{W}{Q}=\frac{50\text{J}}{10\text{C}}=5\text{V}$$

由此可见，电场力做功越多，电压就越大，所以电压是衡量电场力做功本领大小的物理量。

2. 电压的方向

在本节开篇测量电压的基础上，将红、黑表笔反接，记录此时的电压值，并分析电压的方向性。从两次测量结果可以发现，一次为正、一次为负，说明电压和电流一样，不仅有大小，而且有方向，即有正、负极性，负的说明与实际方向相反。

电压的实际方向规定由电位高处指向电位低处。

电压与电流类似，分析、计算电路时，也要预先设定电压的参考方向。同样，所设定的参考方向并不一定就是电压的实际方向。当电压的参考方向与实际方向相同时，电压为正值；当电压的参考方向与实际方向相反时，电压为负值。这样，电压的值有正有负，它也是一个代数量，其正负表示电压的实际方向与参考方向的关系。

电压的参考方向既可以用实线箭头表示，如图 1-6（a）所示；也可以用正（+）、负（-）极性表示，如图 1-6（b）所示，正极性指向负极性的方向就是电压的参考方向；还可以用双下标表示，如图 1-6（c）所示，其中，U_{ab} 表示 a、b 两点间的电压参考方向由 a 指向 b。

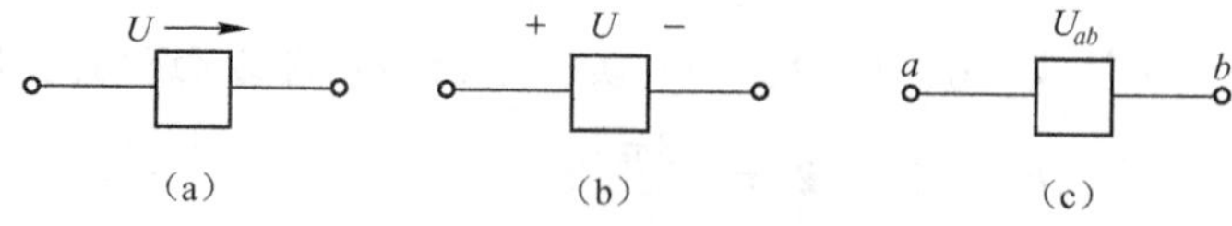

图 1-6　电压的参考方向表示法

3. 电流与电压的关联参考方向

进行电路分析时，对于一个元件，既要对流过元件的电流选取参考方向，又要对元件两端的电压选取参考方向，两者是相互独立的，可以任意选取。也就是说，它们的参考方向可以一致，也可以不一致。如果电流的参考方向与电压的参考方向一致，则称为关联参考方

向，如图 1-7（a）所示；如果电流的参考方向与电压的参考方向不一致，则称为非关联参考方向，如图 1-7（b）所示。

当选取电压、电流方向为关联参考方向时，电路图上只需标出电流的参考方向或电压的参考方向，如图 1-8 所示是两种等效的表示方法。

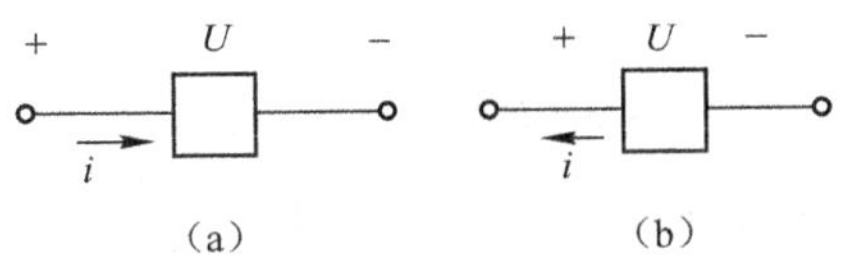

图 1-7　电流与电压的关联参考方向

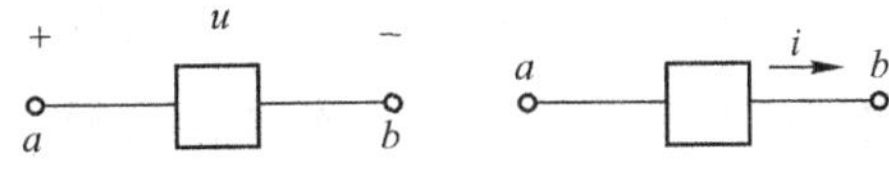

图 1-8　电流与电压的关联参考方向表示法

【实例 1-4】 已知电路如图 1-9 所示，$U_1=5\text{V}$，$U_2=-5\text{V}$，试指出电路电压的实际方向，并求 U_{AB}、U_{BA}、U_{CD}、U_{DC}。

解： 图 1-9（a），$U_1=5\text{V}$，电压实际方向为 $A \rightarrow B$，$U_{AB}=U_1=5\text{V}$，$U_{BA}=-U_{AB}=-5\text{V}$。

图 1-9（b），$U_2=-5\text{V}$，电压实际方向为 $D \rightarrow C$，$U_{CD}=U_2=-5\text{V}$，$U_{DC}=-U_{CD}=-(-5)\text{V}=5\text{V}$。

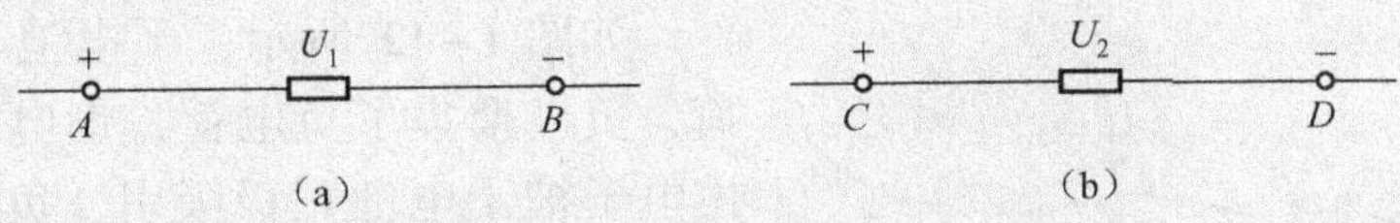

图 1-9　实例 1-4 电路

1.2.3　电位

在电气设备调试和检修时，经常要测量某个点的电位，看其是否符合要求。

这里，我们可以用水位的例子来引申解释电位。拿一个杯子，装半杯水，很容易就知道此时的水位，如为 H_1，再加水，此时水位上升为 H_2，大家可以发现这个高度都是相对杯底而言的，杯底就是参考水位。如果选择 H_1 为参考水位，那么 H_2 的水位为 H_2-H_1；或选择 H_2 为参考水位，则杯底的水位为 $-H_2$。所以参考水位不同，某点水位的值就不一样，也就是说水位的高低是和参考水位有关的。电位也是如此，在图 1-10 中，若选择 C 点为参考点，则 C 点就相当于水杯的杯底，而 A 点或 B 点就是加水以后的 H_1 点或 H_2 点。

因此，在电路中任选一点为参考点，则某一点 A 到参考点的电压就称为 A 点的电位，用 V_A 表示。电位的单位和电压的单位一样，都是伏特（V）。

若在图 1-10 中，选择 C 点为参考点，用万用表测量 A 点、B 点的电位和 $A-C$、$B-C$ 之间的电压，并比较其大小。从测量结果可以看出，A 点的电位大小等于 U_{AC}；B 点的电位大小等于 U_{BC}。因此，电路中某两点之间的电压等于这两点之间的电位差。即

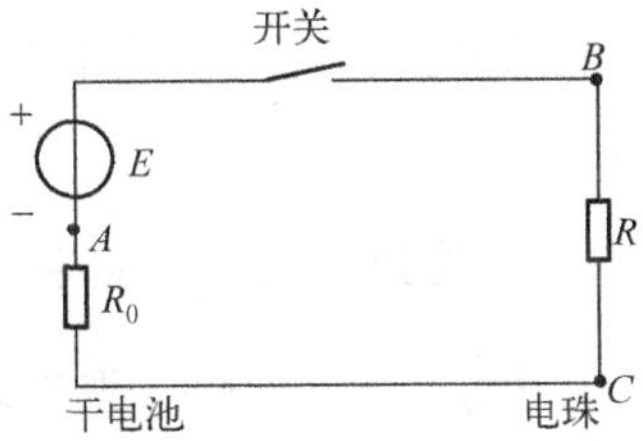

开关
B
+
E
−
A
R
R_0
干电池
电珠
C

图 1-10　手电筒电路图

$$U_{AB}=V_A-V_B$$

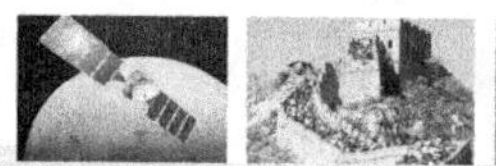

若在图1-10中，选择 A 点为参考点，测量 B 点、C 点的电位和 $B-A$、$C-A$ 之间的电压，并与以 C 点为参考点的测量结果比较分析。从结果可以发现，两次测得的 A、B、C 三点电位大小是不同的。可见，电位是个相对值，参考点不同，电位大小也不同，电位随参考点的变化而变化。而电压是个绝对值，与参考点无关。

【实例1-5】 电路如图1-11所示。

（1）以 C 点为参考点，求 A 点电位 V_A，B 点电位 V_B，C 点电位 V_C，U_{AB}，U_{AC}；

（2）以 B 点为参考点，求 A 点电位 V_A，B 点电位 V_B，C 点电位 V_C，U_{AB}，U_{AC}。

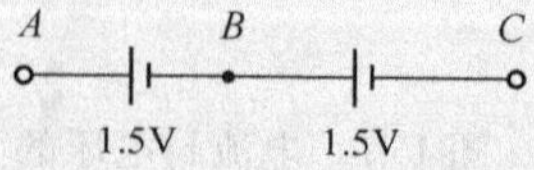

图1-11　实例1-5电路

解：（1）以 C 点为参考点，$V_A=3\text{V}$，$V_B=1.5\text{V}$，$V_C=0\text{V}$，$U_{AB}=1.5\text{V}$，$U_{AC}=3\text{V}$；

（2）以 B 点为参考点，$V_A=1.5\text{V}$，$V_B=0\text{V}$，$V_C=-1.5\text{V}$，$U_{AB}=1.5\text{V}$，$U_{AC}=3\text{V}$。

1.2.4　电动势

为了更好地了解电动势的含义，我们从电的本质角度来分析手电筒小灯泡的发光原理。

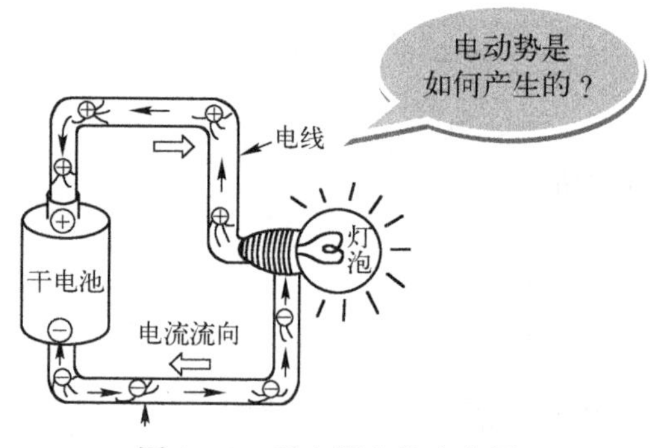

图1-12　手电筒电路实物图

如图1-12所示，干电池正极聚集了正电荷，负极聚集了负电荷，铜电线中带负电的自由电子被干电池正极吸引、负极排斥，形成了有规则的电子流动即电流，使小灯泡发光。正如水要有水位差才能流动，电流是由于电池两端的电位差即电压而形成的。并且干电池内部的化学能不断地将正电荷移到阳极来补充被自由电子中和的正电荷，并不断地在阴极聚集负电荷，从而维持了电池两端产生电位差的能力。

1. 电动势的定义

电动势是指电源力将单位正电荷从电源的负极移到正极所做的功。即

$$E=W/q$$

电动势用符号 E 来表示，单位是伏特（V）。

2. 电动势的方向

电动势的方向规定为电源力推动正电荷运动的方向，即从负极指向正极的方向，也就是电位升高的方向。

3. 电动势和电压的关系

电动势和电压是两个既有联系又有区别的物理量。电动势和电压的单位都是伏特（V）。电动势描述的是电源内部电源力克服电场力把正电荷从低电位推到高电位的正极所做的功，是其他形式能量转换为电能的过程。电压描述的是电源外部的负载电路中（外电路）电场力推动

正电荷从高电位移到低电位，同时克服负载中的阻力所做的功，是电能转换为其他形式能量的过程。

如图 1-13 所示，电动势的方向和电压的方向是相反的，而数值上 $U=E$。

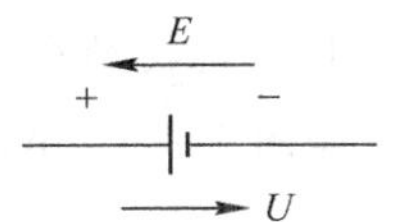

图 1-13　电动势和电压的关系

1.2.5　电功率与电能

电功率是电路分析中常用到的一个复合物理量。

1. 电功率

电场力在单位时间内所做的功称为电功率，简称功率，用字母 P 表示，其数字表达式为

$$P=\frac{W}{t} \tag{1-1}$$

式（1-1）中 P 是电功率，单位是瓦特，简称瓦（W）。在实际工作中，电功率的常用单位还有千瓦（kW）、毫瓦（mW）等。

随时间变化的电功率表达式为

$$P=\frac{\mathrm{d}w}{\mathrm{d}t}=\frac{\mathrm{d}(uq)}{\mathrm{d}t}=u\frac{\mathrm{d}q}{\mathrm{d}t}=ui \tag{1-2}$$

在直流情况下

$$P=UI=I^2R=\frac{U^2}{R} \tag{1-3}$$

用式（1-3）计算电路吸收的功率时，若电压、电流的参考方向关联，则等式的右边取正号；否则取负号。$P>0$，表明元件吸收功率；$P<0$，表明元件释放功率。

2. 电能

电能和功率是两个完全不同的概念。电能是一种能量，单位是焦耳；电功率是能量消耗或传递的速率，单位是瓦特。式（1-2）反映了它们之间的关系。在实际应用中，电能的单位为千瓦时（kW·h），俗称“度”，$1\mathrm{kW\cdot h}=1\,000\mathrm{W}\times 3\,600\mathrm{s}=3.6\times10^6\mathrm{J}$。

【实例 1-6】在图 1-14 中，用方框代表某一电路元件，其电压、电流如图中所示，求各元件吸收的功率，并说明该元件实际上是吸收还是发出功率。

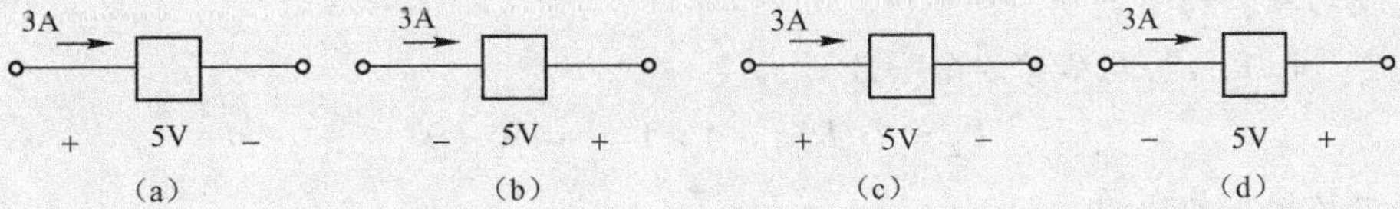

3A　+ 5V −　(a)　　3A　− 5V +　(b)　　3A　+ 5V −　(c)　　3A　− 5V +　(d)

图 1-14　实例 1-6 电路

解：(1) 如图 1-14 (a) 所示，电压、电流的参考方向关联，元件吸收的功率

$$P=UI=5\times3=15\mathrm{W}>0$$

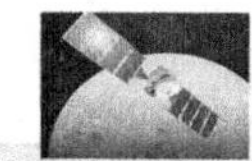

元件实际上是吸收功率。

(2) 如图1-14 (b) 所示，电压、电流的参考方向非关联，元件吸收的功率

$$P = -UI = -5 \times 3 = -15\text{W} < 0$$

元件实际上是发出功率。

(3) 如图1-14 (c) 所示，电压、电流的参考方向关联，元件吸收的功率

$$P = UI = (-5) \times 3 = -15\text{W} < 0$$

元件实际上是发出功率。

(4) 如图1-14 (d) 所示，电压、电流的参考方向非关联，元件吸收的功率

$$P = -UI = -(-5) \times 3 = 15\text{W} > 0$$

元件实际上是吸收功率。

【实例1-7】 在图1-15所示电路中，方框表示电源或电阻，各元件电压和电流的参考方向如图1-15所示。通过测量得知：$I_1 = 2\text{A}$，$I_2 = 1\text{A}$，$I_3 = 1\text{A}$，$U_1 = 4\text{V}$，$U_2 = -4\text{V}$，$U_3 = 7\text{V}$，$U_4 = -3\text{V}$。

(1) 试标出各电流和电压的实际方向。

(2) 试求每个元件的功率，并判断其是电源还是负载。

解：(1) 当电流和电压为正值时，其实际方向与参考方向一致；而当电流和电压为负值时，其实际方向和参考方向相反。按照上述原则，各电流和电压的实际方向（用虚线表示）如图1-16所示。

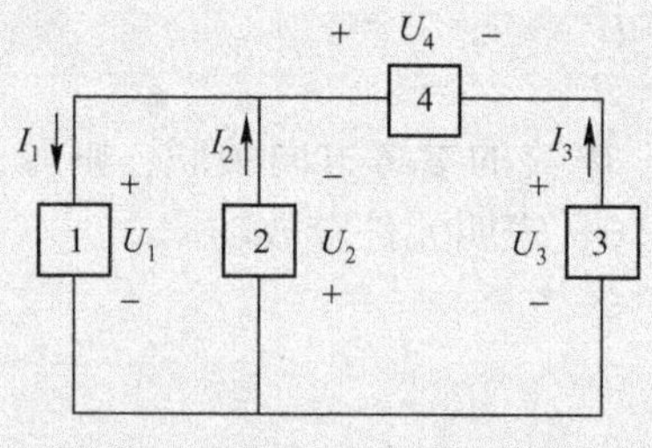

图1-15 实例1-7电路 (1)

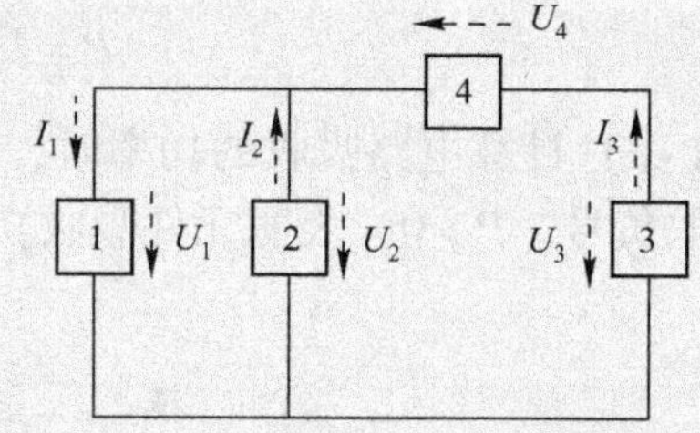

图1-16 实例1-7电路 (2)

(2) 计算各元件的功率。

元件1：电压和电流参考方向一致

$$P_1 = U_1 I_1 = 4 \times 2 = 8\text{W} > 0$$

该元件吸收功率，为负载。

元件2：电压和电流参考方向一致

$$P_2 = U_2 I_2 = -4 \times 1 = -4\text{W} < 0$$

该元件发出功率，为电源。

元件3：电压和电流的参考方向不一致

$$P_3 = -U_3 I_3 = -7 \times 1 = -7\text{W} < 0$$

该元件发出功率，为电源。

元件 4：电压和电流的参考方向不一致

$$P_4 = -U_4 I_3 = -(-3) \times 1 = 3\text{W} > 0$$

该元件吸收功率，为负载。

1.3　电阻、电容、电感元件及其特性

电路是由元件构成的，下面对几种基本电路元件的模型和物理性质进行讨论。

1.3.1　电阻元件及欧姆定律

1. 电阻元件

电阻器是具有一定电阻值的元器件，在电路中用于控制电流、电压和放大了的信号等。电阻器通常就叫电阻，在电路图中用字母“R”表示，电路图中常用电阻器的符号如图 1-17 所示。

固定电阻　压敏电阻　可调电阻　抽头固定电阻　电位器

图 1-17　电阻的图形符号

电阻器的 SI（国际单位制）单位是欧姆，简称欧，通常用符号“Ω”表示。常用的单位还有“kΩ”、“MΩ”，它们的换算关系如下

$$1\text{M}\Omega = 1\,000\text{k}\Omega = 1\,000\,000\Omega$$

电阻元件是从实际电阻器抽象出来的理想化模型，是代表电路中消耗电能这一物理现象的理想元件。如电灯泡、电炉、电烙铁等这类实际电阻器，当忽略其电感等作用时，可将它们抽象为仅具有消耗电能作用的电阻元件。

电阻元件的倒数称为电导，用字母 G 表示，即

$$G = \frac{1}{R}$$

电导的 SI 单位为西门子，简称西，通常用符号“S”表示。电导也是表征电阻元件特性的参数，它反映的是电阻元件的导电能力。

电阻元件的伏安特性，可以用电流为横坐标、电压为纵坐标的直角坐标平面上的曲线来表示，称为电阻元件的伏安特性曲线。如果伏安特性曲线是一条过原点的直线，如图 1-18（a）所示，则该电阻元件称为线性电阻元件，线性电阻元件在电路图中用图 1-18（b）所示的图形符号表示。

在工程上，还有许多电阻元件，其伏安特性曲线是一条过原点的曲线，这样的电阻元件称为非线性电阻元件。如图 1-19 所示曲线表示二极管的伏安特性，所以二极管是一个非线性电阻元件。

严格地说，实际电路器件的电阻都是非线性的。如常用的白炽灯，只有在一定的工作范围内，才能把白炽灯近似看成线性电阻，而超过此范围，就成了非线性电阻。一般所有的电阻元件，除非特别指明，都是指的线性电阻元件。

2. 欧姆定律

欧姆定律是电路分析中的重要定律之一，它说明流过线性电阻的电流与该电阻两端电压之间的关系，反映了电阻元件的特性。

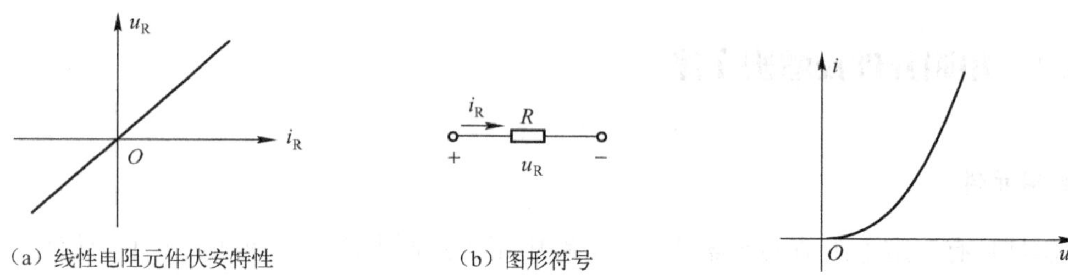

（a）线性电阻元件伏安特性　（b）图形符号

图 1-18　电阻元件伏安特性　　图 1-19　非线性电阻元件伏安特性

欧姆定律指出：在电阻电路中，当电压与电流为关联参考方向时，电流的大小与电阻两端的电压成正比，与电阻值成反比。欧姆定律可用下式表示

$$i = \frac{u}{R}$$

当选定电压与电流为非关联方向时，则欧姆定律可用下式表示

$$i = -\frac{u}{R}$$

当电压和电流均为直流时，可用下式表示

$$I = \pm\frac{U}{R}$$

在国际单位制中，电阻的单位为欧姆（Ω）。其电路两端的电压为 1V，通过的电流为 1A，则该段电路的电阻为 1Ω。

欧姆定律表达了电路中电压、电流和电阻的关系，它说明：

（1）如果电阻保持不变，当电压增加时，电流与电压成正比例地增加；当电压减小时，电流与电压成正比例地减小。

（2）如果电压保持不变，当电阻增加时，电流与电阻成反比例地减小；当电阻减小时，电流与电阻成反比例地增加。

无论电压、电流为关联参考方向还是非关联参考方向，电阻元件功率为

$$p = i_R^2 R = \frac{u_R^2}{R}$$

上式表明，电阻元件吸收的功率恒为正值，而与电压、电流的参考方向无关。因此，电阻元件又称为耗能元件。

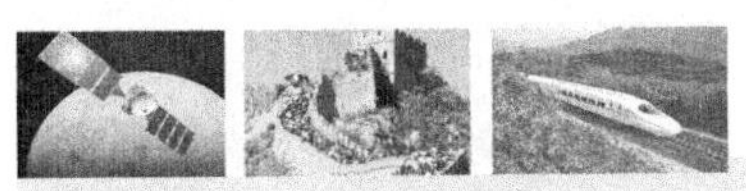

【实例 1-8】电路如图 1-20 所示，应用欧姆定律求电阻 R。

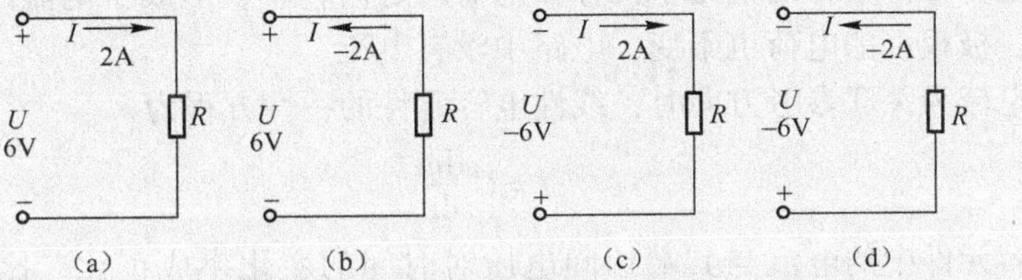
+ I 2A U 6V R −
+ I −2A U 6V R −
− I 2A U −6V R +
− I −2A U −6V R +
(a)
(b)
(c)
(d)

图 1-20　实例 1-8 电路

解：(a) $R=\dfrac{U}{I}=\dfrac{6}{2}=3\Omega$

(b) $R=-\dfrac{U}{I}=-\dfrac{6}{-2}=3\Omega$

(c) $R=-\dfrac{U}{I}=-\dfrac{-6}{2}=3\Omega$

(d) $R=\dfrac{U}{I}=\dfrac{-6}{-2}=3\Omega$

1.3.2　电容元件及其特性

1. 电容元件

实际的电容器是由两片金属极板中间充满电介质（如空气、云母、绝缘纸、塑料薄膜、陶瓷等）构成的，在电路中多用来滤波、隔直、交流耦合、交流旁路，以及与电感元件组成振荡回路等。电容器又名储电器，在电路图中用字母“C”表示，电路图中常用电容器的符号如图 1-21 所示。

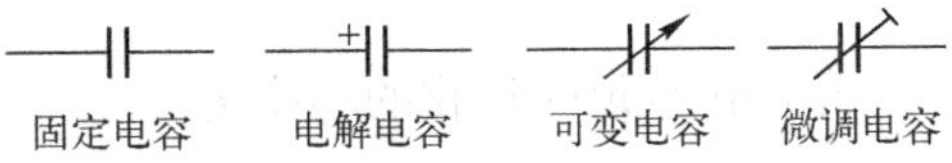
固定电容
电解电容
可变电容
微调电容

图 1-21　电容的图形符号

电容器的 SI 单位是法拉，简称法，通常用符号“F”表示。常用的单位还有“μF”、“pF”，它们的换算关系如下

$$1\text{F}=10^{6}\mu\text{F}=10^{12}\text{pF}$$

电容元件是从实际电容器抽象出来的理想化模型，是代表电路中储存电能这一物理现象的理想元件。当忽略实际电容器的漏电电阻和引线电感时，可将它们抽象为仅具有储存电场能量作用的电容元件。

2. 电容元件的特性

存储电荷量和电压成正比，$q-u$ 特性如图 1-22 所示。在电路分析中，电容元件的电压、

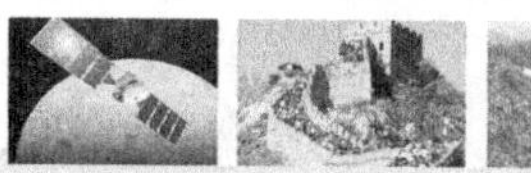

电流关系是十分重要的。当电容元件两端的电压发生变化时，极板上聚集的电荷也相应的发生变化，这时电容元件所在的电路中就存在电荷的定向移动，形成了电流。当电容元件两端的电压不变时，极板上的电荷也不变，电路中没有电流。

当电压、电流为关联参考方向时，线性电容元件的特性方程为

$$i = C\frac{\mathrm{d}u}{\mathrm{d}t} \tag{1-4}$$

它表明电容元件中的电流与其端钮间电压对时间的变化率成正比。比例常数 C 称为电容，是表征电容元件特性的参数。当 u 的单位为伏特（V），i 的单位为安培（A）时，C 的单位为法拉，简称法（F）。习惯上常把电容元件简称为电容，所以“电容”这个名词，既表示电路元件，又表示元件的参数。

本书只讨论线性电容元件。线性电容元件在电路图中用图 1-23 所示的符号表示。

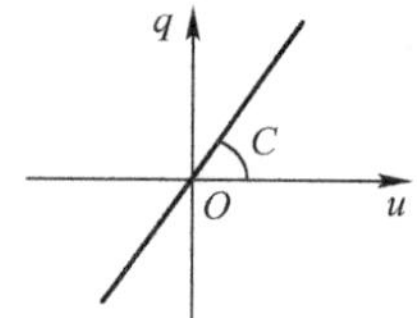

图 1-22　$q-u$ 特性

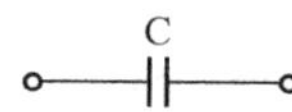

图 1-23　线性电容元件的图形符号

若电压、电流为非关联参考方向，则电容元件的特性方程为

$$i = -C\frac{\mathrm{d}u}{\mathrm{d}t} \tag{1-5}$$

从式（1-4）、（1-5）很清楚地看到，只有当电容元件两端的电压发生变化时，才有电流通过。电压变化越快，电流越大。当电压不变（直流电压）时，电流为零。所以电容元件有隔直通交的作用。

从式（1-4）、（1-5）还可以看到，电容元件两端的电压不能跃变，这是电容元件的一个重要性质。如果电压跃变，则会产生无穷大的电流，对实际电容器来说，这当然是不可能的。

在 u、i 关联参考方向下，线性电容元件吸收的功率为

$$p = ui = Cu\frac{\mathrm{d}u}{\mathrm{d}t} \tag{1-6}$$

在 t 时刻，电容元件储存的电场能量为

$$W_C(t) = \frac{1}{2}Cu^2(t) \tag{1-7}$$

式（1-7）表明，电容元件在某时刻储存的电场能量只与该时刻电容元件的端电压有关。当电压增加时，电容元件从电源吸收能量，储存在电场中的能量增加，这个过程称为电容的充电过程；当电压减小时，电容元件向外释放电场能量，这个过程称为电容的放电过程。电容在充/放电过程中并不消耗能量。因此，电容元件是一种储能元件。

在选用电容器时，除了选择合适的电容量外，还需注意实际工作电压与电容器的额定电压是否相等。如果实际工作电压过高，介质就会被击穿，电容器就会损坏。

1.3.3　电感元件及其特性

1. 电感元件

实际的电感线圈就是用漆包线或纱包线或裸导线一圈靠一圈地绕在绝缘管上或铁芯上而又彼此绝缘的一种元件，在电路中多用来对交流信号进行隔离、滤波或组成谐振电路等。电感线圈简称线圈，在电路图中用字母“L”表示，电路图中常用的电感线圈符号如图 1-24 所示。

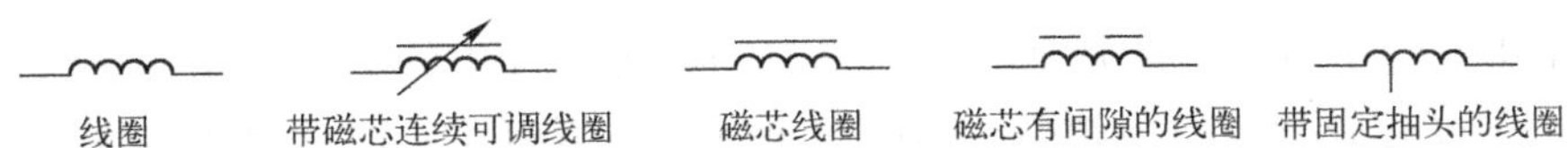

图 1-24　常用电感线圈符号

电感线圈是利用电磁感应作用的器件。在一个线圈中，通过一定数量的变化电流，线圈产生感应电动势大小的能力称为线圈的电感量，简称电感。电感常用字母“L”表示。

电感的 SI 单位是亨利，简称亨，通常用符号“H”表示。常用单位还有“μH”、“mH”，它们的换算关系如下

$$1\,\text{H}=10^3\,\text{mH}=10^6\,\mu\text{H}$$

电感元件是从实际线圈抽象出来的理想化模型，是代表电路中储存磁场能量这一物理现象的理想元件。当忽略实际线圈的导线电阻和线圈匝与匝之间的分布电容时，可将其抽象为仅具有储存磁场能量作用的电感元件。

2. 电感元件的特性

磁链与电流成正比，$\psi-i$ 特性如图 1-25 所示。

任何导体，当有电流通过时，在导体周围就会产生磁场。如果电流发生变化，磁场也随着变化，而磁场的变化又引起感应电动势的产生。这种感应电动势是由于导体本身的电流变化引起的，称为自感。

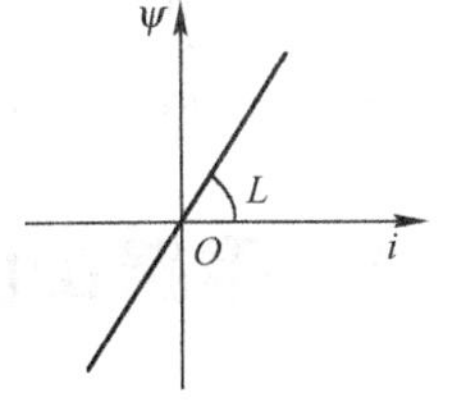

图 1-25　$\psi-i$ 特性

自感电动势的方向可由楞次定律确定。即当线圈中的电流增大时，自感电动势的方向和线圈中的电流方向相反，以阻止电流的增大；当线圈中的电流减小时，自感电动势的方向和线圈中的电流方向相同，以阻止电流的减小。总之，当线圈中的电流发生变化时，自感电动势总是阻止电流的变化。

自感电动势的大小，一方面取决于导体中电流变化的快慢，另一方面还与线圈的形状、尺寸、线圈匝数及线圈中的介质情况有关。

当电压、电流为关联参考方向时，线性电感元件的特性方程为

$$u=L\frac{\mathrm{d}i}{\mathrm{d}t} \tag{1-8}$$

它表明电感元件端钮间的电压与其电流对时间的变化率成正比。比例常数 L 称为电感，

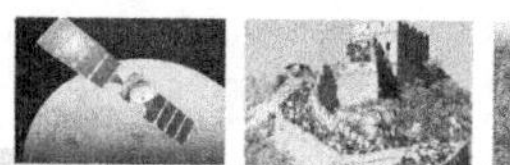

是表征电感元件特性的参数。当 u 的单位为伏特（V），i 的单位为安培（A）时，L 的单位为亨利，简称亨（H）。习惯上常把电感元件简称为电感，所以“电感”这个名词，既表示电路元件，又表示元件的参数。

本书只讨论线性电感元件。线性电感元件在电路图中用图 1-26 所示的符号表示。

图 1-26　线性电感元件的图形符号

若电压、电流为非关联参考方向，则电感元件的特性方程为

$$u = -L\frac{\mathrm{d}i}{\mathrm{d}t} \tag{1-9}$$

从式（1-8）、（1-9）很清楚地看到，只有当电感元件中的电流发生变化时，元件两端才有电压。电流变化越快，电压越高。当电流不变（直流电流）时，电压为零，这时电感元件相当于短路。

从式（1-8）、（1-9）还可以看到，电感元件中的电流不能跃变，这是电感元件的一个重要性质。如果电流跃变，则会产生无穷大的电压，对实际电感线圈来说，这当然是不可能的。

在 u、i 关联参考方向下，线性电感元件吸收的功率为

$$p = ui = Li\frac{\mathrm{d}i}{\mathrm{d}t} \tag{1-10}$$

在 t 时刻，电感元件储存的磁场能量为

$$W_L(t) = \frac{1}{2}Li^2(t) \tag{1-11}$$

式（1-11）表明，电感元件在某时刻储存的磁场能量只与该时刻电感元件的电流有关。当电流增加时，电感元件从电源吸收能量，储存在磁场中的能量增加；当电流减小时，电感元件向外释放磁场能量。电感元件并不消耗能量，因此，电感元件也是一种储能元件。

在选用电感线圈时，除了选择合适的电感量外，还需注意实际的工作电流不能超过其额定电流。否则，由于电流过大，线圈会发热而被烧毁。

1.4　电路中的独立电源

蓄电池是一种常见的电源，它多用于汽车、电力机车、应急灯等。图 1-27 是汽车照明灯的电气原理图，其中，R_A、R_B是一对汽车照明灯，S 是开关，U_S是 12V 的蓄电池。

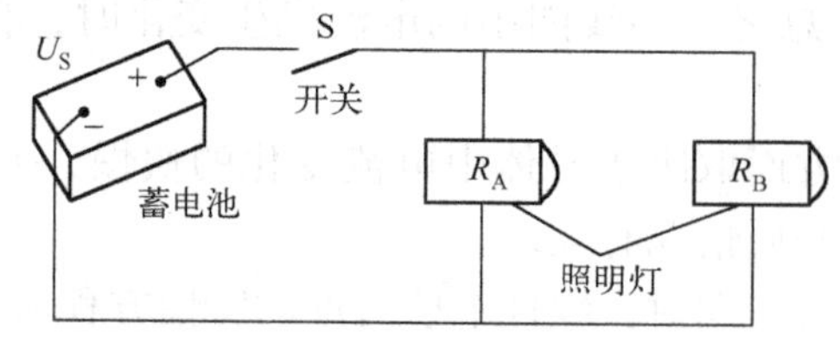

图 1-27　汽车照明灯的电气原理图

常见的电源还有发电机、干电池和各种信号源。凡是向电路提供能量或信号的设备均称

为电源。电源有两种类型，其一是电压源，其二是电流源。电压源的电压不随其外电路而变化，电流源的电流不随其外电路而变化，因此，电压源和电流源总称为独立电源，简称独立源。

1.4.1　电压源

1. 理想电压源

理想电压源简称为电压源，它有两个基本特点：

(1) 无论电压源的外电路如何变化，它两端的输出电压为恒定值 U_S，或为一定时间的函数 $u_S(t)$。

(2) 通过电压源的电流虽是任意的，但仅由它本身是不能决定的，还取决于与之相连接的外部电路，有时甚至完全取决于外电路。

电压源在电路图中的符号如图 1-28（a）所示，其电压用 u_S表示。若 $u_S(t)$ 的大小和方向都不随时间变化，称为直流电压源，其电压用 U_S表示。图 1-28（b）是直流电压源的电路符号，且长线表示参考正极性，短线表示参考负极性。

直流电压源的伏安特性如图 1-29 所示，它是一条以 I 为横坐标且平行于 I 轴的直线，表明其电流由外电路决定，不论电流为何值，直流电压源端电压总为 U_S。

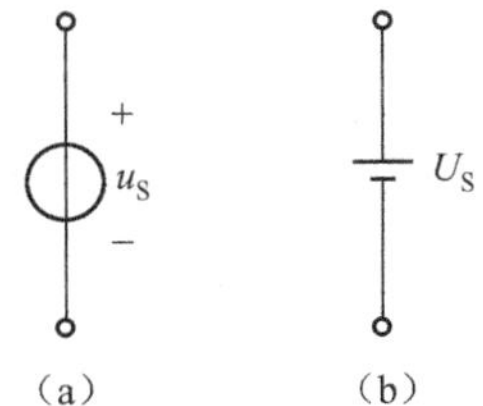

图 1-28　电压源的电路符号

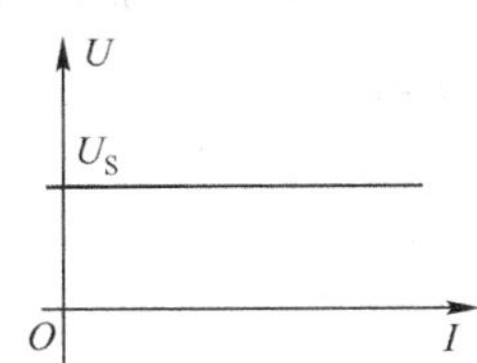

图 1-29　直流电压源的伏安特性

$u_S(t)=0$ 的电压源是电压保持为零、电流由其外电路决定的二端元件，因此，$u_S(t)=0$ 的电压源可相当于 $R=0$ 的电阻元件。在实际应用中，可以用一条短路导线来代替 $u_S(t)=0$ 的电压源。在实际应用中，不能将 $u_S(t)$不相等的电压源并联，也不能将 $u_S(t)\neq 0$ 的电压源短路。

2. 实际电压源

电压源这种理想二端元件实际上是不存在的。实际的电压源，其端电压都是随着电流的变化而变化的。例如，当电池接通负载后，其电压就会降低，这是因为电池内部存在电阻的缘故。由此可见，实际的直流电压源可用数值等于 U_S的理想电压源和一个内阻 R_i 相串联的模型来表示，如图 1-30（a）所示。

于是，实际直流电压源的端电压为

$$U=U_S-U_R=U_S-IR_i \tag{1-12}$$

式（1-12）中，U_S的参考方向与 U 的参考方向一致时，取正号；U_R的参考方向与 U 的

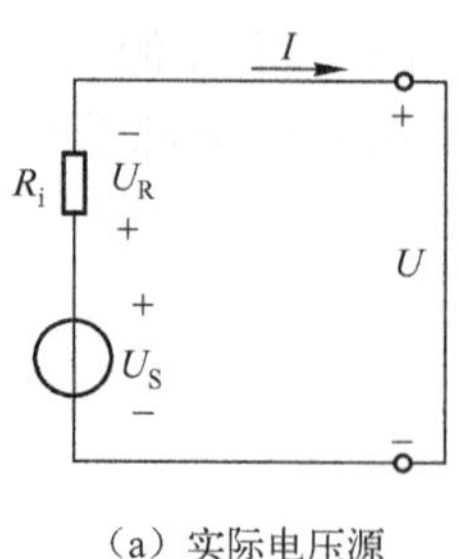

（a）实际电压源

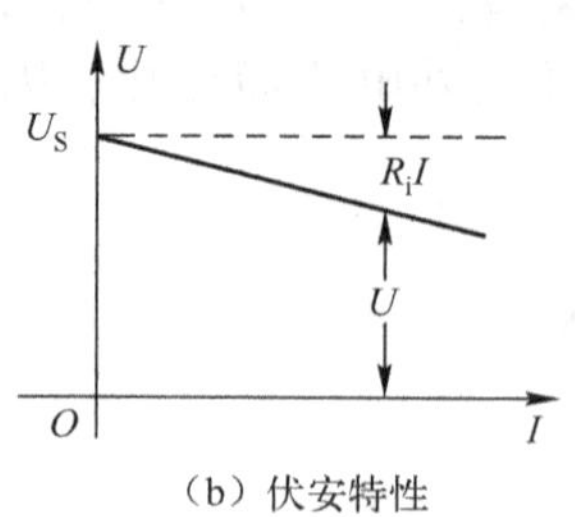

（b）伏安特性

图 1-30　实际电压源及其伏安特性

参考方向相反时，取负号。式（1-12）所描述的 U 与 I 的关系，即实际直流电压源的伏安特性，如图 1-30（b）所示。可见，实际电压源的内电阻越小，其特性越接近于理想电压源。

【实例 1-9】 图 1-31 所示电路中，直流电压源的电压 $U_S=10V$。求：

（1）$R=\infty$ 时的电压 U，电流 I；

（2）$R=10\Omega$ 时的电压 U，电流 I；

（3）$R\to 0\Omega$ 时的电压 U，电流 I。

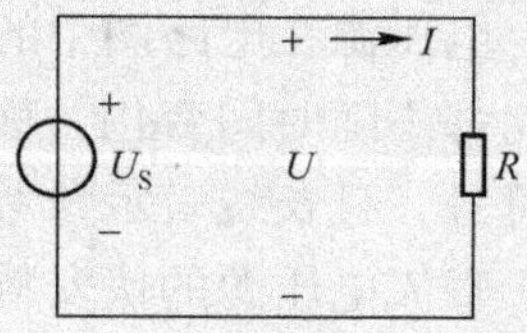

图 1-31　实例 1-9 电路

解：（1）$R=\infty$ 时即外电路开路，U_S 为理想电压源，故

$$U=U_S=10V$$

则

$$I=\frac{U}{R}=\frac{U_S}{R}=0$$

（2）$R=10\Omega$ 时

$$U=U_S=10V$$

则

$$I=\frac{U}{R}=\frac{U_S}{R}=\frac{10}{10}A=1A$$

（3）$R\to 0\Omega$ 时

$$U=U_S=10V$$

则

$$I=\frac{U}{R}=\frac{U_S}{R}\to\infty$$

1.4.2　电流源

1. 理想电流源

理想电流源简称为电流源，它有两个基本特点：

（1）无论电流源的外电路如何变化，它的输出电流为恒定值 I_S，或为一定时间的函数 $i_S(t)$。

（2）电流源两端的电压虽是任意的，但仅由它本身是不能决定的，还取决于与之相连接的外部电路，有时甚至完全取决于外电路。

电流源在电路图中的符号如图 1-32 所示，其中电流源的电流用 i_S 表示，电流源的端电

压为 u_S。若 $i_S(t)$ 的大小和方向都不随时间变化，称为直流电流源，其电流用 I_S表示。

直流电流源的伏安特性如图 1-33 所示，它是一条以 I 为横坐标且垂直于 I 轴的直线，表明其端电压由外电路决定，不论其端电压为何值，直流电流源的输出电流总为 I_S。

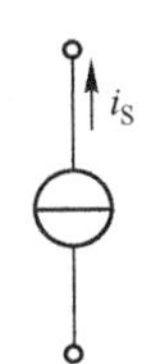

图 1-32　电流源的电路符号

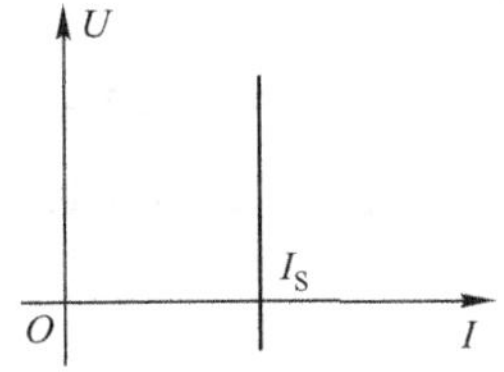

图 1-33　直流电流源的伏安特性

$i_S(t)=0$ 的电流源是电流保持为零、电压由其外电路决定的二端元件，因此，$i_S(t)=0$ 的电流源就相当于 $R=\infty$ 的电阻元件。在实际应用中，可以用一条开路导线来代替 $i_S(t)=0$ 的电流源。在实际应用中，不能将 $i_S(t)$ 不相等的电流源串联，也不能将 $i_S(t)\neq 0$ 的电流源开路。

2. 实际电流源

电流源这种理想二端元件实际上是不存在的。实际的电流源，其输出的电流是随着端电压的变化而变化的。例如，光电池在一定照度的光线照射下，被光激发产生的电流，并不能全部外流，其中的一部分将在光电池内部流动。由此可见，实际的直流电流源可用数值等于 I_S的理想电流源和一个内阻 R_i' 相并联的模型来表示，如图 1-34（a）所示。

于是，实际直流电流源的输出电流为

$$I=I_S-\frac{1}{R_i'}U \tag{1-13}$$

式中，I_S为实际直流电流源产生的恒定电流；R_i'为其内部分流电流。式（1-13）所描述的 U 与 I 的关系，即实际直流电流源的伏安特性，如图 1-34（b）所示。

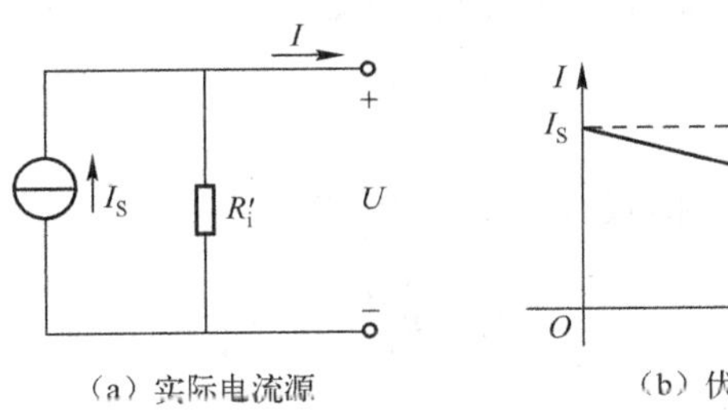

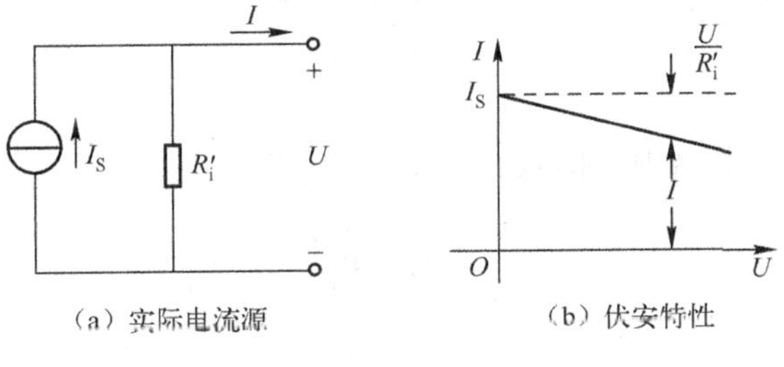

图 1-34　实际电流源及其伏安特性

【实例 1-10】 如图 1-35 所示电路中，直流电流源的电流 $I_S=1\text{A}$。求：

(1) $R\to\infty$ 时的电流 I，电压 U；

(2) $R=10\Omega$ 时的电流 I，电压 U；

(3) $R=0\Omega$ 时的电流 I，电压 U。

解：(1) $R \to \infty$ 时即外电路开路，I_S为理想电流源，故

$$I = I_S = 1\text{A}$$

则

$$U = IR \to \infty$$

(2) $R = 10\Omega$ 时

$$I = I_S = 1\text{A}$$

则

$$U = IR = I_S R = 1 \times 10\text{V} = 10\text{V}$$

(3) $R = 0\Omega$ 时

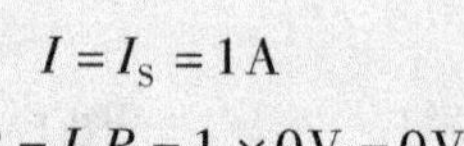

$$I = I_S = 1\text{A}$$

则

$$U = IR = I_S R = 1 \times 0\text{V} = 0\text{V}$$

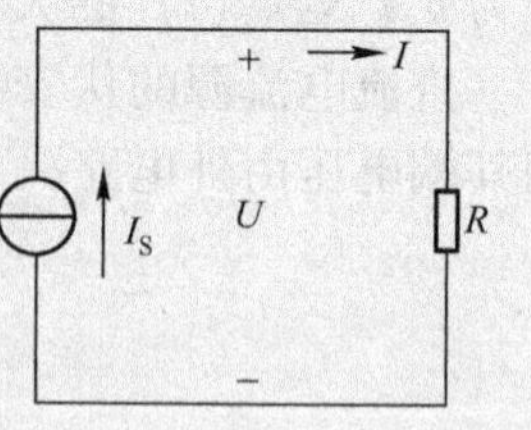

图 1-35　实例 1-10 电路

1.4.3　电源模型的等效变换

任何一个实际电源本身都具有内阻，因而实际电源的电路模型往往由理想电源元件与其内阻组合而成。理想电源元件有电压源和电流源，因此，实际电源的电路模型也相应的有电压源模型和电流源模型，如图 1-36 所示。

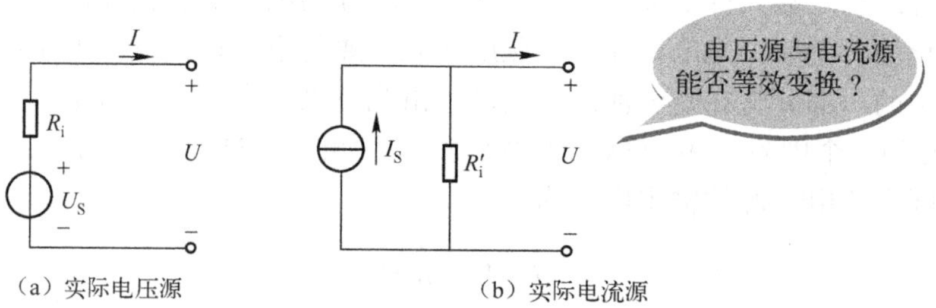

图 1-36　电压源与电流源等效变换

在图 1-39 (a) 所示电路中，由式 (1-12) 可知

$$U = U_S - IR_i$$

式中，U_S为电压源的电压。

在图 1-39 (b) 所示电路中，由式 (1-13) 可知

$$I = I_S - \frac{1}{R'_i}U$$

整理后得

$$U = I_S R'_i - IR'_i$$

由此可见，实际电压源和实际电流源若要等效互换，其伏安特性方程必相同，则其电路参数必须满足条件

$$R_i = R'_i; \ U_S = I_S R'_i \tag{1-14}$$

即当实际电压源等效变换成实际电流源时，电流源的电流等于电压源的电压与其内阻的比值，电流源的内阻等于电压源的内阻；当实际电流源等效变换成实际电压源时，电压源的电压等于电流源的电流与其内阻的乘积，电压源的内阻等于电流源的内阻。

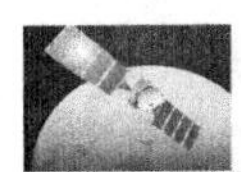

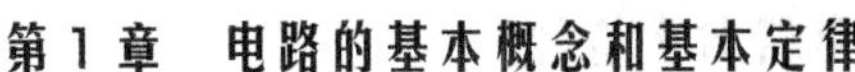

在进行等效互换时，必须重视电压源的电压极性与电流源的电流方向之间的关系，即两者的参考方向要求一致，也就是说电压源的正极对应着电流源电流的流出端。

实际电源的两种模型的等效互换只能保证其外部电路的电压、电流和功率相同，对其内部电路，并无等效而言。通俗地讲，当电路中某一部分用其等效电路替代后，未被替代部分的电压、电流应保持不变。

应用电源等效互换分析电路时还应注意以下几点：

(1) 电源等效互换是电路等效变换的一种方法。这种等效是对电源输出电流 I、端电压 U 的等效。

(2) 有内阻 R_i 的实际电源，其电压源模型与电流源模型之间可以互换等效；理想的电压源与理想的电流源之间不能互换。

(3) 电源等效互换的方法可以推广运用，如果理想电压源与外接电阻串联，可将外接电阻看做其内阻，则可互换为电流源形式；如果理想电流源与外接电阻并联，可将外接电阻看做其内阻，则可互换为电压源形式。

【实例 1-11】 已知 $U_{S1}=4V$，$I_{S2}=2A$，$R_2=12\Omega$，试等效化简图 1-37 所示电路。

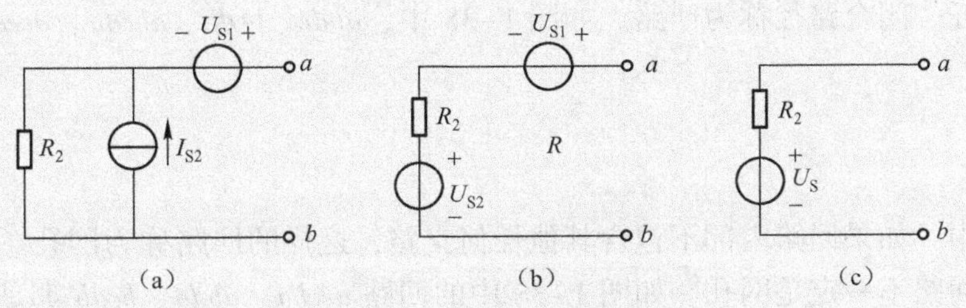

图 1-37　实例 1-11 电路

解： 在图 1-37 (a) 中，把电流源 I_{S2} 与电阻 R_2 的并联变换为电压源 U_{S2} 与电阻 R_2 的串联，电路变换如图 1-37 (b) 所示，其中

$$U_{S2}=R_2\times I_{S2}=12\times 2V=24V$$

在图 1-37 (b) 中，将电压源 U_{S2} 与电压源 U_{S1} 的串联变换为电压源 U_S，电路变换如图 1-37 (c)，其中

$$U_S=U_{S2}+U_{S1}=(24+4)V=28V$$

1.5　基尔霍夫定律

运用欧姆定律可以分析计算一些简单电路，对于复杂电路，可以采用基尔霍夫定律。基尔霍夫定律是电路中最基本的定律之一，是由德国科学家基尔霍夫于 1845 年提出的。它包括两方面的内容，其一是基尔霍夫电流定律，简写为 KCL 定律，其二是基尔霍夫电压定律，简写为 KVL 定律。

为了叙述方便，在具体讨论基尔霍夫定律之前，首先以图 1-38 为例，介绍有关电路的基本术语。

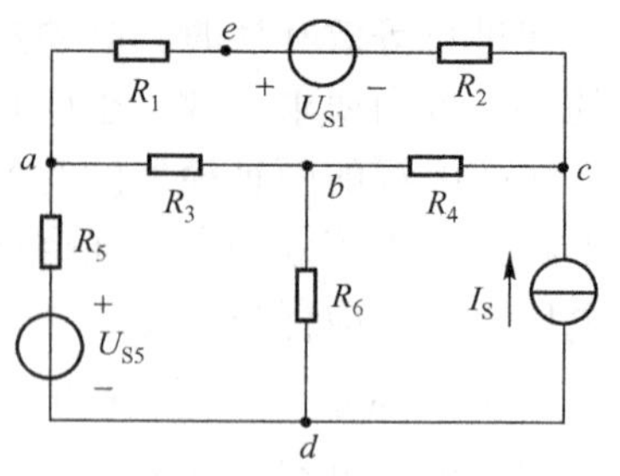

图 1-38　电路示例

1. 支路

将两个或两个以上的二端元件依次连接称为串联。单个电路元件或若干个电路元件的串联，构成电路的一个分支，一个分支上流经的是同一个电流。电路中的每个分支都称为支路。如图 1-38 中 *ab*、*ad*、*aec*、*bc*、*bd*、*cd* 都是支路，其中 *aec* 是由三个电路元件串联构成的支路，*ad* 是由两个电路元件串联构成的支路，其余 4 个都是由单个电路元件构成的支路。

2. 节点

电路中 3 条或 3 条以上支路的连接点称为节点。如图 1-38 中，*a*、*b*、*c*、*d* 都是节点。

3. 回路

电路中的任一闭合路径称为回路。如图 1-38 中，*abda*、*bcdb*、*abcda*、*aecda*、*aecba* 等都是回路。

4. 网孔

平面电路中，如果回路内部不包含其他任何支路，这样的回路称为网孔。因此，网孔一定是回路，但回路不一定是网孔。如图 1-38 中的回路 *aecba*、*abda*、*bcdb* 都是网孔，其余的回路则不是网孔。

连接在同一个节点上的各支路的电流，必然受到 KCL 定律的约束；任意一个闭合回路中各元件上的电压，必然受到 KVL 定律的约束。这种约束称为互连约束，也即元件连接方式的约束。互连约束关系是线性关系。

1.5.1　基尔霍夫电流定律

基尔霍夫电流定律（KCL）描述的是电路中任一节点所连接的各支路电流之间的相互约束关系。KCL 定律指出：对电路中的任一节点，在任一瞬间，流出或流入该节点电流的代数和为零，即

$$\sum i(t) = 0 \tag{1-15}$$

在直流的情况下，则有

$$\sum I = 0 \tag{1-16}$$

通常把式（1-15）、(1-16）称为节点电流方程，简称 KCL 方程。

应当指出，在列写节点电流方程时，各电流变量前的正、负号取决于各电流的参考方向对该节点的关系（是“流入”还是“流出”）；而各电流值的正、负则反映了该电流的实际方向与参考方向的关系（是相同还是相反）。通常规定，对参考方向背离节点的电流取正号，

而对参考方向指向节点的电流取负号。如图 1-39 所示为某电路中的节点 a，连接在节点 a 的支路共有 5 条，在所选定的参考方向下有

$$-I_1+I_2+I_3-I_4+I_5=0$$

KCL 定律不仅适用于电路中的节点，还可以推广应用于电路中的任一假设的封闭面，即在任一瞬间，通过电路中任一假设封闭面的电流代数和为零。如图 1-40 所示为某电路中的一部分，选择封闭面如图中虚线所示，在所选定的参考方向下有

$$I_1-I_2-I_3-I_5+I_6+I_7=0$$

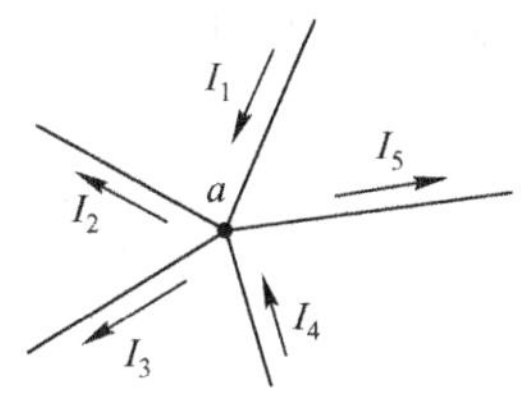

图 1-39　KCL 示例电路 1

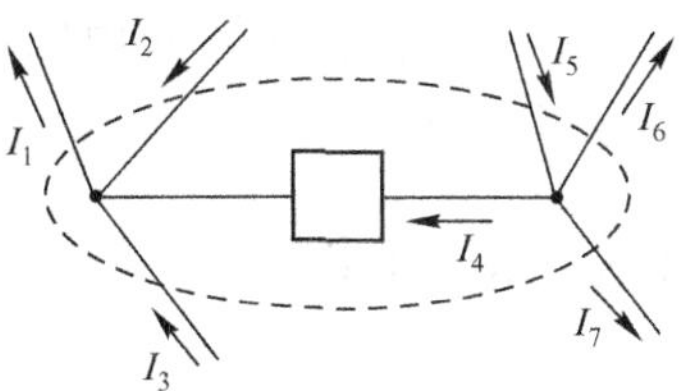

图 1-40　KCL 示例电路 2

【实例 1-12】已知 $I_1=3\text{A}$、$I_2=5\text{A}$、$I_3=-18\text{A}$、$I_5=9\text{A}$，计算如图 1-41 所示电路中的电流 I_6 及 I_4。

解：对节点 a，根据 KCL 定律可知

$$-I_1-I_2+I_3+I_4=0$$

则

$$I_4=I_1+I_2-I_3=(3+5+18)\text{A}=26\text{A}$$

对节点 b，根据 KCL 定律可知

$$-I_4-I_5-I_6=0$$

则

$$I_6=-I_4-I_5=(-26-9)\text{A}=-35\text{A}$$

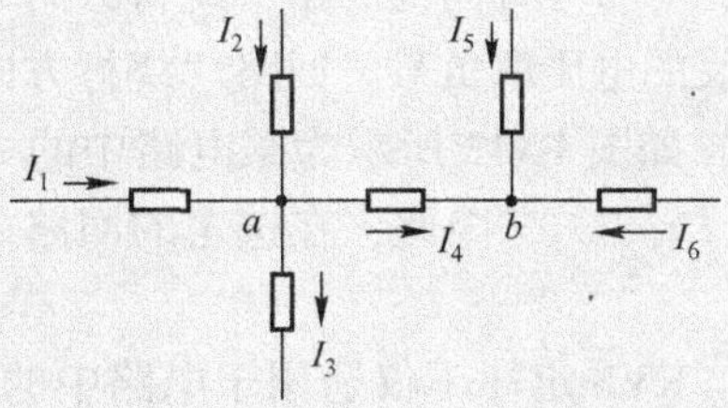

图 1-41　实例 1-12 电路

【实例 1-13】已知 $I_1=5\text{A}$、$I_6=3\text{A}$、$I_7=-8\text{A}$、$I_5=9\text{A}$，试计算图 1-42 所示电路中的电流 I_8。

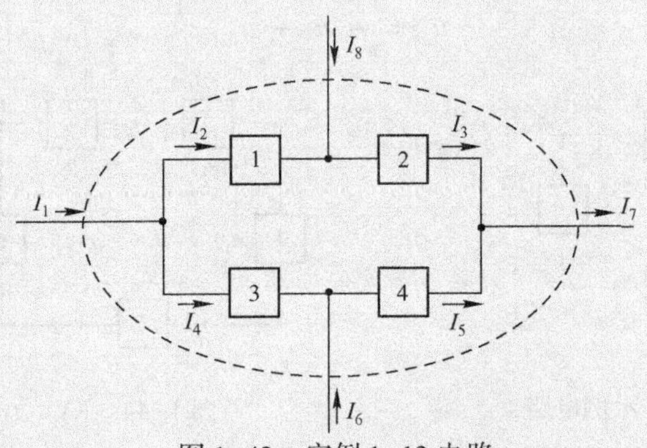

图 1-42　实例 1-13 电路

解：在电路中选取一个封闭面，如图中虚线所示，根据 KCL 定律可知

$$-I_1-I_6+I_7-I_8=0$$

则

$$I_8=-I_1-I_6+I_7=(-5-3-8)\text{A}=-16\text{A}$$

1.5.2 基尔霍夫电压定律

基尔霍夫电压定律（KVL）描述的是电路中组成任一回路的各支路（或各元件）电压之间的约束关系。KVL 定律指出：对电路中的任一回路，在任一瞬间，沿回路绕行方向，各段电压的代数和为零。即

$$\sum u(t)=0 \tag{1-17}$$

在直流的情况下，则有

$$\sum u=0 \tag{1-18}$$

通常把式（1-17）、(1-18）称为回路电压方程，简称 KVL 方程。

应当指出：在列写回路电压方程时，首先要对回路选取一个回路“绕行方向”，各电压变量前的正、负号取决于各电压的参考方向与回路“绕行方向”的关系（是相同还是相反）；而各电压值的正、负则反映了该电压的实际方向与参考方向的关系（是相同还是相反）。通常规定，对参考方向与回路“绕行方向”相同的电压取正号，同时对参考方向与回路“绕行方向”相反的电压取负号。回路“绕行方向”是任意选定的，通常在回路中以虚线表示。

如图 1-43 所示为某电路中的一个回路 $abcda$，各支路的电压在选择的参考方向下为 u_1、u_2、u_3、u_4，因此，在选定的回路“绕行方向”下有

$$u_1+u_2-u_3-u_4=0$$

KVL 定律不仅适用于电路中的具体回路，还可以推广应用于电路中的任一假想的回路。即在任一瞬间，沿回路绕行方向，电路中假想的回路中各段电压的代数和为零。如图 1-44 所示为某电路中的一部分，路径 a、f、c、b 并未构成回路，选定图中所示的回路“绕行方向”，对回路 $afcba$ 列写 KVL 方程有

$$-u_4+u_5-u_{ab}=0$$

则

$$u_{ab}=-u_4+u_5$$

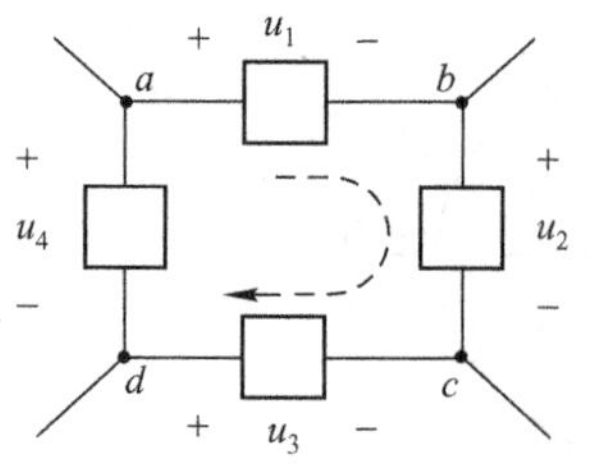

图 1-43　KVL 示例电路 1

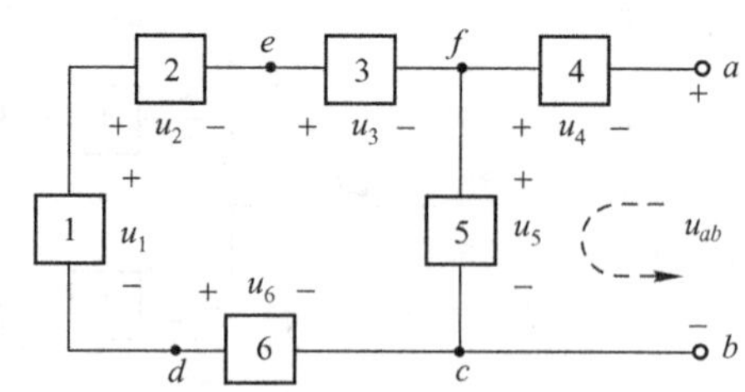

图 1-44　KVL 示例电路 2

由此可见，电路中 a、b 两点的电压 U_{ab} 等于以 a 为出发点、以 b 为终点的绕行方向上的任一路径上各段电压的代数和。其中 a、b 可以是某一元件或一条支路的两端，也可以是电

路中的任意两点。今后若要计算电路中任意两点间的电压，可以直接利用这一推论。

【实例 1-14】试求图 1-45 所示电路中元件 3、4、5、6 的电压。

解：根据 KVL 定律可得

在回路 cdec 中，$U_5=U_{cd}+U_{de}=[-(-5)-1]\text{V}=4\text{V}$

在回路 bedcb 中，$U_3=U_{be}+U_{ed}+U_{dc}=[3+1+(-5)]\text{V}=-1\text{V}$

在回路 debad 中，$U_6=U_{de}+U_{eb}+U_{ba}=[-1-3-4]\text{V}=-8\text{V}$

在回路 abea 中，$U_4=U_{ab}+U_{be}=(4+3)\text{V}=7\text{V}$

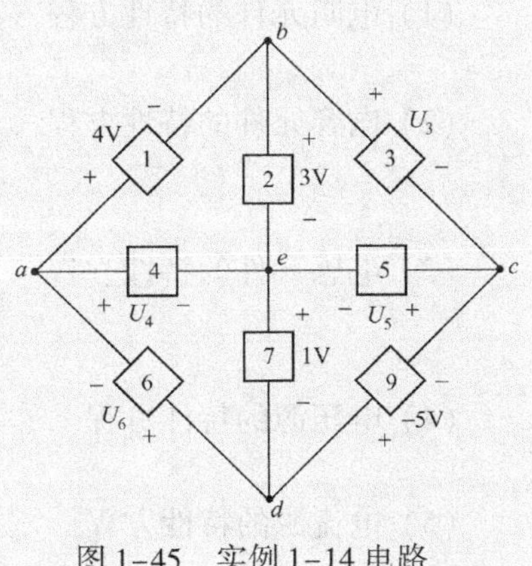

图 1-45　实例 1-14 电路

知识梳理与总结

本章主要介绍了以下 5 个方面的内容。

1. 研究电路的一般方法

电路模型是实际电路结构及功能的抽象化表示，是各种理想化元件模型的组合。分析电路的关键是首先建立电路模型，然后再按照电路定律及规律进行分析计算。

2. 电流、电压、电位及电功率

(1) 电荷有规则的定向运动就形成了电流。电流的大小用电流强度（简称电流）来表示，其方向指正电荷运动的方向，SI 单位是安培（A）。电流一般用符号 i 表示，直流用符号 I 表示。

(2) 电路中 a、b 两点间电压，其大小等于电场力由 a 点移动单位正电荷到 b 点所做的功，其方向是由高电位点指向低电位点。电压的 SI 单位是伏特（V）。电压一般用符号 u_{ab} 表示，直流电压用符号 U 表示。

(3) 在电路中任选一点为参考点，则某一点 A 到参考点的电压就称为 A 点的电位，用 V_A 表示。电位的单位和电压的单位一样，都是伏特（V）。电路中某两点之间的电压等于这两点之间的电位差。即

$$U_{AB}=V_A-V_B$$

电位是一个相对值，参考点不同，电位大小也不同，电位随参考点的变化而变化。而电压是一个绝对值，与参考点无关。

(4) 电流和电压的参考方向是电路分析中的一个重要的概念。在进行电路分析和计算时，必须在电路图上标出参考方向。参考方向可以任意选定，但一经选定，在电路的分析和计算过程中就不能改变。通常选取电压和电流的参考方向为关联参考方向。

(5) 电功率是指电能量对时间的变化率，用符号 p 或 P 表示，SI 单位是瓦特（W）。

3. 元件的约束

电路元件的伏安关系（特性方程）称为元件约束。在电压、电流关联参考方向下，有以

下约束关系。

（1）电阻元件的特性方程

$$u = Ri$$

（2）电容元件的特性方程

$$i = C\frac{\mathrm{d}u}{\mathrm{d}t}$$

（3）电感元件的特性方程

$$u = L\frac{\mathrm{d}i}{\mathrm{d}t}$$

（4）电压源的特性方程

$$u = u_S$$

（5）电流源的特性方程

$$i = i_S$$

4. 互联约束

基尔霍夫定律是研究电路互联的基本定律。它包括基尔霍夫电流定律和基尔霍夫电压定律。

1）基尔霍夫电流定律

基尔霍夫电流定律适用于节点，该定律说明：在任一时刻，流出任一节点的所有支路电流的代数和等于零，即 $\sum i(t) = 0$。

2）基尔霍夫电压定律

基尔霍夫电压定律适用于回路，该定律说明：在任一时刻，沿任一回路的所有支路或元件的电压代数和等于零，即 $\sum u(t) = 0$。

5. 电源模型的等效变换

（1）变换条件

$$i_S = \frac{u_S}{R}$$

$$R' = R$$

（2）直流电源模型等效变换条件

$$I_S = \frac{U_S}{R}$$

$$R' = R$$

习题 1

一、填空题

1. 电路一般由________、________、________和________4 部分组成。
2. 欧姆定律表明了________。

3. 电位和电压的区别是____________________________________，当电位的参考点变动时，同一电路中各点的电位________变化，任意两点间的电压________。

4. 电感元件的电压电流关系为________。在直流电路中，电感相当于______。

5. 电容元件的电压电流关系为________。在直流电路中，电容相当于______。

6. 实际电压源可以用一个理想电压源 U_S和内电阻 R_i相______ 的电路模型来表示；实际电流源可以用一个理想电流源 I_S和内电阻 R_i' 相______ 的电路模型来表示。

7. 基尔霍夫电流定律的表达式为________________；基尔霍夫电压定律的表达式为______________。

二、判断题

1. 电压和电流都是既有大小又有方向的物理量，所以它们都是矢量。(　　)

2. 电路中电位参考点变动后，各点电位数值随之而变，两点间的电位差也要发生变化。(　　)

3. 一段电路中，无论电压、电流的方向如何，$P>0$ 时总是消耗电功率的。(　　)

4. 实际电压源不论是否外接负载，其电源电压恒定。(　　)

5. 在一段电路中，没有电压就没有电流，没有电流就没有电压。(　　)

三、分析计算题

1. 如图 1-46 所示电路，指出电流、电压的实际方向。

2. 如图 1-47 所示电路中，$U_{ab}=-8V$，说明 a、b 两点中哪点电位高。

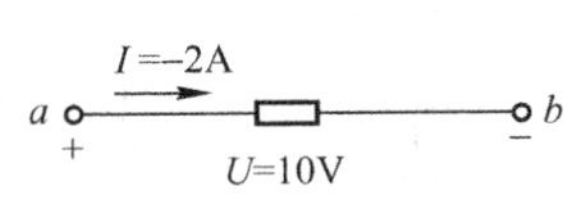

图 1-46　习题 3-1 图

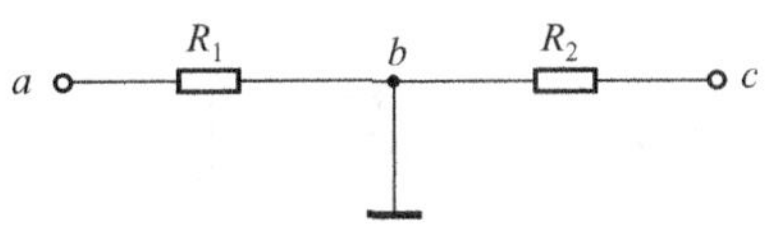

图 1-47　习题 3-2 图

3. 如图 1-48 所示电路中，$I_{S1}=6A$，$I_{S2}=2A$，$R_1=2\Omega$，$R_2=3\Omega$，以 O 点为参考点，试计算 a、b 两点的电位。

4. 如图 1-49 所示电路，试求在开关断开和闭合两种情况下的 a 点电位 V_a。

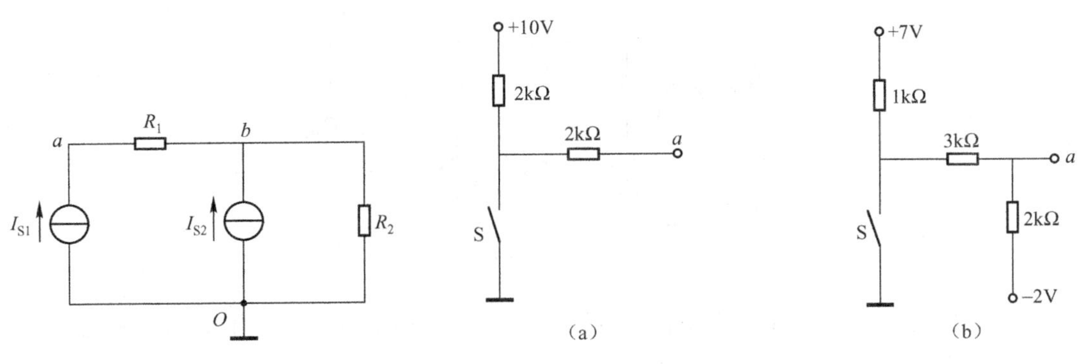

图 1-48　习题 3-3 图

图 1-49　习题 3-4 图

5. 一实习室有 100W、220V 电烙铁 50 把，每天使用 4h，问一个月（按 30 天计）用电多少度？

6. 某家用电器，一昼夜耗电 1.8kW · h，工作电压为 220V，求该电器的功率和电阻值。

7. 如图 1-50 所示电路，已知 $U_S=100V$，$R_0=2\Omega$，负载电阻 $R_L=98\Omega$，问开关 S 处于 1、2、3 位置时电压表和电流表的读数分别是多少？

8. 有一只额定值为 5W、500Ω 的线绕式电阻，求其额定电流 I_N 和额定电压 U_N；如果将它接到 10V 电源上，求其实际消耗的功率。

9. 如图 1-51 所示电路，已知电压 $U_{S1}=10V$，$U_{S2}=5V$，电阻 $R_1=5\Omega$，$R_2=10\Omega$，电容 $C=0.1F$，求电压 U_1、U_2。

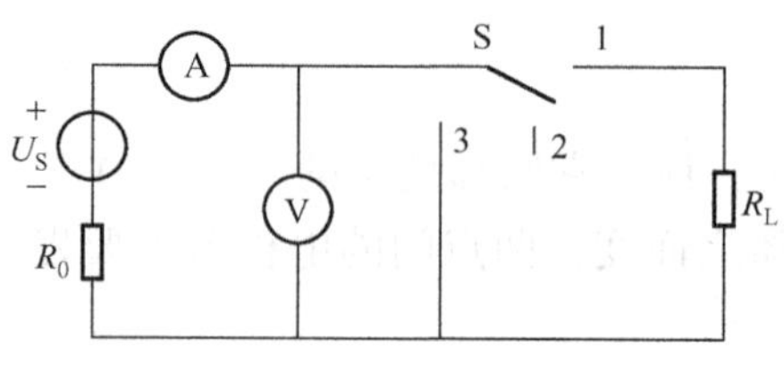

图 1-50 习题 3-7 图

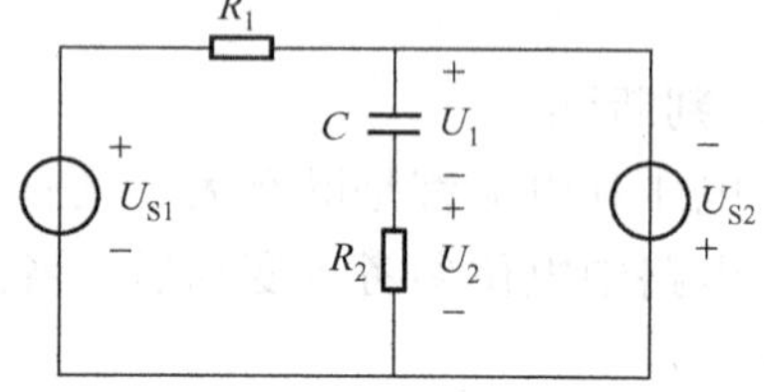

图 1-51 习题 3-9 图

10. 如图 1-52 为一实际线圈的电路模型，$i=12\sin tA$，求储存在电感中的最大能量，并计算电感在储存、释放能量期间（一次）电阻消耗的能量。

11. 电路如图 1-53 所示，画出应用电源等效变换每一步的变换图。

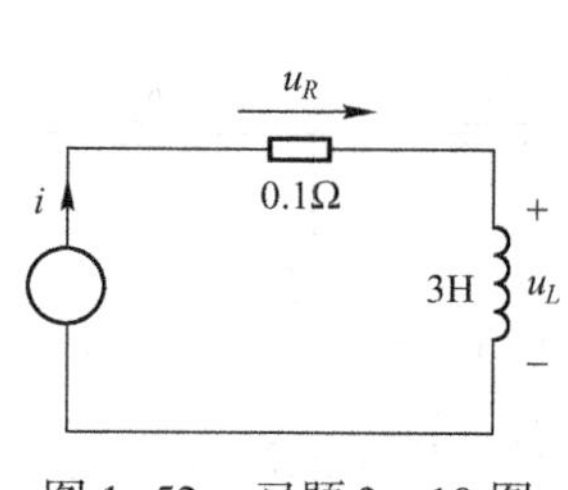

图 1-52 习题 3-10 图

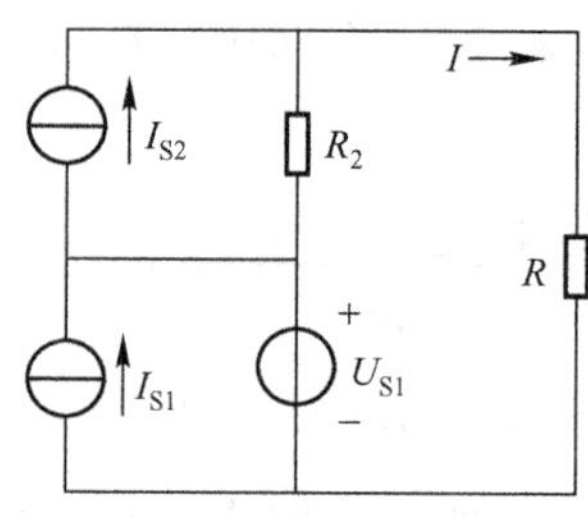

图 1-53 习题 3-11 图

12. 如图 1-54 所示电路中，有几个节点？几条支路？几个回路？

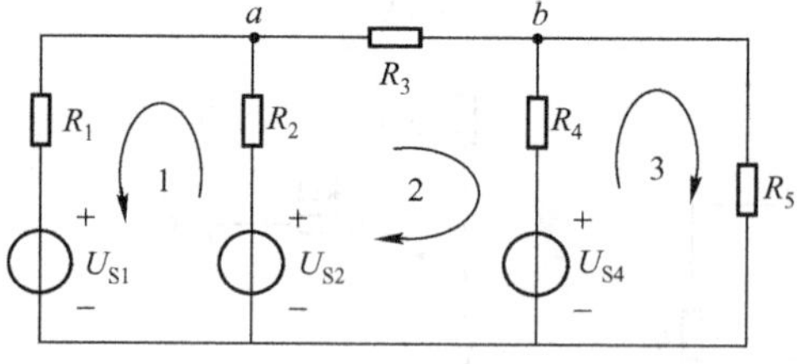

图 1-54 习题 3-12 图

13. 在 12 题中，用基尔霍夫电流定律对节点 a 和 b 列电流方程，用基尔霍夫电压定律对回路 1、2、3 列电压方程。

14. 如图 1-55 所示是某电路的一部分，试求电路中的 I 和 U_{ab}。

15. 如图 1-56 所示是某电路的一部分，试求电路中的 U_{ac} 和 U_{cd}。

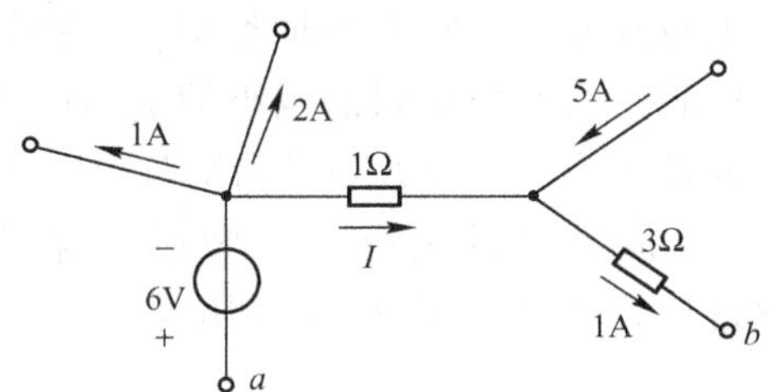

图 1-55　习题 3-14 图

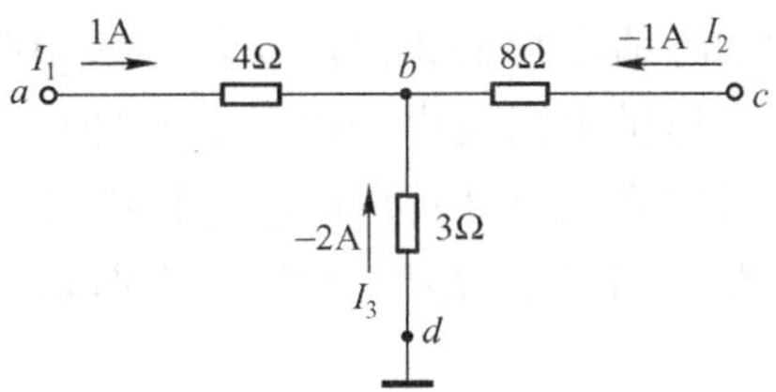

图 1-56　习题 3-15 图

16. 如图 1-57 所示电路，已知 $I_a=3\text{A}$，$I_b=1\text{A}$，$U_{ab}=1\text{V}$，试求 I_1、I_2、I_3及 U_{bc}、U_{ca}。

17. 如图 1-58 所示电路，试求电流 I_1、I_2、I_3。

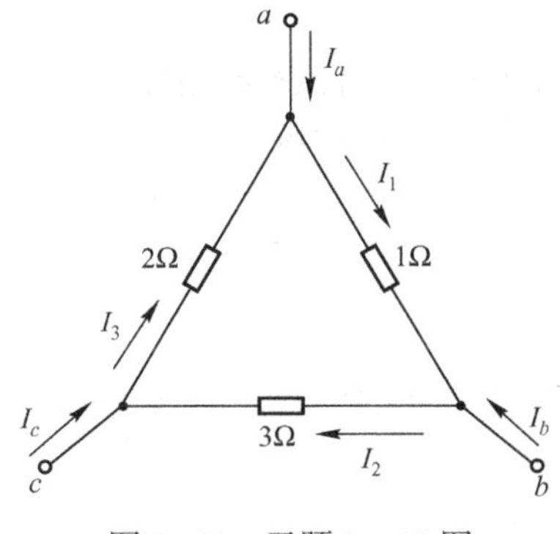

图 1-57　习题 3-16 图

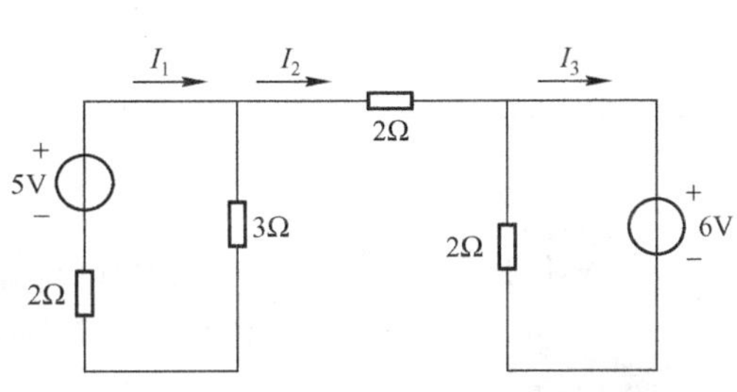

图 1-58　习题 3-17 图

18. 如图 1-59 所示电路，试求电流 I。

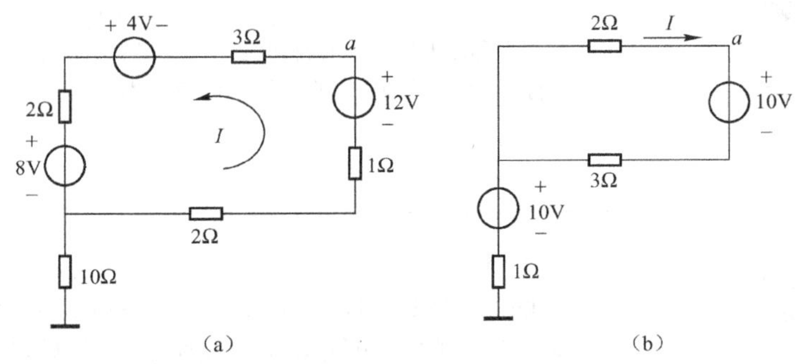

图 1-59　习题 3-18 图

阅读材料 1：电阻元件的识别与应用

1. 电阻元件的识别

1）电阻的分类、特点及用途

电阻的种类较多，按制作的材料不同，可分为绕线电阻和非绕线电阻两大类。非绕线电阻因制造材料的不同，有碳膜电阻、金属膜电阻、金属氧化膜电阻、实心碳质电阻等。另外还有一类特殊用途的电阻，如热敏电阻、压敏电阻等。

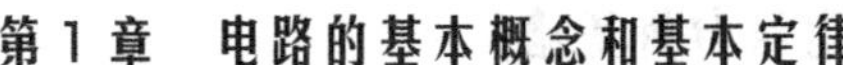

热敏电阻的阻值是随着环境和电路工作温度变化而改变的。它有两种类型，一种是随着温度增加阻值增加的正温度系数热敏电阻；另一种是随着温度增加阻值减小的负温度系数热敏电阻。热敏电阻在电信设备和其他设备中做正或负温度补偿，或做测量和调节温度之用。

压敏电阻在各种自动化技术和保护电路的交/直流及脉冲电路中，做过压保护、稳压、调幅、非线性补偿之用。特别是对各种电感性电路的熄灭火花和过压保护有良好的作用。

常用电阻元件的外形、特点与应用如表 1-2 所示。

表 1-2　常用电阻元件的外形、特点与应用

名称及实物图	特点与应用
碳膜电阻	碳膜电阻稳定性较高，噪声也比较低。一般在无线电通信设备和仪表中做限流、阻尼、分流、分压、降压、负载和匹配等用途
金属膜电阻	金属膜和金属氧化膜电阻的用途与碳膜电阻一样，具有噪声低、耐高温、体积小、稳定性和精密度高等特点
实心碳质电阻	实心碳质电阻的用途和碳膜电阻一样，具有成本低、阻值范围广、容易制作等特点，但阻值稳定性差，噪声和温度系数大
绕线电阻	绕线电阻有固定和可调式两种，其特点是稳定、耐热性能好、噪声小、误差范围小。一般在功率和电流较大的低频交流和直流电路中做降压、分压、负载等用途，额定功率大都在 1W 以上
电位器 (a)　(b) (c)　(d)	(a) 为绕线电位器，其阻值变化范围小，功率较大 (b) 为碳膜电位器，其稳定性较高，噪声较小 (c) 为推拉式带开关碳膜电位器，其使用寿命长，调节方便 (d) 为直滑式碳膜电位器，其节省安装位置，调节方便

2）电阻的类别和型号

随着电子工业的迅速发展，电阻的种类也越来越多，为了区别电阻的类别，在电阻上可用字母符号来标明，如图 1-60 所示。

电阻类别的字母符号标志说明见表 1-3，如“RT”表示碳膜电阻；“RJJ”表示精密金属膜电阻。

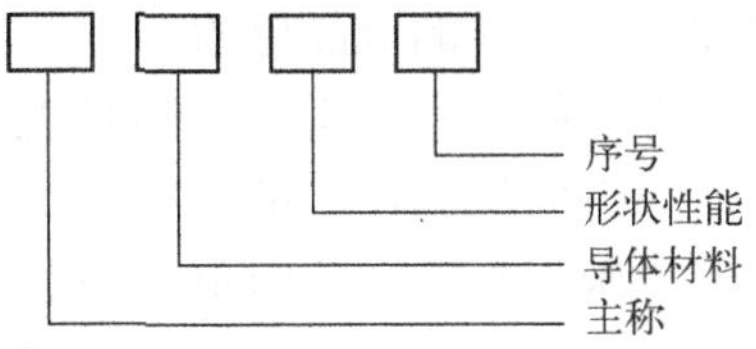

图 1-60　电阻类型及型号表示

表 1-3　电阻类别的字母符号标志

第一部分	主称	R：电阻
		W：电位器
第二部分	导体材料	T：碳膜电阻
		J：金属膜电阻
		Y：金属氧化膜电阻
		X：绕线电阻
		M：压敏电阻
		G：光敏电阻
		R：热敏电阻
第三部分	形状性能	X：大小
		J：精密
		L：测量
		G：高功率
		1：普通
		2：普通
		3：超高频
		4：高阻
		5：高温
		8：高压
		9：特殊
第四部分	序号	对主称、材料特征相同，仅尺寸、性能指标略有差别，但基本上不影响互换的产品给同一序号，若尺寸、性能指标的差别已明显影响互换，则在序号后面用大写字母予以区别

3）电阻的主要参数

电阻的主要参数是指电阻的标称阻值、误差和额定功率。前者是指电阻元件外表面上标注的电阻值（热敏电阻则指 25℃时的阻值）；后者是指电阻元件在直流或交流电路中，在一定大气压力和产品标准规定的温度下（-55 ～ 125℃不等），长期连续工作所允许承受的最大功率。在实际应用中，根据电路图的要求选用电阻时，必须了解电阻的主要参数。

（1）标称阻值和误差：使用电阻，首先要考虑的是它的阻值是多少。为了满足不同的需要，必须生产出各种不同大小阻值的电阻。但是，绝不可能也没有必要做到要什么阻值的电

阻就有什么样的成品电阻。

为了便于大量生产，同时也让使用者在一定的允许误差范围内选用电阻，国家规定出一系列的阻值作为产品的标准，这一系列阻值叫做电阻的标称阻值。另外，电阻的实际阻值也不可能做到与其标称阻值完全一样，两者之间总存在一些偏差。最大允许偏差值除以该电阻的标称值所得的百分数叫做电阻的误差。对于误差，国家也规定出一个系列。普通电阻的误差有 ±5%、±10%、±20% 三种，在标志上分别以Ⅰ、Ⅱ、Ⅲ表示。例如，一只电阻上印有“47kⅡ”的字样，我们就知道它是一只标称阻值为 47kΩ，最大误差不超过 ±10% 的电阻。误差为 ±2%、±1%、±0.5%……的电阻称为精密电阻。

（2）电阻的额定功率：当电流通过电阻时，电阻因消耗功率而发热。如果电阻发热的功率大于它所能承受的功率，电阻就会烧坏。所以电阻发热而消耗的功率不得超过某一数值。这个不至于将电阻烧坏的最大功率值称为电阻的额定功率。

与电阻元件的标称阻值一样，电阻的额定功率也有标称值，通常有 1/8、1/4、1/2、1、2、3、5、10、20 瓦等。“瓦”字在电路中用字母“W”表示。图 1-61 画出了不同瓦数的电阻符号。

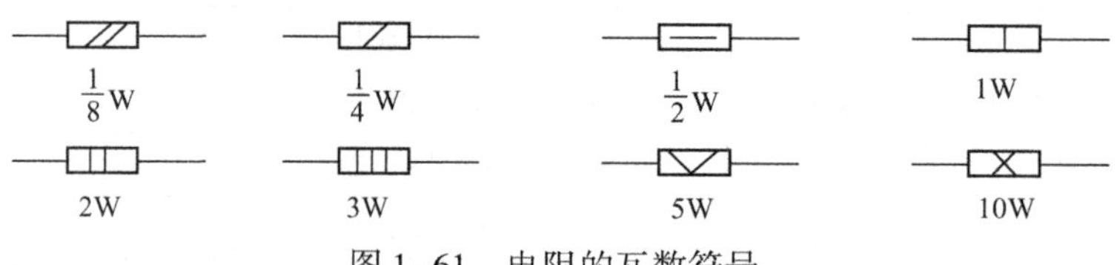

图 1-61　电阻的瓦数符号

当有的电阻上没有瓦数标志时，就要根据电阻体积大小来判断。常用的碳膜电阻与金属膜电阻，其额定功率和体积大小的关系见表 1-4。

4）电阻的规格标注方法

电阻的类别、标称阻值及误差、额定功率一般都标注在电阻元件的外表面上，目前常用的标注方法有两种。

（1）直标法：直标法是将电阻的类别及主要技术参数直接标注在它的表面上，如图 1-62（a）所示。有的国家或厂家用一些文字符号标明单位，例如，3.3kΩ 标为 3k3，这样可以避免因小数点面积小，不易看清的问题。

表 1-4　碳膜电阻和金属膜电阻额定功率与体积大小的关系

额定功率/W	碳膜电阻（RT）		金属膜电阻（RJ）	
	长度/mm	直径/mm	长度/mm	直径/mm
1/8	11	3.9	6～8	2～2.5
1/4	18.5	5.5	7～8.2	2.5～2.9
1/2	28	5.5	10.8	4.2
1	30.5	7.2	13	6.6
2	48.5	9.5	18.5	8.6

（2）色标法：色标法是将电阻的类别及主要技术参数用颜色（色环或色点）标注在它的表面上，如图 1-62（b）所示。碳质电阻和一些小碳膜电阻的阻值和误差，一般用色环来表示（个别电阻也有用色点表示的）。

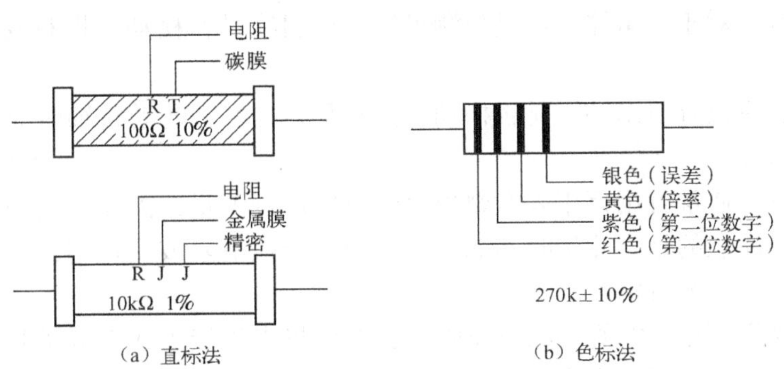

图 1-62　电阻标注法

色标法是在电阻元件的一端画有三道或四道色环，紧靠电阻端的为第一色环，其余依次为第二、三、四色环。第一道色环表示阻值的第一位数字，第二道色环表示阻值的第二位数字，第三道色环表示阻值倍率的数字，第四道色环表示阻值的允许误差。色环所代表的数及数字意义见表 1-5。例如，有一只电阻有 4 个色环颜色，依次为红、紫、黄、银，则这个电阻的阻值为 270 000Ω，误差为 ±10%（即 270k ±10%）；另有一只电阻标有棕、绿、黑三道色环，显然其阻值为 15Ω，误差为 ±20%（即 15Ω ±20%）；还有一只电阻的 4 个色环颜色依次为绿、棕、金、金，则其阻值为 5.1Ω，误差为 ±10%（即 5.1Ω ±10%）。

用色点表示的电阻，其识别方法与色环表示法相同，这里不再重复。

表 1-5　色环所代表的数及数字意义

色　别	第一色环第一位数	第二色环第二位数	第三色环应乘位数	第四色环允许误差
棕色	1	1	10^1	—
红色	2	2	10^2	—
橙色	3	3	10^3	—
黄色	4	4	10^4	—
绿色	5	5	10^5	—
蓝色	6	6	10^6	—
紫色	7	7	10^7	—
灰色	8	8	10^8	—
白色	9	9	10^9	—
黑色	0	0	10^0	—
金色	—	—	10^{-1}	±5%
银色	—	—	10^{-2}	±10%
无色	—	—	—	±20%

顺便指出，目前市售电阻元件中，碳膜电阻器的外层漆皮多呈绿色和蓝灰色，也有的为米黄色；金属膜电阻呈深红色，绕线电阻则呈黑色。

2. 电阻元件的应用

1）电阻器、电位器的检测

电阻器的主要故障是：过流烧毁，变值，断裂，引脚脱焊等。电位器还经常发生滑动触头与电阻片接触不良等情况。

（1）外观检查：对于电阻器，通过目测可以看出引线是否松动、折断或电阻体是否烧坏等外观故障。

对于电位器，应检查引出端子是否松动，接触是否良好，转动转轴时应感觉平滑，不应有过松或过紧等情况。

（2）阻值测量：通常可用万用表欧姆挡对电阻器进行测量，需要精确测量阻值时可以通过电桥进行。值得注意的是，测量时不能用双手同时捏住电阻或测量笔，否则，人体电阻与被测电阻器并联，影响测量精度。

电位器也可先用万用表欧姆挡测量总阻值，然后将表笔接于活动端子和引出端子，反复慢慢旋转电位器转轴，看万用表指针是否连续均匀变化，若指针平稳移动而无跳跃、抖动现象，则说明电位器正常。

2）电阻器的选用方法

（1）电阻器类型选择：对于一般的电子线路，若没有特殊要求，可选用普通的碳膜电阻器，以降低成本；对于高品质的收录机和电视机等，应选用较好的碳膜电阻器、金属膜电阻器或绕线电阻器；对于测量电路或仪表、仪器电路，应选用精密电阻器；在高频电路中，应选用表面型电阻器或无感电阻器，不宜使用合成电阻器或普通的绕线电阻器；对于工作频率低、功率大，且对耐热性能要求较高的电路，可选用绕线电阻器。

（2）电阻器阻值及误差选择：阻值应按标称系列选取。有时需要的阻值不在标称系列，此时可以选择最接近这个阻值的标称值电阻，当然也可以用两个或两个以上电阻器的串/并联来代替所需的电阻器。

误差选择应根据电阻器在电路中所起的作用而定，除一些对精度特别要求的电路（如仪器仪表、测量电路等）外，一般电子线路中所需电阻器的误差可选用Ⅰ、Ⅱ、Ⅲ级。

（3）电阻器额定功率的选取：电阻器在电路中实际消耗的功率不得超过其额定功率。为了保证电阻器长期使用不会损坏，通常要求选用电阻器的额定功率高于实际消耗功率的两倍以上。

3）电位器的选用方法

（1）电位器结构和尺寸的选择：选用电位器时应注意尺寸大小和旋转轴柄的长短，轴端式样和轴上是否需要锁紧装置等。经常调节的电位器，应选用轴端铣成平面的，以便安装旋钮；不经常调整的，可选用轴端带刻槽的；一经调好就不再变动的，可选择带锁紧装置的电位器。

（2）阻值变化规律的选择：用做分压器时或示波器的聚焦电位器和万用表的调零电位器时，应选用直线式；收音机的音量调节电位器应选用反转对数式，也可以用直线式代替；音调调节电位器和电视机的黑白对比度调节电位器应选用对数式。

阅读材料2：电容元件的识别与应用

1. 电容元件的识别

1）电容的分类、特点及用途

电容器是电信器材的主要元件之一，在电信方面采用的电容器以小体积为主，大体积的

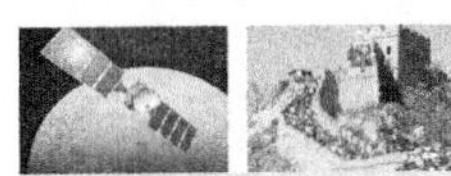

电容器常用于电力方面。

电容器基本上分为固定的和可变的两大类。固定电容器按介质来分，有云母电容器、瓷介电容器、纸介电容器、薄膜电容器（包括塑料、涤纶等）、玻璃釉电容器、漆膜电容器和电解电容器等。可变电容器有空气可变电容器、密封可变电容器两类。半可变电容器又分为瓷介微调、塑料薄膜微调和绕线微调电容器等。

常用电容元件的外形、特点与应用如表 1-6 所示

表 1-6　常用电容元件的外形、特点与应用

名称及实物图	特点与应用
云母电容器	耐高温、高压，性能稳定，体积小，漏电小，但电容量小。宜用于高频电路中
瓷介电容器 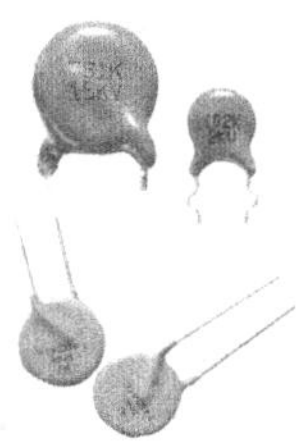	耐高温，体积小，性能稳定，漏电小，但电容量小。可用于高频电路中
纸介电容器 	价格低，损耗大，体积也较大。宜用于低频电路中
金属化纸介电容器 	体积小，电容量较大，受高电压击穿后能“自愈”，即当电压恢复正常后，该电容器仍然能照常工作。一般用于低频电路中
有机薄膜电容器 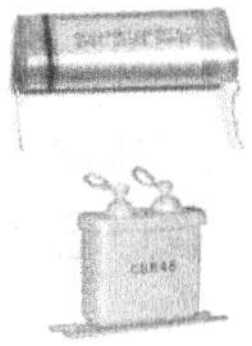	电容器的介质是聚苯乙烯和涤纶等。前者漏电小，损耗小，性能稳定，有较高的精密度，可用于高频电路中；后者介电常数高，体积小，容量大，稳定性较好，宜做旁路电容
油质电容器 	又称油浸纸介电容器。电容量大，耐压高，但体积大。常用于大电力的无线电设备中

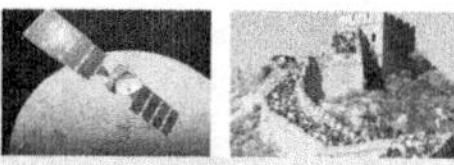

续表

名称及实物图	特点与应用
钽（或铌）电容器	是一种电解电容器。体积小，容量大，性能稳定，寿命长，绝缘电阻大，温度特性好。用于要求较高的设备中
电解电容器	电容量大，有固定的极性，漏电大，损耗大。宜用于电源滤波电路中
半可变（微调）电容器	用螺钉调节两组金属片间的距离来改变电容量。一般用于振荡或补偿电路中
可变电容器	由一组（多组）定片和一组（多组）动片所构成。其容量随动片组转动的角度不同而改变。空气可变电容器多用于大型设备中，聚苯乙烯薄膜密封可变电容器体积小，多用于小型设备中

2）电容的类别和型号

在固定电容器上，一般都印有许多字母来表示它的类别、容量、耐压和允许误差。随着电子工业的迅速发展，电容的种类也越来越多，为了区别电容的类别，在电容上可用字母符号来标明，如图 1-63 所示。

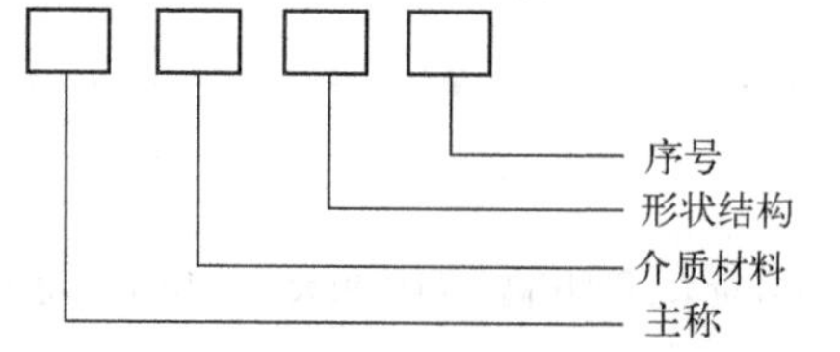

图 1-63　电容类别及型号表示

第一部分：主称，用字母 C 表示电容器。

第二部分：电容器介质材料，用字母表示。

第三部分：形状结构，一般用数字表示，个别用字母表示。

第四部分：序号，用数字表示。

电容类别的字母符号标志说明见表 1-7，如“CZX”表示小型纸介电容器。

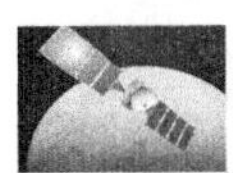

表 1–7　电容类别的字母符标志

第一部分	主称	C：电容
第二部分	介质材料	Z：纸介
		Y：云母
		C：瓷介
		D：电解
		T：铁电
第三部分	形状结构	T：筒形
		G：管形
		Y：圆片形
		M：密封
		X：小型
		L：立式矩形
第四部分	序号	对主称、材料特征相同，仅尺寸、性能指标略有差别，但基本上不影响互换的产品给同一序号，若尺寸、性能指标的差别已明显影响互换，则在序号后面用大写字母予以区别

3）电容的主要参数

电容的主要参数是指额定工作电压、标称容量和允许误差范围、绝缘电阻。在实际应用时，根据电路图的要求选用电容，则必须了解电容的主要参数。

（1）额定工作电压：在规定的温度范围内，电容器在线路中能够长期可靠地工作而不致被击穿所能承受的最大电压（又称耐压）。有时又分为直流工作电压和交流工作电压（指有效值）。其单位是伏特，用“V”表示，其值通常为击穿电压的一半。额定工作电压的大小与介质的种类和厚度有关。固定电容器的额定电压系列如表 1–8 所示。

（2）标称容量和允许误差范围：为了生产和选用的方便，国家规定了各种电容器电容量的一系列标准值，称为标称容量，也就是在电容器上所标出的容量。其数值也有标称系列，同电阻器阻值标称系列一样。

表 1–8　固定电容器的额定电压系列（单位：V）

1.6	5	6.3	10	16
25	32 *	40	50 *	63
100	125 *	160	250	300 *
400	450 *	500	630	1 000
1 600	2 000	2 500	3 000	4 000
5 000	6 300	8 000	10 000	15 000
20 000	25 000	30 000	35 000	40 000
45 000	50 000	60 000	80 000	100 000

注：有 * 者限电解电容采用；数值下有“____”者建议优先选用。

实际生产的电容器的电容量和标称电容量之间总是会有误差。根据不同的允许误差范围，规定电容器的精度等级。电容器的电容量允许误差分为 5 个等级：00 级表示允许误差

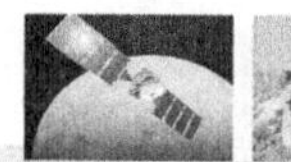

±1%；0级表示允许误差±2%；Ⅰ级表示允许误差±5%；Ⅱ级表示允许误差±10%；Ⅲ级表示允许误差±20%。

(3) 绝缘电阻：电容器绝缘电阻的大小，说明其绝缘性能的好坏。当电容器加上直流电压 U 长时间充电之后，其电流最终仍保留一定的值，称为电容器的漏电电流 I，这时绝缘电阻 $R=U/I$。除电解电容器外，一般电容器的漏电电流是很小的。显然电容器的漏电电流越大，绝缘电阻越小。当漏电电流较大时，电容器发热，发热严重时，电容器因过热而损坏。

电容器绝缘电阻的大小和介质的体积。电阻系数。介质厚度及极片面积的大小都有关系，为了减小漏电电流的影响，要求电容器具有很高的绝缘电阻，一般应为5 000Ω～1MΩ。

4) 电容的规格标注方法

电容的规格标注方法，同电阻元件一样，有直标法和色标法两种。

(1) 直标法：将主要参数和技术指标直接标注在电容器表面。

直标法中，电容量的单位分别为 pF、μF 和 F，允许误差直接用百分数表示。但有的国家常用一些符号表示单位，如3.3pF标注为"3p3"，3 300μF标注为"3m3"。

(2) 色标法：与电阻元件的色标法相同。

2. 电容元件的应用

1) 电容器的检测

电容器的主要故障是：击穿、短路、漏电、容量减小、变质及破损等。

(1) 外观检查：观察外表应完好无损，表面无裂口、污垢和腐蚀，标志应清晰，引出电极无折伤；对可调电容器应转动灵活，动、定片间无碰、擦现象，各零件转动应同步等。

(2) 测量漏电电阻：用万用表欧姆挡（R×100 或 R×1k 挡），将表笔接触电容的两引线。刚搭上时，表头指针将发生摆动，然后再逐渐返回趋向 R=∞ 处，这就是电容的充放电现象（对0.1μF以下的电容器观察不到此现象）。指针的摆动越大容量越大，指针稳定后所指示的值就是漏电电阻值。其值一般为几百到几千兆欧，阻值越大，电容器的绝缘性能越好。检测时，如果表头指针指到或靠近欧姆零点，说明电容器内部短路；若指针不动，始终指向 R=∞ 处，则说明电容器内部开路或失效。

5 000pF以上的电容器可用万用表电阻最高挡判别，5 000pF以下的小容量电容器应另采用专门测量仪器判别。

(3) 电解电容器的极性检测：电解电容器的正、负极性是不允许接错的，当极性标记无法辨认时，可根据正向连接时漏电电阻大，反向连接时漏电电阻小的特点来检测判断。交换表笔前后两次测量漏电电阻值，测出电阻值大的一次时，黑表笔接触的是正极（因为黑表笔与表内电池的正极相接）。

(4) 可变电容器碰片或漏电的检测：将万用表拨到 R×10 挡，两表笔分别搭在可变电容器的动片和定片上，缓慢旋转动片，若表头指针始终静止不动，则无碰片现象，也不漏电；若旋转至某一角度，表头指针指到0Ω，则说明此处碰片，若表头指针有一定指示或细微摆动，说明有漏电现象。

2) 电容器的选用方法

(1) 选择合适的型号：根据电路要求，一般用于低频耦合、旁路去耦等，电气性能要求

较低时，可以采用纸介电容器、电解电容器等。

晶体管低频放大器的耦合电容器，选用 1 ～ 22μF 的电解电容器。旁路电容器根据电路的工作频率来选，如在低频电路中，发射极旁路电容选用电解电容器，容量在 10 ～ 220μF 之间；在中频电路中，可选用 0.01 ～ 0.1μF 的纸介、金属化纸介、有机薄膜电容器等；在高频电路中，应选择高频瓷介质电容器；若要求在高温下工作，则应选择玻璃釉电容器等。

在电源滤波和退耦电路中，可选用电解电容器。因为在这些使用场合，对电容器性能要求不高，只要体积不大，容量够用就可以。

对于可变电容器，应根据电容统调的级数，确定采用单联或多联可变电容器，然后根据容量变化范围、容量变化曲线、体积等要求确定相应品种的电容器。

(2) 合理确定电容器的容量和误差：电容器容量的数值，必须按规定的标称值来选择。

电容器的误差等级有多种，在低频耦合、去耦、电源滤波等电路中，电容器可以选 ±5%、±10%、±20% 等误差等级，但在振荡回路、延时电路、音调控制电路中，电容器的精度要稍高一些；在各种滤波器和各种网络中，要求选用高精度的电容器。

(3) 耐压值的选择：为保证电容器的正常工作，选用的电容器的耐压值不仅要大于其实际工作电压，而且还要留有足够的余地，一般选用耐压值为实际工作电压两倍以上的电容器。

(4) 注意电容器的温度系数、高频特性等参数：在振荡电路中的振荡元件、移相网络元件、滤波器等，应选用温度系数小的电容器，以确保其性能。

在高频应用时，由于电容器自身电感、引线电感和高频损耗的影响，电容器的性能会变坏。表 1-9 列出了一些电容器的最高使用频率范围，供选用电容器时参考。

表 1-9　电容器的最高使用频率范围

电容器类型	最高使用频率（MHz）	等效电感（3 ～ 10μH）
小型云母电容器	150 ～ 250	4 ～ 6
圆片形瓷介电容器	200 ～ 300	2 ～ 4
圆管形瓷介电容器	150 ～ 200	3 ～ 10
圆盘形瓷介电容器	2 000 ～ 3 000	1 ～ 1.5
小型纸介电容器（无感卷绕）	50 ～ 80	6 ～ 11
中型纸介电容器（0.022μF）	5 ～ 8	30 ～ 60

阅读材料 3：电感元件的识别与应用

1. 电感元件的识别

1) 电感的分类、特点及用途

线圈的品种繁多，按功能来分，有高频阻流圈、低频阻流圈、调谐线圈、滤波线圈、提升线圈、稳频线圈、补偿线圈、天线线圈、振荡线圈及陷波线圈等；按结构来分，有单层螺旋管线圈、蜂房式线圈、铁粉芯或铁氧体芯线圈、铜芯线圈等。

常用电感元件的外形、特点与应用如表 1-10 所示。

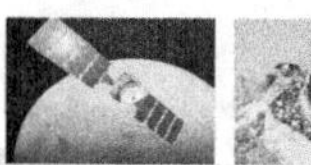

表 1–10　常用电感元件的外形、特点与应用

名称及实物图	特点与应用
单层螺旋管线圈 (a)　(b)　(c)	(a) 密绕绕法简单，容易制作，但体积大，分布电容大，一般用于较简单的收音机电路中 (b) 间绕法的特点是具有较高的品质因素和稳定度，多用于收音机的短波电路 (c) 脱胎绕法的特点是分布电容小，具有较高的品质因素，改变线圈的间距可以改变电感量，多用于超短波电路
蜂房式线圈	体积小，分布电容小，电感量大，多用于收音机中波段振荡电路
铁粉芯或铁氧体芯线圈	为了调整方便，提高电感量和品质因数，常在线圈中加入一种特制材料（铁粉芯或铁氧体），不同的频率采用不同的磁芯。利用螺纹的旋动，可调节磁芯与线圈的位置，从而也改变了这种线圈的电感量。多用于收音机的振荡电路及中频调谐回路
铜芯线圈	为了改变电感量和调整可靠方便、耐用，在一些超短波范围用的线圈常采用铜芯线圈，利用旋转铜芯在线圈中的位置来改变电感量。多用于电视机的高频头内
阻流圈 (a)　(b)	(a) 高频阻流圈的电感量较小，分布电容和介质损耗小，用来阻止高频信号通过而让较低频率的交流信号和直流通过。通常采用陶瓷和铁粉芯做骨架 (b) 低频阻流圈具有较大的电感量，线圈中插有铁芯，常与电容元件组成滤波电路，消除整流后残存的一些交流成分而只让直流通过

2）电感线圈的主要参数

电感线圈的主要参数有两项：电感量 L 和品质因数 Q。在实际应用中，根据电路图的要求选用电感线圈时，必须了解电感线圈的主要参数。

（1）电感量 L：线圈的电感量 L 也称为自感系数或自感，是表示线圈产生自感应能力的一个物理量。当线圈中及其周围不存在铁磁物质时，通过线圈的磁通量与其中流过的电流成正比，其比值称为电感量。

（2）品质因数 Q：线圈的品质因数 Q 是表示线圈质量的一个物理量。它是指线圈在某一频率的交流电压下工作时，所呈现的感抗与其等效损耗电阻之比。即

$$Q=\frac{\omega L}{R}=\frac{2\pi fL}{R}$$

式中：L 为线圈的电感量；R 为当交流电的频率是 f 时的等效损耗电阻。f 较低时，可认为 R 等于线圈的直流电阻；f 较高时，R 应是包括各种损耗在内的总等效电阻。

在谐振电路中，线圈的 Q 值越高，回路的损耗越小，因而电路的效率越高。线圈 Q 值的提高，往往受一些因素的限制，如导线的直流电阻、线圈骨架的介质损耗、屏蔽罩或铁芯引起的损耗、高频趋肤效应的影响等。线圈的 Q 值通常为几十至几百。

（3）分布电容：线圈的匝与匝间、线圈与屏蔽罩（有屏蔽罩时）间、线圈与磁芯、底板间存在的电容，均称为分布电容。分布电容的存在使线圈的 Q 值减小，稳定性变差，因而线圈的分布电容越小越好。

2. 电感元件的应用

（1）在使用线圈时应注意不要随便改变线圈的形状、大小和线圈间的距离，否则会影响线圈原来的电感量。尤其是频率越高、圈数越少的线圈。

（2）线圈在装配时相互之间的位置以及与其他元件的位置，要特别注意，应符合规定要求，以免互相影响而导致整机不能正常工作。

（3）可调线圈应安装在机器上易于调节的地方，以便调整线圈的电感量达到最理想的工作状态。

第2章 线性网络的基本分析方法和定理

教学导航

教	教学目标	1. 掌握电阻串/并联电路的连接方式、电路特点及其等效电阻的计算； 2. 掌握支路电流法、网孔电流法、节点电压法的基本分析方法； 3. 掌握叠加定理及其应用； 4. 了解戴维南定理和诺顿定理的内容，掌握戴维南定理的应用； 5. 了解含受控源电路的分析
	知识重点	1. 电阻串、并联的电路特点和等效电阻的计算； 2. 串联分压、并联分流的运用； 3. 支路电流法、节点电压法的应用； 4. 叠加定理及其在电路分析计算中的应用； 5. 戴维南定理及其在电路分析计算中的应用
	知识难点	1. 叠加定理及其在电路分析计算中的应用； 2. 戴维南定理及其在电路分析计算中的应用
	教学方法	1. 在教学过程中采用实物教具，以增加学生对串、并联电路特点的感性认识，启迪学生的思维，注重理论联系实际； 2. 启发教学、做学合一：每一堂课均遵循“设计问题”、“引导思考”、“探索求证”、“练习巩固”的思路进行，这样，使得课堂教学师生互动，具有启发性
学	学习方法	1. 通过测量掌握电阻串联和并联的电路特点； 2. 通过实验和分析计算体会叠加定理和戴维南定理
	知识要点	1. 电阻串、并联的计算； 2. 叠加定理及其在电路分析计算中的应用； 3. 戴维南定理及其在电路分析计算中的应用
	技能要点	1. 正确使用万用表、电流表和电压表； 2. 直流低压电路插接

2.1　电阻的串、并联和混联电路

2.1.1　电阻串联

如图 2-1 所示，展示电路实物模板，演示串联电路中的小灯泡，让不同连接的小灯泡发光，吸引学生的注意力，激发学生的学习兴趣。

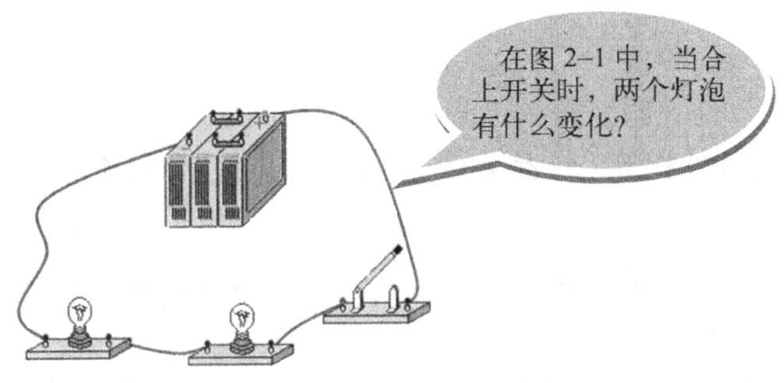

图 2-1　串联电路实物图

如图 2-2 所示，当开关闭合时，两个灯泡都亮。把两只小灯泡顺次连接在电路里，一只灯泡亮时，另一只灯泡也亮。像这样把元件逐个顺次连接起来的电路称为串联电路。

如图 2-3 所示，当调换开关位置后，两个灯泡都亮。

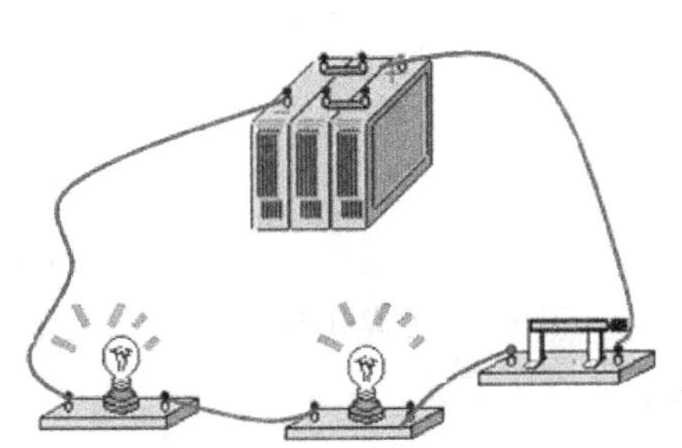

图 2-2　开关闭合后的实物图

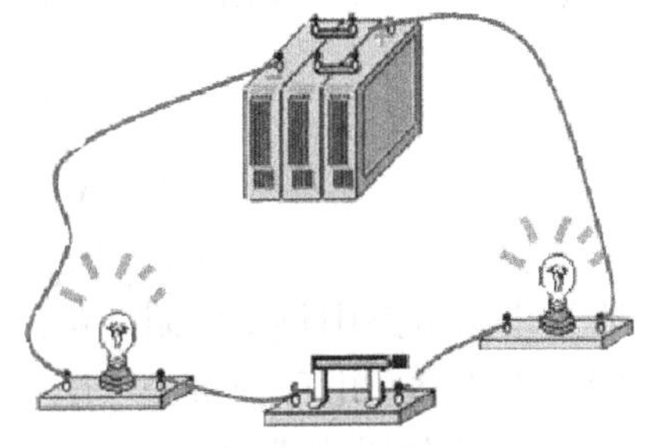

图 2-3　调换开关位置后的实物图

由以上现象可以得出，串联电路的电流只有一条路径，通过一个元件的电流同时也通过另一个元件；串联电路中只需要一个开关，且开关的位置对电路没有影响。

在电路中，把几个电阻元件依次首尾连接起来，中间没有分支，在电源的作用下流过各电阻的是同一电流，这种连接方式叫做电阻的串联。如图 2-4 所示为两个电阻串联后由一个电源供电的串联电路，通过测量得知总电压 $U = U_1 + U_2$，电流 $I = I_1 = I_2$，等效电阻 $R = R_1 + R_2$，因此串联电路的特点如下。

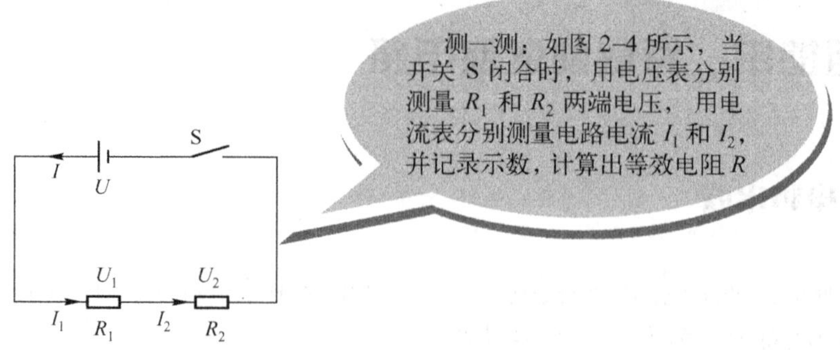

图 2-4　串联电路图

1. 串联电路的电流

串联电路中的电流处处相等，或者说元件串联时，同一个电流流过每个串联的元件。即 $I = I_1 = I_2 = \cdots = I_n$。

【实例 2-1】两个电阻串联，用电流表测量其中一个电阻中的电流为 6A，用电流表测量另一个电阻中的电流是多少？

解：因为串联电路中的电流处处相等，所以用电流表测量另一个电阻中的电流一定也是 6A。

2. 串联电路的电压

如图 2-4 所示，设通过各个电阻的电流均为 I，根据欧姆定律可知

$$U = IR \quad U_1 = IR_1 \quad U_2 = IR_2$$

所以有

$$\frac{U}{R} = \frac{U_1}{R_1} = \frac{U_2}{R_2} \tag{2-1}$$

$$U = U_1 + U_2 \tag{2-2}$$

式（2-1）表明：串联电路中每个电阻两端的电压与电阻的大小成正比。

式（2-2）表明：电路的总电压为每个电阻两端的电压之和。

因此，两个电阻串联的分压公式为

$$U_1 = U\frac{R_1}{R_1 + R_2}, \quad U_2 = U\frac{R_2}{R_1 + R_2}$$

【实例 2-2】如图 2-4 所示，已知 $R_1 = 5\Omega$，$R_2 = 10\Omega$，$U = 7.5\text{V}$，计算电压 U_1 和 U_2。

解：由串联电路的分压公式，得

$$U_1 = U\frac{R_1}{R_1 + R_2} = \frac{7.5 \times 5}{5 + 10} = 2.5\text{V}$$

$$U_2 = U\frac{R_2}{R_1 + R_2} = \frac{7.5 \times 10}{5 + 10} = 5.0\text{V}$$

3. 串联电路的等效电阻

如图 2-4 所示，因为 $U=U_1+U_2$，所以 $IR=IR_1+IR_2$，等式两边同时除以 I，得

$$R=R_1+R_2 \tag{2-3}$$

式（2-3）表明：串联电路中的等效电阻等于各个电阻之和。

【实例 2-3】 将 3Ω、6Ω 和 9Ω 三个电阻串联在电路中，其等效电阻 R 为多少？

解： 因为串联电路中的等效电阻等于各个电阻之和，所以

$$R=3+6+9=18\Omega$$

4. 串联电路的功率分配

如图 2-4 所示，设 R_1 上的电压为 U_1，功率为 P_1；R_2 上的电压为 U_2，功率为 P_2。根据 $U=U_1+U_2$，得

$$IR=IR_1+IR_2$$

等式两边同时乘以 I，得

$$I^2R=I^2R_1+I^2R_2$$

又因为 $P=I^2R$，$P_1=I^2R_1$，$P_2=I^2R_2$，所以

$$P=P_1+P_2$$

$$\frac{P_1}{P_2}=\frac{R_1}{R_2} \tag{2-4}$$

式（2-4）表明：串联电路中，功率的分配与电阻成正比，电阻越大，功率越大。

【实例 2-4】 电阻 $R_1=20\ \Omega$ 和电阻 $R_2=50\ \Omega$ 串联接在电路中，电阻 R_1 的功率 $P_1=9W$，求电阻 R_2 的功率 P_2 是多少？

解： 由已知条件可知

$$\frac{P_1}{P_2}=\frac{R_1}{R_2}$$

即

$$\frac{9}{P_2}=\frac{20}{50}$$

所以

$$P_2=22.5\ W$$

2.1.2　电阻并联

如图 2-5 所示，把两只灯泡并列地接在电路中，并各自安装一个开关。像这样把元件并列地连接起来的电路称为并联电路。

如图 2-6 所示，当断开 S_2、合上 S 和 S_1 时，灯泡 L_1 亮，灯泡 L_2 不亮。

如图 2-7 所示，当断开 S_1、合上 S 和 S_2 时，灯泡 L_2 亮，灯泡 L_1 不亮。

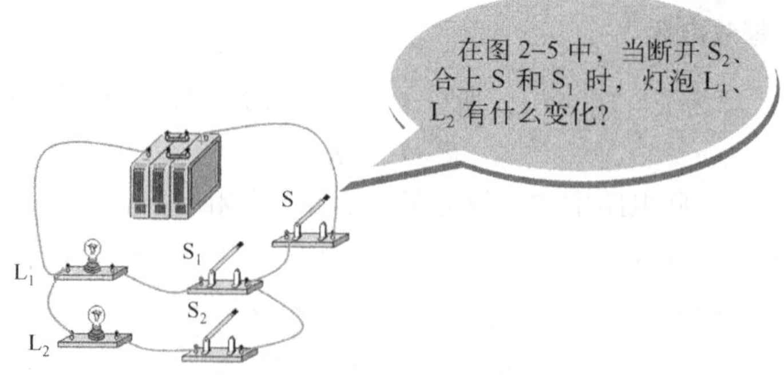

图 2-5　并联电路实物图

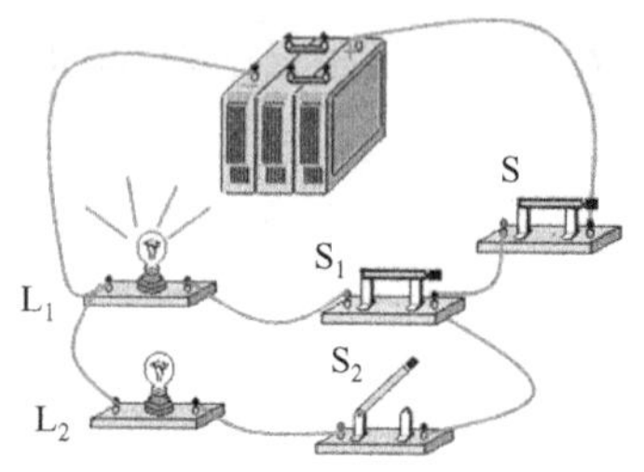

图 2-6　断开 S2、合上 S 和 S1 的实物图

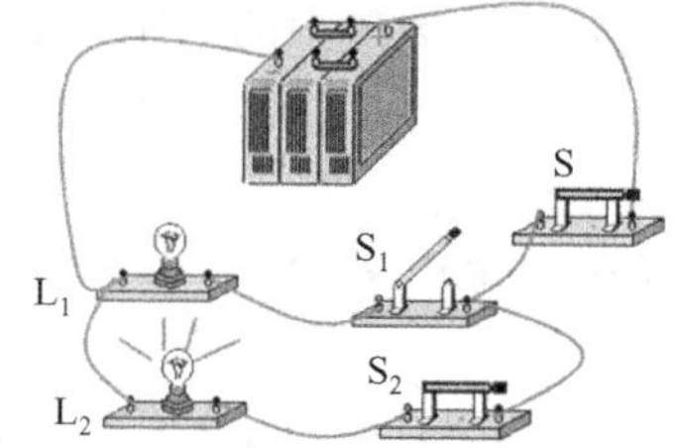

图 2-7　断开 S_1、合上 S 和 S_2 的实物图

由以上现象可以得出，并联电路的电流有两条（或多条）路径；并联电路的各元件可以独立工作；并联电路干路的开关控制整个干路，支路的开关只控制本支路。

如图 2-8 所示为两个电阻并联后由一个电源供电的并联电路，通过测量得知 $U = U_1 = U_2$，现总结并联电路的特点如下。

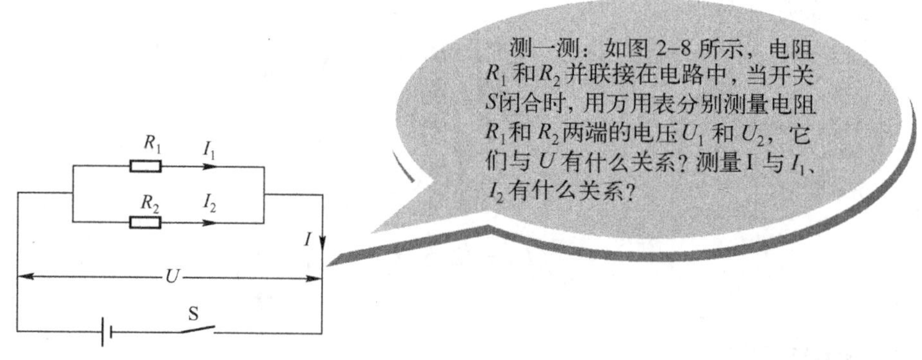

图 2-8　并联电路图

1. 并联电路的电压

并联电阻或元件两端的电压相等，与电阻的大小无关。即 $U = U_1 = U_2 = \cdots = U_n$。

【实例 2-5】两个电阻并联，用万用表测量其中一个电阻两端的电压为 8V，另一个电阻两端的电压为多少？

解：因为并联电阻两端的电压相同，所以用电流表测量另一个电阻两端的电压也是 8V。

2. 并联电路中的等效电阻

如图 2-9 所示，电路的总电流与各支路电流的关系：

应用 KCL，有

$$I = I_1 + I_2 + \cdots + I_n$$

设电路中所有电阻的等效电阻为 R，根据欧姆定律 $I = U/R$，于是有

$$\frac{U}{R} = \frac{U}{R_1} + \frac{U}{R_2} + \cdots + \frac{U}{R_n}$$

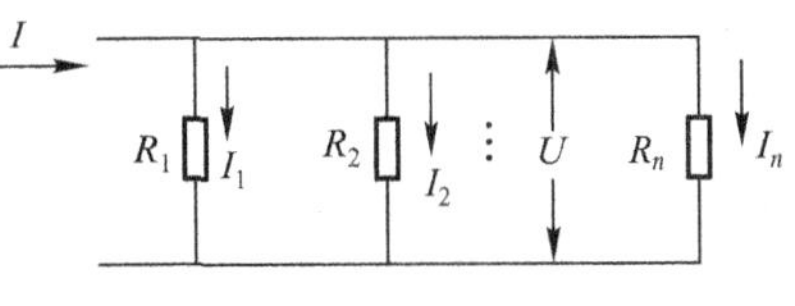

图 2-9　电阻的并联

化简得

$$\frac{1}{R} = \frac{1}{R_1} + \frac{1}{R_2} + \cdots + \frac{1}{R_n} \tag{2-5}$$

式（2-5）表明：并联电路中等效电阻的倒数等于各支路电阻的倒数之和。

如果电阻 R_1 与电阻 R_2 并联，常写为 $R_1//R_2$，其等效电阻为

$$R = \frac{R_1R_2}{R_1 + R_2}$$

（1）如果有 n 个相同的电阻 R_1 并联，其等效电阻为

$$R = R_1/n$$

（2）如果 $R_1//R_2$，并且 $R_1 \gg R_2$，则其等效电阻为

$$R = R_2$$

【实例 2-6】将电阻 $R_1 = 30\Omega$ 与电阻 $R_2 = 20\Omega$ 并联时，其等效电阻 R 为多少？

解：根据

$$R = \frac{R_1R_2}{R_1 + R_2}$$

所以

$$R = \frac{30 \times 20}{30 + 20} = 12\Omega$$

【实例 2-7】将 $R_1 = 500\ \Omega$ 的电阻与 $R_2 = 1\ \Omega$ 的电阻并联时，其等效电阻是多少？

解：因为 $R_1 \gg R_2$，所以等效电阻 $R_1 = 1\ \Omega$。

3. 并联电路中的电流

（1）并联电路中的电流。如图 2-9 所示，电路的总电流与各支路电流的关系，应用 KCL，得

$$I = I_1 + I_2 + \cdots + I_n$$

由于所有电阻两端的电压相等，各支路中每个电阻中的电流为

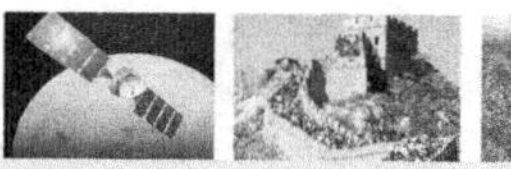

$$I_1 = U/R_1,\ I_2 = U/R_2,\ \cdots,\ I_n = U/R_n$$

可得

$$I_1R_1 = I_2R_2 = \cdots = I_nR_n = U \qquad 或 \qquad \frac{I_1}{I_2} = \frac{R_2}{R_1}$$

（2）两个电阻并联分流公式。

如图 2-10 所示，总电阻 $R = \dfrac{R_1R_2}{R_1 + R_2}$。

又∵
$$U = IR$$

∴
$$U = \frac{IR_1R_2}{R_1 + R_2}$$

∴
$$I_1 = \frac{U}{R_1} = I\frac{R_2}{R_1 + R_2}$$

$$I_2 = \frac{U}{R_2} = I\frac{R_1}{R_1 + R_2} \tag{2-6}$$

式（2-6）表明：并联电路中各支路的电流小于电路的总电流。并联电路的这种作用称为分流作用。

（3）并联电路的总电流等于各支路电流之和，即 $I = I_1 + I_2 + \cdots + I_n$。

【实例 2-8】 电阻并联电路如图 2-10 所示，已知 $R_1 = 30\Omega$，$R_2 = 60\Omega$，$I = 3\text{A}$，试求电路等效电阻 R、I_1 和 I_2 的值。

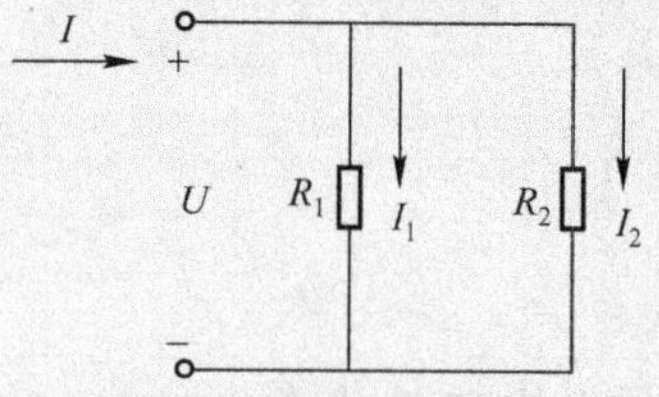

图 2-10　并联电路示例

解：

$$R = \frac{R_1R_2}{R_1 + R_2} = \frac{30 \times 60}{30 + 60} = 20\Omega$$

$$I_1 = I\frac{R_2}{R_1 + R_2} = \frac{3 \times 60}{30 + 60} = 2\text{A}$$

$$I_2 = I\frac{R_1}{R_1 + R_2} = \frac{3 \times 30}{30 + 60} = 1\text{A}$$

4. 并联电路中的功率分配

电阻并联时，所有电阻两端的电压相同，而电流与电阻的大小成反比。设电阻 R_1 与 R_2 并联，R_1 的功率为 P_1，R_2 的功率为 P_2。

∵
$$P = U^2/R$$

则有
$$P_1 = U^2/R_1 \quad P_2 = U^2/R_2$$

∴
$$\frac{P_1}{P_2} = \frac{R_2}{R_1} \tag{2-7}$$

式（2-7）表明：并联电阻的功率与电阻的大小成反比。

【实例 2-9】 $R_1 = 100\Omega$ 的电阻与 $R_2 = 10\Omega$ 的电阻并联时，R_1 的功率为 $P_1 = 60\text{W}$，求 R_2 的功率 P_2 是多少？

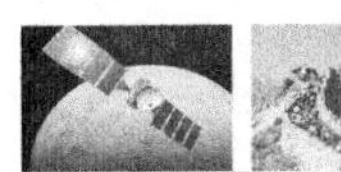

解：根据$\frac{P_1}{P_2}=\frac{R_2}{R_1}$，得

$$P_2=\frac{R_1}{R_2}P_1=\frac{100\times60}{10}=600\text{W}$$

一般负载都是并联使用。这是因为负载并联使用时，它们处于同一电压下，任何一个负载的工作情况基本上不受其他负载的影响，在电路中起分流的作用。

【实例 2-10】 有电视机 180W，冰箱 140W，空调 160W，电饭锅 750W，照明灯合计 400W。当这些电器同时工作时，求电源的输出功率、供电电流，以及电路的等效负载电阻，并选择熔断器 RF，画出电路图。

解：画出供电电路，如图 2-11 所示。

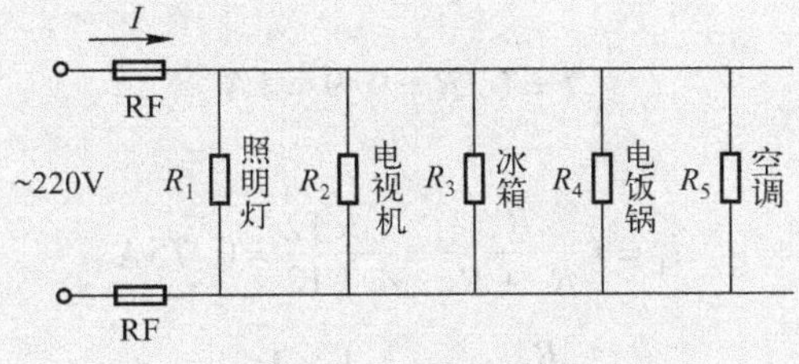

图 2-11　实例 2-10 电路

电源的输出功率

$$\begin{aligned}P&=P_1+P_2+P_3+P_4+P_5\\&=180+140+160+750+400\\&=1\,630\text{W}\end{aligned}$$

电源的供电电流

$$I=\frac{P}{U}=\frac{1\,630}{220}=7.4\text{A}$$

电路的等效负载电阻

$$R=\frac{U}{I}=\frac{220}{7.4}=29.7\Omega$$

民用供电选择熔断器 RF 的电流应等于或略大于电源输出的最大电流，可查手册得到。

2.1.3　电阻混联

电阻混联是指电路中既有电阻串联又有电阻并联，此时求其等效电阻时，可分别按电阻串联和电阻并联逐步求出总的等效电阻。

如图 2-12 所示，电阻混联的化简步骤为：

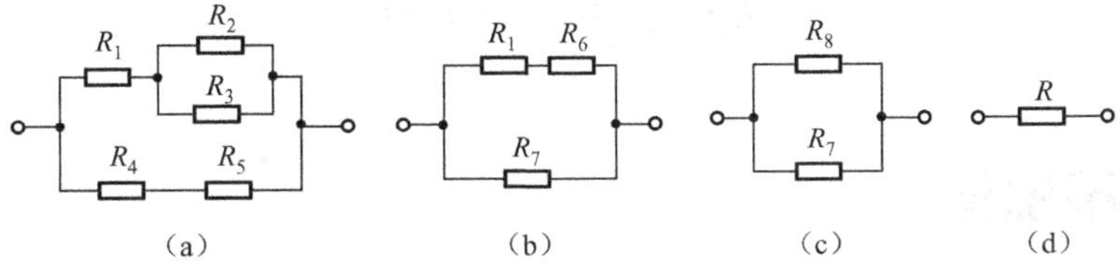

图 2-12　电阻混联的化简

（1）看电路的结构特点，正确判断电阻的连接关系；

（2）将所有无电阻的导线连接点用节点表示；

（3）电路连接变形。

【实例 2-11】 电路如图 2-13 所示，图中 $R_1=6\Omega$，$R_2=4\Omega$，$R_3=12\Omega$，外加电压 $U=9\text{V}$。试求：总电流 I 与支路电流 I_1 和 I_2；电阻 R_1 和 R_3 两端的电压 U_1 和 U_2。

解： R_2 和 R_3 并联

$$R_{23}=\frac{R_2R_3}{R_2+R_3}=\frac{4\times12}{4+12}=3\Omega$$

R_1 和 R_{23} 串联

$$R=R_1+R_{23}=6+3=9\Omega$$

总电流

$$I=U/R=9/9=1\text{A}$$

分支电流

$$I_1=I\frac{R_3}{R_2+R_3}=\frac{1\times12}{4+12}=0.75\text{A}$$

$$I_2=I\frac{R_2}{(R_2+R_3)}=\frac{1\times4}{(4+12)}=0.25\text{A}$$

电压

$$U_1=IR_1=1\times6=6\text{V}$$

$$U_2=IR_{23}=1\times3=3\text{V}$$

【实例 2-12】 电路如图 2-14 所示，求 ab 两端的等效电阻。

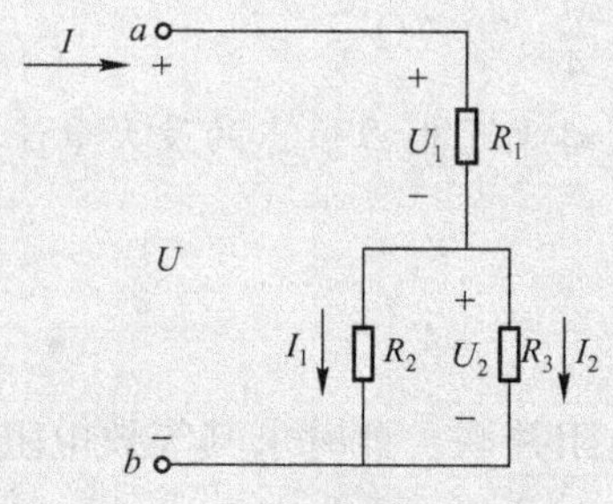

图 2-13　实例 2-11 电路

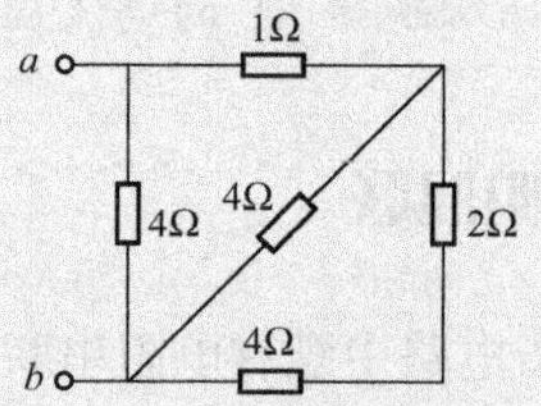

图 2-14　实例 2-12 电路

解：

$$R_{ab}=\frac{4\times3.4}{4+3.4}=1.84\Omega$$

2.2　支路电流法

掌握了电路的基本概念和基本定律之后，再结合电阻串、并联的计算方法，以及串联分压、并联分流公式就可以分析一些简单的电路了。但对于一些较为复杂的电路，还应根据电路的结构和特点，归纳出分析和计算的简便方法。下面介绍支路电流法、网孔电流法和节点电位法三种常用的电路分析方法。

支路电流法是以支路电流变量为未知量，直接应用 KCL 和 KVL 定律，分别对节点和回路列出所需的方程式，然后联立求解出各未知电流，进而再根据电路有关的基本概念求解电路其他响应的一种电路分析计算方法。

为了叙述方便，首先以一个具体的例子，介绍支路电流法分析电路的全过程。

如图 2-15 所示，电路有 6 条支路、4 个节点，选定的各支路电流的参考方向均标注在图中，且各支路电流变量分别用 I_1、I_2、I_3、I_4、I_5、I_6表示。

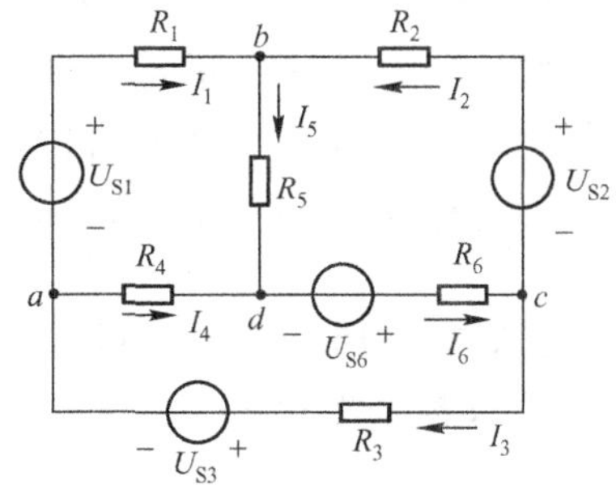

图 2-15　支路电流法示意图

由 KCL 定律，可以列写出 4 个节点的电流方程。

节点 a：$I_1 - I_3 + I_4 = 0$

节点 b：$-I_1 - I_2 + I_5 = 0$

节点 c：$I_2 + I_3 - I_6 = 0$

节点 d：$-I_4 - I_5 + I_6 = 0$

观察上述所列写的 4 个方程可知，它们相互不是独立的，其中任一个方程都可以从其他 3 个方程中推导而出，即这 4 个方程中只有 3 个方程是独立的。推而广之，对节点数为 n 的电路，根据 KCL 定律，只能列写出（$n-1$）个独立的节点电流方程，并将这（$n-1$）个节点称为一组独立节点，独立节点是任选的。

同样，由 KVL 定律，对电路中的每一个回路都可以列写出回路电压方程，但这些方程也不全是独立的。可以证明，如果电路的节点数为 n，支路数为 b，则独立的回路电压方程数 l 为：

$$l = b - (n-1)$$

而在平面电路中，网孔就是一组独立回路。在图 2-15 所示电路中，有 3 个网孔，即回路 $abda$、$dbcd$、$adca$，它们是一组独立回路。由 KVL 定律，可以列写出独立回路的电压方程。

网孔 $abda$：$-U_{S1} + R_1I_1 + R_5I_5 - R_4I_4 = 0$

网孔 $dbcd$：$-R_5I_5 - R_2I_2 + U_{S2} - R_6I_6 + U_{S6} = 0$

网孔 $adca$：$R_4I_4 - U_{S6} + R_6I_6 + R_3I_3 + U_{S3} = 0$

因此，任选 3 个节点电流方程，加上上述 3 个网孔电压方程，由此就可以求解出 6 条支路的电流，从而可以获得电路中的其他响应。

对于一个具有 n 个节点、b 条支路的电路，利用支路电流法分析计算电路的一般步骤如下：

（1）在电路中假设出各支路（b 条）电流的变量，选定其参考方向，并标示于电路中；

（2）根据 KCL 定律，列写出（$n-1$）个独立的节点电流方程；

（3）根据 KVL 定律，列写出 $l = b -$（$n-1$）个独立回路电压方程；

（4）联立求解上述所列写的 b 个方程，从而求解出各支路电流变量，进而求解出电路中的其他响应。

【实例 2-13】如图 2-16 所示电路中，$U_{S1}=130\text{V}$，$U_{S2}=117\text{V}$，$R_1=1\Omega$，$R_2=0.6\Omega$，$R=24\Omega$，试用支路电流法求各支路电流。

解：这个电路的支路数 $b=3$、节点数 $n=2$、网孔数 $l=2$，选定各支路电流参考方向标在图中，并设为 I_1、I_2、I，列一个节点的 KCL 方程和两个网孔的 KVL 方程。

对节点 a：$-I_1-I_2+I=0$

对回路Ⅰ：$I_1-0.6I_2=-117+130$

对回路Ⅱ：$0.6I_2+24I=117$

解之得：$I_1=10\text{A}$，$I_2=-5\text{A}$，$I=5\text{A}$

【实例 2-14】如图 2-17 所示电路中，已知 $R_1=4\Omega$，$R_2=6\Omega$，$I_S=1\text{A}$，$u_{S1}=20\text{V}$，$u_{S2}=4\text{V}$，求各支路电流。

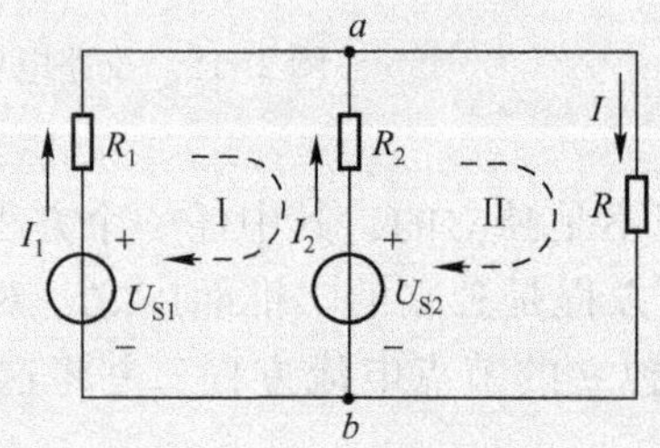

图 2-16　实例 2-13 电路

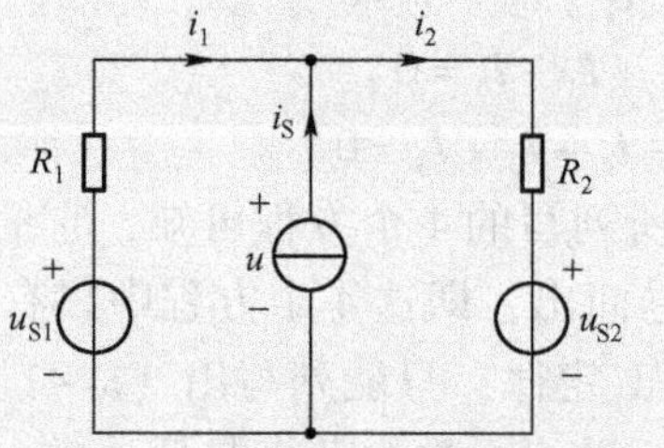

图 2-17　实例 2-14 电路

解：因电流源两端电压无法用各支路电流来表示，故设其为 u。根据支路电流法得

$$i_1-i_2+i_S=0$$

$$R_1i_1+u=u_{S1}$$

$$R_2i_2-u=-u_{S2}$$

把已知条件代入以上 3 式，解得

$$i_1=1\text{A}\quad i_2=2\text{A}\quad u=16\text{V}$$

2.3　网孔电流法

网孔电流法也是分析电路的基本方法。这种方法是以假想的网孔电流为未知量，应用 KVL 列出网孔方程，联立方程求得各网孔电流，再根据网孔电流与支路电流的关系式，求得各支路电流。

现以图 2-18 所示电路为例来介绍网孔电流法。

为了求得各支路电流，先选择一组独立回路，这里选择的是两个网孔。在每个网孔中，假想都有一个网孔电流沿着网孔的边界流动，如 i_1、i_2，需要指出的是，i_1、i_2 是假想的电流，电路中实际存在的电流仍是支路电流 i_{R_1}、i_{R_2}、i_{R_3}。从图 2-18 可以看出两个网孔电流与三个支路电流存在以下关系式

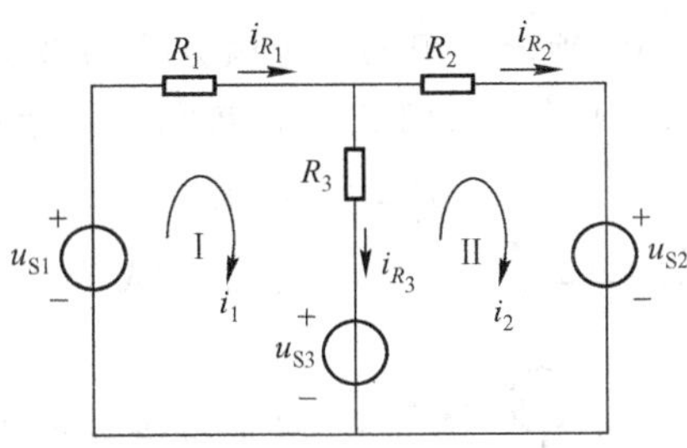

图 2-18　网孔电流法示意图

$$\begin{aligned} i_{R_1} &= i_1 \\ i_{R_2} &= i_2 \\ i_{R_3} &= i_1 - i_2 \end{aligned} \tag{2-8}$$

在图 2-18 所示的电路中，选取网孔绕行方向与网孔电流参考方向一致，根据 KVL 可列出网孔方程

$$\begin{cases} R_1 i_{R_1} + R_3 i_{R_3} = u_{S1} - u_{S3} \\ R_2 i_{R_2} - R_3 i_{R_3} = -u_{S2} - u_{S3} \end{cases} \tag{2-9}$$

将式（2-18）代入式（2-19）并整理得

$$\begin{cases} (R_1 + R_3)\ i_1 - R_3 i_2 = u_{S1} - u_{S3} \\ -R_3 i_1 + \ (R_2 + R_3)\ i_2 = u_{S2} - u_{S3} \end{cases} \tag{2-10}$$

令 $R_{11} = R_1 + R_3$，$R_{22} = R_2 + R_3$，R_{11} 和 R_{22} 分别为网孔Ⅰ和网孔Ⅱ中所有电阻之和，称其为自电阻；令 $R_{12} = R_{21} = -R_3$，R_{12} 和 R_{21} 为网孔Ⅰ和网孔Ⅱ公有支路电阻和，分别称其为网孔Ⅰ和网孔Ⅱ的互电阻，当两个网孔电流流过公共支路的参考方向相同时，互电阻取正号，否则取负号。

令 $u_{S11} = u_{S1} - u_{S3}$，$u_{S22} = -u_{S2} + u_{S3}$，$u_{S11}$ 和 u_{S22} 分别为网孔Ⅰ和网孔Ⅱ内所有电压源的电压代数和。当电压源电压的参考方向与网孔电流方向一致时取负号，否则取正号。这样，方程组（2-10）可表示为

$$\left. \begin{aligned} R_{11} i_1 + R_{12} i_2 = u_{S11} \\ R_{21} i_1 + R_{22} i_2 = u_{S22} \end{aligned} \right\} \tag{2-11}$$

式（2-11）是具有两个网孔电路的网孔电流方程的一般形式，可推广到具有 n 个网孔电路的网孔电流方程的一般形式，如

$$\begin{gathered} R_{11} i_1 + R_{12} i_2 + \cdots + R_{1n} i_n = u_{S11} \\ R_{21} i_1 + R_{22} i_2 + \cdots + R_{2n} i_n = u_{S22} \\ \vdots \\ R_{n1} i_1 + R_{n2} i_2 + \cdots + R_{nn} i_n = u_{Snn} \end{gathered}$$

根据以上分析，以归纳网孔电流法的解题步骤如下：

（1）选定网孔电流的参考方向，标明在电路图上，并以此方向作为网孔的绕行方向；

（2）确定各网孔的自电阻和互电阻，列出网孔电流方程组；

（3）联立并求解方程组，求得网孔电流；

（4）根据网孔电流与支路电流的关系式，求得各支路电流或其他需求的量。

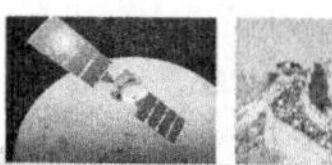

【实例 2-15】电路如图 2-19 所示，用网孔电流法求各支路电流。

解：由已知条件可知，$i_2=3\text{A}$，列出网孔Ⅰ的网孔电流方程，得

$$10i_1-2i_2=10$$

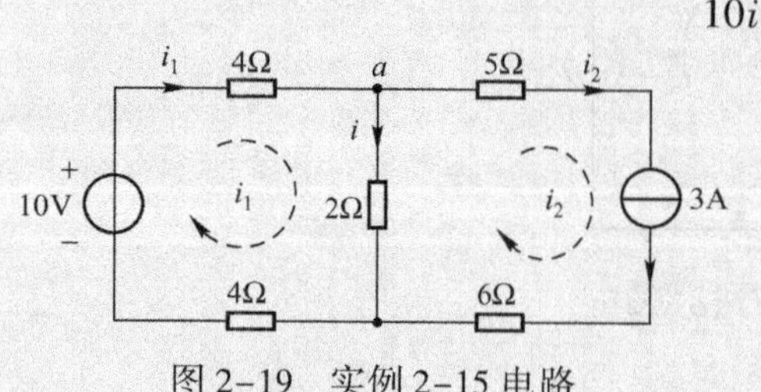

图 2-19　实例 2-15 电路

将 $i_2=3\text{A}$ 代入上式，解得

$$i_1=1.6\text{A}$$

根据节点 a 的 KCL 方程，可得

$$i+i_2=i_1$$

所以 $i=i_1-i_2=1.6-3=-1.4\text{A}$

2.4　节点电压法

节点电压法有时简称为节点法，是电路分析中的一种重要方法。它是由基尔霍夫定律演变而来的，对于分析具有两个节点的多支路电路尤为方便。

电路中，任选某一节点为参考点，其他节点与参考点之间的电压便是节点电压。电路计算中规定节点电压的参考极性均以参考点处为负极性。

以节点电压为未知量，列出节点电压方程，从而求解节点电压和其他未知电流电压的方法称为节点电压法，简称节点法。

现以图 2-20 所示电路为例来介绍节点电压法。

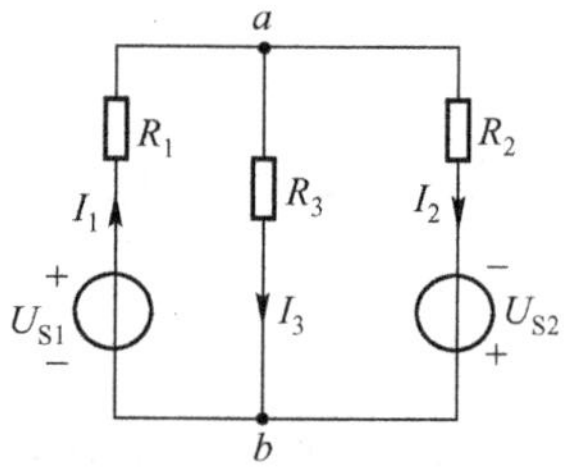

图 2-20　节点电压法示意图

在图 2-20 中，电路有两个节点，选 b 点为参考点，参考方向由 a 指向 b。按图 2-20 中各支路电流的参考方向，若求得 U_{ab}，则各支路电流为

$$I_1=\frac{U_{S1}-U_{ab}}{R_1}$$
$$I_2=\frac{U_{ab}+U_{S2}}{R_2} \qquad (2-12)$$
$$I_3=\frac{U_{ab}}{R_3}$$

U_{ab} 是如何计算的?

根据基尔霍夫电流定律

$$I_1=I_2+I_3 \qquad (2-13)$$

将式（2-12）代入式（2-13），得

$$\frac{U_{S1}-U_{ab}}{R_1}=\frac{U_{S2}+U_{ab}}{R_2}+\frac{U_{ab}}{R_3}$$

整理后得节点电路的节点电压公式为

$$U_{ab}=\frac{\dfrac{U_{S1}}{R_1}-\dfrac{U_{S2}}{R_2}}{\dfrac{1}{R_1}+\dfrac{1}{R_2}+\dfrac{1}{R_3}}$$

式中分母为两节点之间各支路的恒压源为零（短路）后的电阻的倒数和，各项均为正，分子为各支路的恒压源与本支路电阻相除后的代数和。当恒压源与节点电压的参考方向一致时取正号，相反时取负号。

【实例 2-16】用节点电压法求图 2-20 中的各支路电流，已知 $U_{S1}=54V$，$U_{S2}=72V$，$R_1=3\Omega$，$R_2=6\Omega$，$R_3=2\Omega$。

解：根据两节点电路的节点电压公式

$$U_{ab}=\frac{\frac{U_{S1}}{R_1}-\frac{U_{S2}}{R_2}}{\frac{1}{R_1}+\frac{1}{R_2}+\frac{1}{R_3}}=\frac{\frac{54}{3}-\frac{72}{6}}{\frac{1}{3}+\frac{1}{6}+\frac{1}{2}}=18-12=6V$$

将求得的节点电压 U_{ab} 值代入下式，得

$$I_1=(U_{S1}-U_{ab})/R_1=(54-6)/3=16A$$
$$I_2=(U_{S2}+U_{ab})/R_2=(72+6)/6=13A$$
$$I_3=U_{ab}/R_3=6/2=3A$$

【实例 2-17】电路如图 2-21 所示，求各支路电流。

解：根据节点电压法

$$U_a=\frac{\frac{15}{3}+\frac{8}{4}-\frac{6}{6}}{\frac{1}{3}+\frac{1}{4}+\frac{1}{6}+\frac{1}{4}}=6V$$

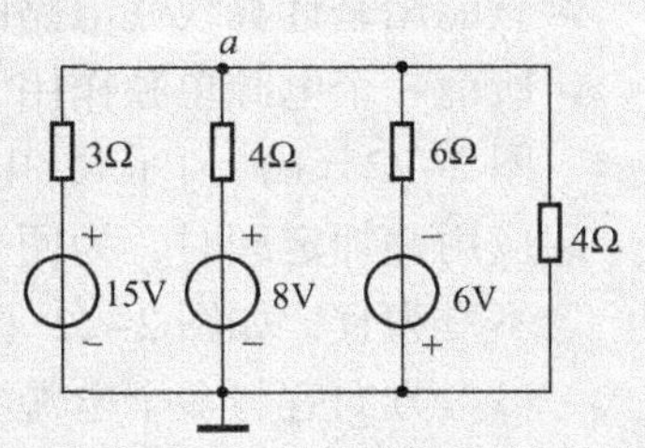

图 2-21　实例 2-17 电路

求出 U_a 后，可用欧姆定律求各支路电流。

$$I_1=(15-6)/3=3A$$
$$I_2=(8-6)/4=0.5A$$
$$I_3=[6-(-6)]/6=2A$$
$$I_4=6/4=1.5A$$

2.5　叠加定理

叠加定理是线性电路的一个重要定理，是分析线性电路的重要方法。叠加定理可表述如下：在线性电路中，当有多个电源共同作用时，任一支路电流（或电压）等于每个电源单独作用时在该支路中产生的电流或电压的代数和。当某一电源单独作用时，其他不作用的电源应置为零（电压源电压为零，电流源电流为零），即电压源用短路代替，电流源用开路代替。

现以图 2-22 所示电路为例来介绍叠加定理。图 2-22（a）所示电路中，有两个电源 U_S

和I_S共同作用，支路电流I可分别由电压源U_S单独作用时产生的I'［如图2-22（b）所示］和由电流源I_S单独作用时产生的I''［如图2-22（c）所示］叠加而成，即$I=I'+I''$。

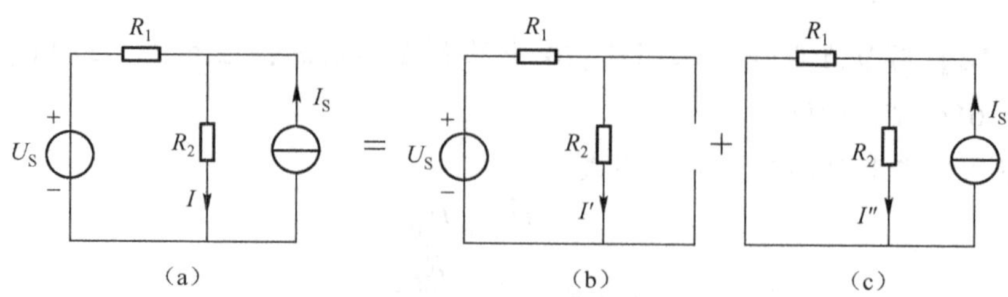

图2-22　叠加定理示意图

由以上例子可知，运用叠加定理分析线性电路的步骤为：

（1）将原电路画成各个独立源单独作用时电路的叠加。不作用的电源为电压源时，使用短路线代替；不作用的电源为电流源时使用断路代替。

（2）无论原电路或部分电路，都要在电路图上标出待求量（电压或电流）的参考方向，参考方向可以任意设定，但设定以后，就不允许变更。

（3）应用叠加定理求出的支路电流或电压值，就是各独立源在支路中单独作用时电流或电压的代数和。

使用叠加定理分析计算电路时，应注意以下几点：

- 只能用来计算线性电路的电压和电流，对非线性电路叠加定理不适用。
- 所谓一个电源单独作用、其他电源不作用是指不作用的电源置零，即电压源短路［如图2-22（c）所示］，电流源开路［如图2-22（b）所示］。
- 应用叠加定理时，为便于求解，宜画出叠加定理求解电路，且电路格式、元件位置以不变为宜，如图2-22（b）、（c）所示。而且一个电源单独作用时的电流（或电压）参考方向宜与多个电源共同作用时的电流（或电压）参考方向一致，此时求代数和（叠加）时，均取“+”，不易出错。
- 由于功率不是电压或电流的一次函数，所以不能用叠加定理来计算功率。

【实例2-18】电路如图2-22（a）所示，已知$R_1=2\Omega$，$R_2=2\Omega$，$U_S=4V$，$I_S=2A$，试求支路电流I。

解：画出叠加定理求解电路，如图2-22（b）、（c）所示。

对于图2-22（b）所示电路，有　$I'=\dfrac{U_S}{R_1+R_2}=\dfrac{4}{2+2}=1A$

对于图2-22（c）所示电路，有　$I''=I_S\dfrac{R_1}{R_1+R_2}=\dfrac{2\times2}{2+2}=1A$

因此，$I=I'+I''=1+1=2A$。

【实例2-19】已知电路如图2-23（a）所示，$R_1=R_2=8\Omega$，$I_S=3A$，$U_S=5V$，试用叠加定理求电阻R_1两端电压U_{ab}。

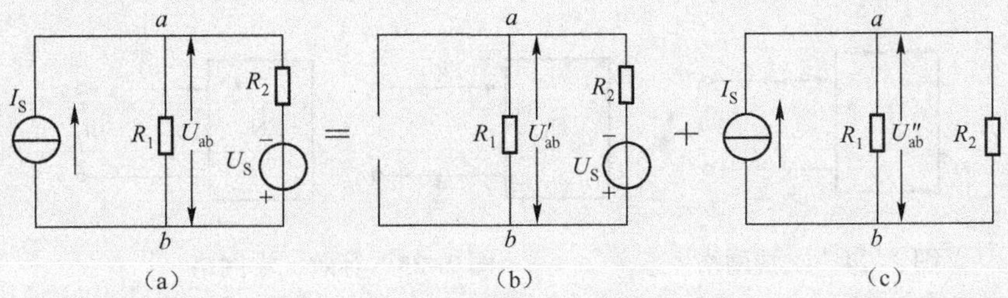

图 2-23　例 2-19 电路

画出叠加定理求解电路，如图 2-23（b）、（c）所示。

对于图 2-23（b）所示电路，有

$$U_{ab}' = \frac{-U_S}{R_1 + R_2}R_1 = \frac{-5 \times 8}{8+8} = -2.5\text{V}$$（取负号是因为 U_{ab}' 与 U_S 参考方向相反）

对于图 2-23（c）所示电路，有

$$U_{ab}'' = I_S \frac{R_2}{R_1 + R_2} R_1 = \frac{3 \times 8 \times 8}{8+8} = 12\text{V}$$

因此，$U_{ab} = U_{ab}' + U_{ab}'' = -2.5 + 12 = 9.5\text{V}$。

2.6　戴维南定理和诺顿定理

2.6.1　戴维南定理

运用支路电流法和叠加定理可以把电路中所有支路的电流全部求解出来，但在实际情况中，有时只需计算电路中某一支路的电流、电压时，采用上述方法比较麻烦。在这种情况下，将所求支路以外的部分（二端网络）进行化简，可以将电路结构化简，从而简化电路的分析计算。戴维南定理就是线性有源二端网络的一个重要定理，是分析电路的另一个有利工具。

1. 二端网络的基本概念

1）二端网络

与外部连接只有两个端点的电路称为二端网络，如图 2-24 所示。实际上，每一个二端元件，如电阻、电容等，就是一个最简单的二端网络。

2）等效二端网络

若一个二端网络的端口电压、电流与另一个二端网络的端口电压、电流相同，则这两个二端网络互为等效网络。

如图 2-25 所示，二端网络 N_1 的端电压为 u_1，流进电流为 i_1；另一个二端网络 N_2 的端电压为 u_2，流进电流为 i_2，若 $u_1 = u_2$，$i_1 = i_2$，则 N_1 与 N_2 互为等效二端网络。

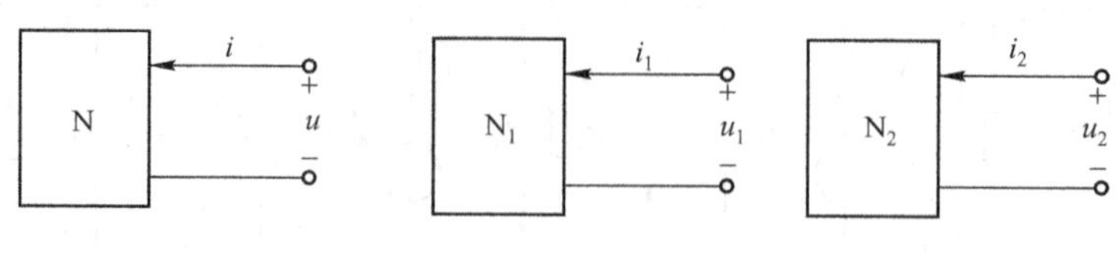

图 2-24　二端网络　　　　图 2-25　等效二端网络

需要指出的是：等效网络是对外等效，对内不等效，即输出电压和输出电流（包括数值和参考方向）相等。对内一般是不相等的，即内部电路结构可以不同，但对外部电路的作用是完全相同的。

3）二端网络的分类

二端网络中含有电源，称为有源二端网络；二端网络中没有电源，称为无源二端网络。

在实际问题中，如果只求电路中某一支路的电流或电压，就不必列出方程组求出所有支路的电流或电压，而只需找出待求支路以外的二端网络的等效电路即可。对于无源二端网络来说，其端口输入电压和输入电流的比值是一个常量，这个比值定义为该二端网络的输入电阻或等效电阻，所以该无源二端网络的等效电路是一个等效电阻。对于有源二端网络来说，其等效电路是什么？这就是戴维南定理解决的问题。

2. 戴维南定理的概念与应用

1）戴维南定理的概念

对外电路来说，任何一个线性有源二端网络 N，都可以用一条含源支路即电压源和电阻串联的支路来代替，如图 2-26 所示，其电压源电压等于线性有源二端网络的开路电压 U_{oc}（将负载 R 断开，a、b 间的电压），串联电阻等于线性有源二端网络除源后（电压源短路，电流源开路）两端间的等效电阻 R_o，这就是戴维南定理。

2）戴维南定理的应用

应用戴维南定理的解题步骤如下：

（1）将欲求变量所在的支路（待求支路）与电路的其他部分断开，形成一个或几个二端网络。

（2）求二端网络的开路电压 U_{oc}（注意设该电压的参考方向）。

（3）将二端网络中的所有电压源用短路代替、电流源用断路代替，得到无源二端网络，求二端网络端钮的等效电阻 R_o。

（4）画出戴维南等效电路，并与待求支路相连，得到一个无分支闭合电路，再求待求支路的电流或电压。

【实例 2-20】 已知电路如图 2-27 所示，$U_{S1}=13\text{V}$，$U_{S2}=6\text{V}$，$R_1=10\Omega$，$R_2=5\Omega$，求有源二端网络的戴维南等效电路。

解： 先求有源二端网络的开路电压 U_{oc}，选择回路电流的参考方向如图 2-27 所示。

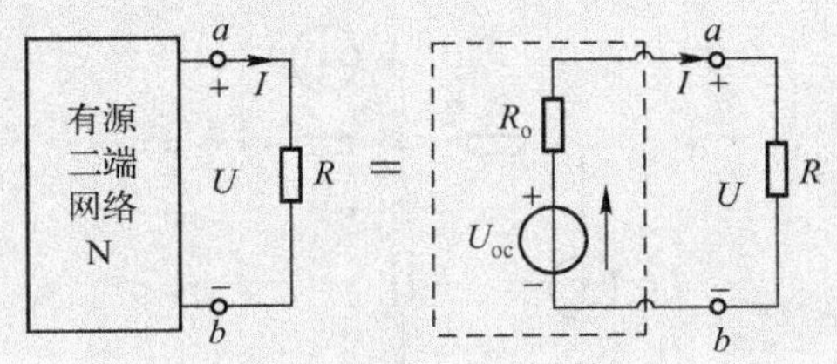

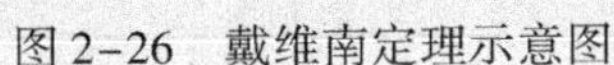

图 2-26　戴维南定理示意图

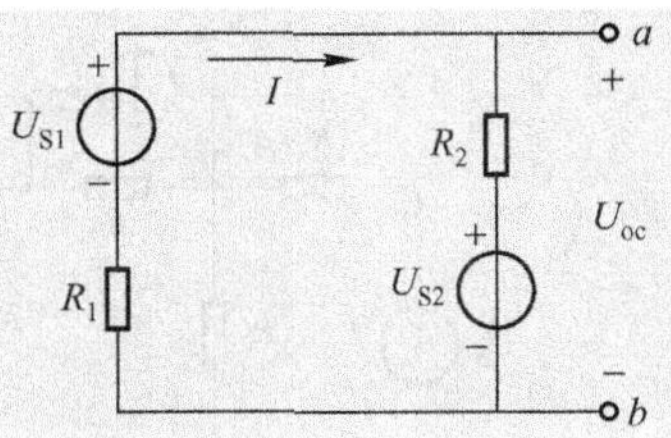

图 2-27　实例 2-20 电路

∵　$U_{S2}-U_{S1}+IR_1+IR_2=0$

∴　$I=7/15=0.467\text{A}$

$$U_{oc}=U_{ab}=U_{S2}+IR_2=6+0.467\times5=8.3\text{V}$$

再求等效电阻 R_o，如图 2-28 所示。

$$R_o=R_1//R_2=\frac{10\times5}{10+5}=3.3\Omega$$

最后画出戴维南等效电路，如图 2-29 所示。

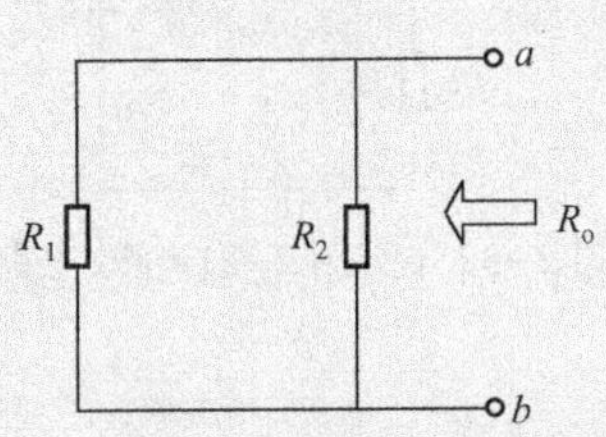

图 2-28　实例 2-20 求等效电阻 R_o 电路

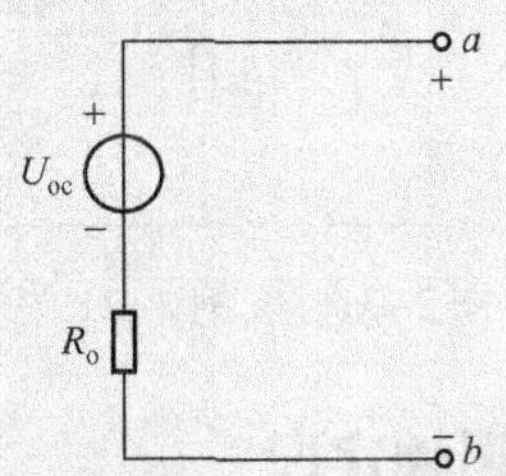

图 2-29　实例 2-20 戴维南等效电路

运用戴维南定理时，应注意以下几点。

- 戴维南定理只适用于线性电路。
- 有源二端网络经戴维南等效变换后，仅对外电路等效，若求有源二端网络内部的电压或电流，则需另行处理。
- 等效电阻是指将各个电压源短路、电流源开路，有源网络变为无源网络后从端口看进去的电阻。
- 画等效电路时，要注意等效恒压源的电动势 E 的方向应与有源二端网络开路时的端电压方向相符合。

【实例 2-21】 已知电路如图 2-30（a）所示，$U_S=24\text{V}$，$I_S=2\text{A}$，$R_1=R_2=6\Omega$，$R_3=R_4=3\Omega$，用戴维南定理求电路中的电流 I。

解：（1）断开待求支路，得到有源二端网络如图 2-30（b）所示，求得开路电压 U_{oc} 为：

$$U_{oc}=I_S R_3+\frac{U_S R_2}{R_1+R_2}=2\times3+\frac{24\times6}{6+6}=18\text{V}$$

（2）将图 2-30（b）中的电压源短路、电流源开路，得到除源后的无源二端网络如图 2-31 所示，求得等效电阻 R_o 为

$$R_o=R_3+\frac{R_1R_2}{R_1+R_2}=3+\frac{6\times6}{6+6}=6\Omega$$

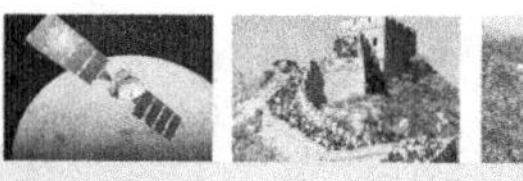

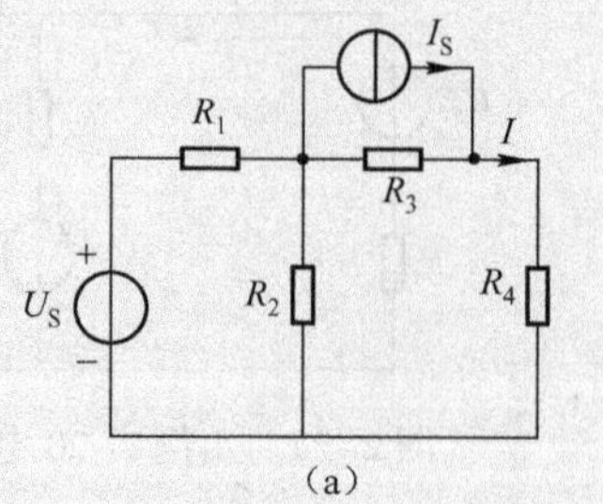

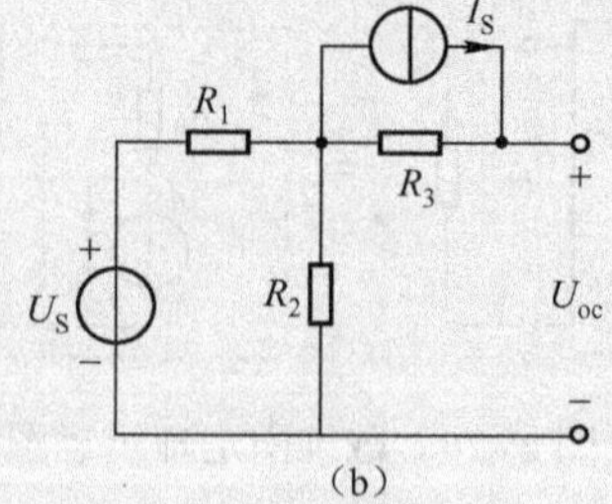

图 2-30　实例 2-21 电路

（3）根据 U_{oc} 和 R_o 画出戴维南等效电路并接上待求支路，如图 2-32 所示，求得 I 为

$$I=\frac{U_{oc}}{R_o+R_4}=\frac{18}{6+3}=2\text{A}$$

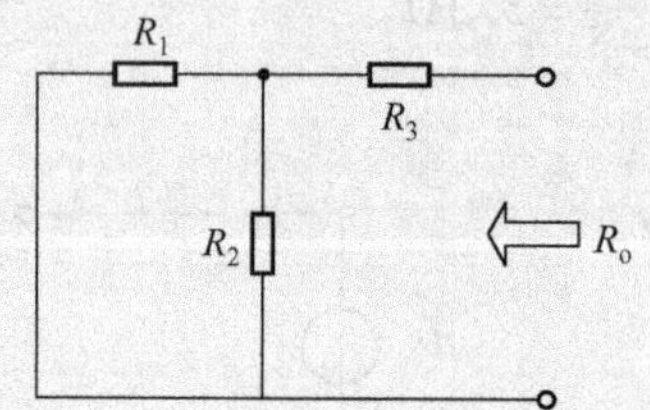

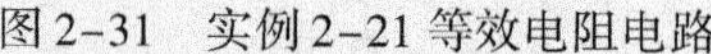

图 2-31　实例 2-21 等效电阻电路

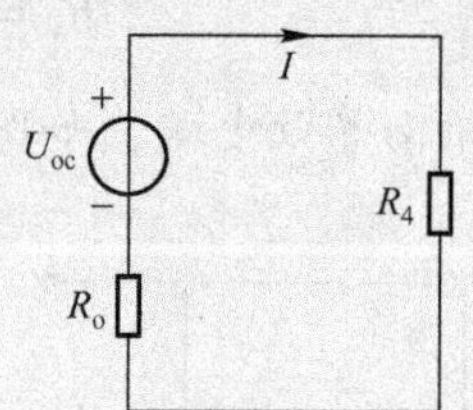

图 2-32　实例 2-21 等效电路

2.6.2　诺顿定理

线性有源二端网络 N，除了用电压源与电阻串联的模型等效代替外，还可以用一个电流源 i_{sc} 与电阻（内阻）R_0 并联的等效电路代替，如图 2-23（a）所示。电流源的电流等于该网络 N 短路时的电流，如图 2-23（b）所示，并联电阻等于该网络内所有独立电源为零值时所得网络的等效电阻。这个结论称为诺顿定理，其等效电路称为诺顿等效电路。

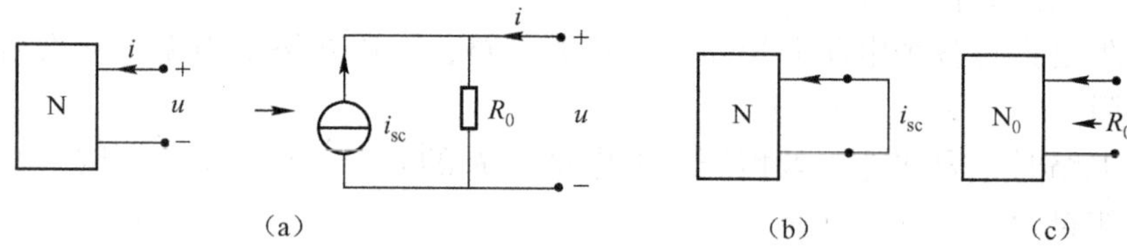

图 2-33　诺顿定理示意图

【实例 2-22】求如图 2-34 所示电路的诺顿等效电路。

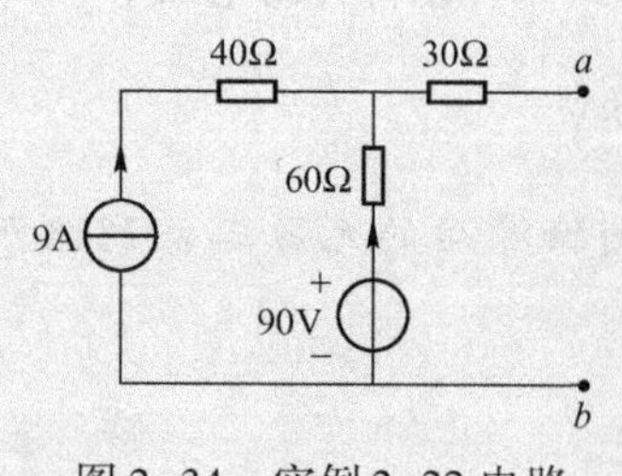

图 2-34　实例 2-22 电路

解：（1）求短路电流 i_{sc}

采用叠加定理，i_{sc} 为 9A 电流源单独作用产生的电流 i' 和 90V 电压源单独作用产生的电流 i'' 的叠加，如图 2-35（a）所示，可得

$$i_{SC}=i'+i''=\frac{60}{60+30}\times 9+\frac{90}{60+30}=6+1=7\text{A}$$

（2）求诺顿等效电阻 R_0，如图 2-35（b）所示，得

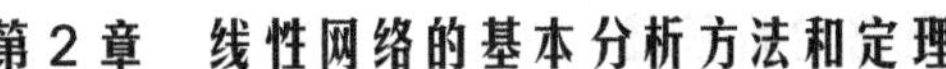

$$R_0 = 30 + 60 = 90\Omega$$

则诺顿等效电路为一个 7A 的电流源与 90Ω 的电阻相并联，如图 2-35（c）所示。

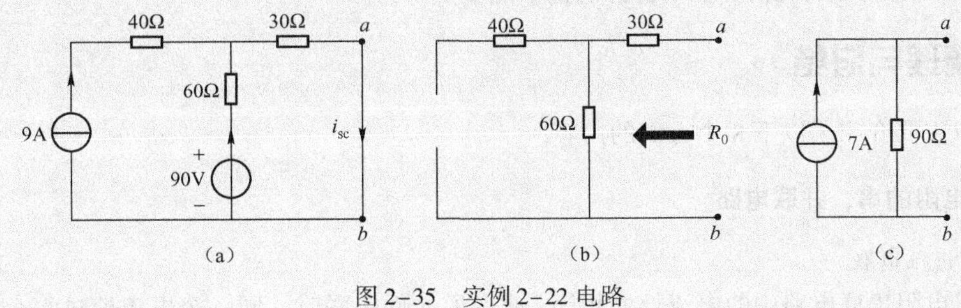

图 2-35　实例 2-22 电路

2.7　受控源

前面介绍的电源都是独立电源，其电压或电流是一个定值或有固定规律的时间函数。除此以外，还有另一类电源就是受控源。

1. 受控源的定义

受控源：电压或电流受电路中其他部分电压或电流控制的电源。

2. 受控源的分类

受控源按控制量是电压还是电流、被控量是电压源还是电流源，可分为以下 4 种。

（1）电压控制电压源（VCVS）：控制量为 u_1，控制系数为电压放大倍数 μ，被控量为 μu_1。

（2）电压控制电流源（VCCS）：控制量为 u_1，控制系数为转移电导 g，被控量为 gu_1。

（3）电流控制电压源（CCVS）：控制量为 i_1，控制系数为转移电阻 r，被控量为 ri_1。

（4）电流控制电流源（CCCS）：控制量为 i_1，控制系数为电流放大系数 β，被控量为 βi_1。

电路如图 2-36 所示。

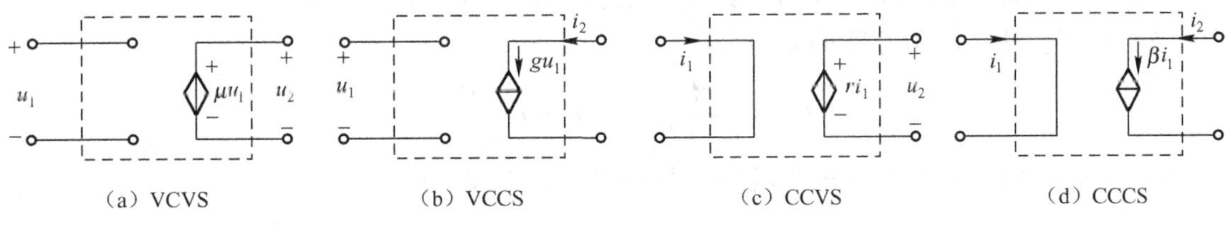

图 2-36　四种受控源电路

3. 受控源的特点和注意事项

（1）受控源不但大小受控制量控制，而且电压极性或电流方向也受控制量控制。

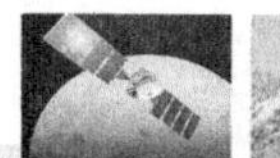

（2）求戴维南等效电路或应用叠加定理中，受控电压源不能短路，受控电流源不能开路。只有控制量为零时，受控电压源才能短路，受控电流源才能开路。

（3）在电路等效变换过程中，控制量不能变换。

知识梳理与总结

本章主要介绍了以下 8 个方面的内容。

1. 电阻的串、并联电路

1）电阻串联

（1）电阻串联电路中的电流处处相等，或者说元件串联时，同一个电流流过每个串联的元件，即 $I=I_1=I_2=\cdots=I_n$。

（2）电阻串联电路的总电压为每个电阻两端的电压之和，即 $U=U_1+U_2+\cdots+U_n$。

（3）电阻串联电路中每个电阻两端的电压与电阻的大小成正比，即

$$\frac{U_1}{R_1}=\frac{U_2}{R_2}\cdots=\frac{U_n}{R_n}$$

（4）特例：两个电阻串联的分压公式

$$U_1=U\frac{R_1}{R_1+R_2},\quad U_2=U\frac{R_2}{R_1+R_2}$$

（5）电阻串联电路中的等效电阻等于各个电阻之和，即 $R=R_1+R_2+\cdots+R_n$。

（6）电阻串联电路每个电阻上的功率与它的电阻成正比，与它的电压也成正比。

2）电阻并联

（1）并联电阻或元件两端的电压都相等，与电阻的大小无关，即 $U=U_1=U_2=\cdots=U_n$。

（2）并联电路中等效电阻的倒数等于各支路电阻的倒数之和，即

$$\frac{1}{R}=\frac{1}{R_1}+\frac{1}{R_2}+\cdots+\frac{1}{R_n}$$

（3）如果电阻 R_1 与电阻 R_2 并联，常写为 $R_1//R_2$。其等效电阻为

$$R=\frac{R_1R_2}{R_1+R_2}\text{（仅适用于两个电阻并联）}$$

（4）并联电路的总电流等于各支路电流之和，即 $I=I_1+I_2+\cdots+I_n$。

（5）特例：两个电阻并联的分流公式

$$I_1=I\frac{R_2}{R_1+R_2},\qquad I_2=I\frac{R_1}{R_1+R_2}$$

（6）并联电阻电路中每个电阻的功率与电阻的大小成反比。

2. 支路电流法

支路电流法是以支路电流变量为未知量，直接应用 KCL 和 KVL 定律，分别对节点和回路列出所需的方程式，然后联立求解出各未知电流，进而再根据电路有关的基本概念求解电路其他响应的一种电路分析计算方法。

3. 网孔电流法

双网孔电流法的一般形式为

$$R_{11}i_1 + R_{12}i_2 = u_{S11}$$
$$R_{21}i_1 + R_{22}i_2 = u_{S22}$$

（1）自阻 R_{11}、R_{22}：网孔中所有电阻之和，自阻总是正的。

（2）互阻 R_{12}、R_{21}：相邻网孔的公共电阻，若网孔电流均取顺时针方向，则互阻为负。

（3）u_{S11}、u_{S22}：网孔中电压源电压的代数和，电压源的电压参考方向与网孔电流一致时取“－”，相反时取“＋”。

4. 节点电压法

以节点电压为未知量，列出节点电压方程，从而求解节点电压和其他未知电流电压的方法称为节点电压法，简称节点法。

5. 叠加定理

叠加定理是线性电路的一个重要定理，是分析线性电路的重要方法。叠加定理可表述如下：在线性电路中，当有多个电源共同作用时，任一支路电流（或电压）等于每个电源单独作用时在该支路中产生的电流或电压的代数和。当某一电源单独作用时，其他不作用的电源应置为零（电压源电压为零，电流源电流为零），即电压源用短路代替，电流源用开路代替。

（1）只能用来计算线性电路的电压和电流，对非线性电路叠加定理不适用。

（2）所谓一个电源单独作用、其他电源不作用是指不作用的电源置零，即电压源短路，电流源开路。

（3）应用叠加定理时，为便于求解，宜画出叠加定理求解电路，且电路格式、元件位置以不变为宜；而且一个电源单独作用时的电流（或电压）参考方向宜与多个电源共同作用时的电流（或电压）参考方向一致，此时求代数和（叠加）时，均取“＋”，不易出错。

（4）由于功率不是电压或电流的一次函数，所以不能用叠加定理来计算功率。

6. 二端网络的基本概念

（1）二端网络：与外部连接只有两个端点的电路称为二端网络。

（2）等效二端网络：若一个二端网络的端口电压、电流与另一个二端网络的端口电压、电流相同，则这两个二端网络互为等效网络。

注意事项：等效网络是对外等效，对内不等效。

（3）二端网络的分类：二端网络中含有电源，称为有源二端网络；二端网络中没有电源，称为无源二端网络。

7. 戴维南定理

对外电路来说，任何一个线性有源二端网络，都可以用一条含源支路即电压源和电阻串联的支路来代替，其电压源电压等于线性有源二端网络的开路电压 U_{oc}，串联电阻等于线性有源二端网络除源后（电压源短路，电流源开路）两端间的等效电阻 R_o，这就是戴维南

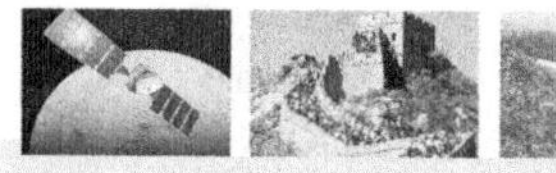

定理。

8. 受控源

电压或电流受电路中其他部分电压或电流控制的电源，称为受控源。

受控源按控制量是电压还是电流、被控量是电压源还是电流源，可分为电压控制电源、电压控制电流源、电流控制电压源和电流控制电流源4种。

习题2

一、填空题

1. 串联电阻可以________（分压还是分流）；并联电阻可以________（分压还是分流）。电压源________（串联还是并联）时可以叠加；电流源________（串联还是并联）时可以叠加。

2. 已知 R_1 与 R_2 串联时的等效电阻为9Ω，R_1 与 R_2 并联时的等效电阻为2Ω，则 $R_1=$ ____Ω、$R_2=$ ________Ω。

3. 叠加定理只能应用于________电路，电路的电压、电流可以叠加，但________不能叠加。

4. 应用叠加定理分析电路时，当某个电源单独作用时，其余电压源相当于__________，电流源相当于________。

5. 戴维南等效电路实际上是等效_______电路；而诺顿等效电路实际上是等效________电路。

6. 一个有源二端网络的开路电压为10V，短路电流为100mA，则其戴维南等效电源的电压是______V，内阻是________Ω。

7. 受控源有4种类型：$u_2=\mu u_1$，电压控制______________；$i_2=gu_1$，电压控制______________；$u_2=r_{i1}$，________控制电压源；$i_2=\beta i_1$，________控制电流源。

二、选择题

1. 应用戴维南定理求有源二端网络的等效电源，该有源二端网络应是（　　）。

A. 线性网络　　B. 非线性网络　　C. 线性与非线性网络　　D. 任何网络

2. 三个电阻串联支路中，电阻之比为 $R_1:R_2:R_3=1:2:3$，则三个电阻的电压之比 $U_1:U_2:U_3$ 为（　　）。

A. 6:3:2　　B. 1:2:3　　C. 3:2:1　　D. 2:3:6

3. 三个电阻并联的电路中，电阻之比为 $R_1:R_2:R_3=1:2:3$，则各支路的电流之比 $I_1:I_2:I_3$ 为（　　）。

A. 6:3:2　　B. 1:2:3　　C. 3:2:1　　D. 1:1:1

三、分析计算题

1. 将 $R_1=10\text{k}\Omega$ 和 $R_2=0.1\Omega$ 串联，通过哪个电阻的电流较大？

2. "100W，220V"灯泡的电阻 $R_1=484\Omega$，"60W，220V"灯泡的电阻 $R_2=806\Omega$，将这两个灯泡串联在220V的电路中，灯泡两端的电压和功率各是多少？

3. 想一想第2题中计算的结果是100W灯泡的实际功率 P_1 小于60W灯泡的实际功率 P_2，

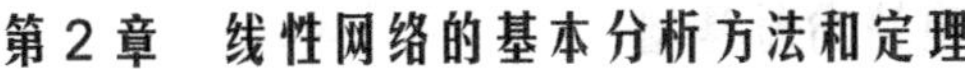

原因是什么？

4. 将“220V，1 000W ”的电炉与“220V，500W ”的电炉串联接在 220V 的电源上，用它们烧同样的水，哪个电炉上的水先开？为什么？

5. 有一只小灯泡，它正常发光时的灯丝电阻是 8.3Ω，正常工作时的电压是 2.5V。如果只有电压为 6V 的电源，要使小灯泡正常工作，需要串联一个多大的电阻？

6. $R_1=3\Omega$ 与 $R_2=5\Omega$ 的两个电阻并联接入电路中，如果流过 R_1 的电流为 5A，则流过 R_2 的电流是多少？

7. 6 个相同的电阻并联后，等效电阻为 100Ω，每个电阻的阻值是多少？

8. 将“220V，1 000W”的电炉与“220V，500W”的电炉并联接在 220V 的电源上，用它们烧同样的水，哪个电炉中的水先开？为什么？

9. 求图 2-37 所示电路的等效电阻 R_{ab}。

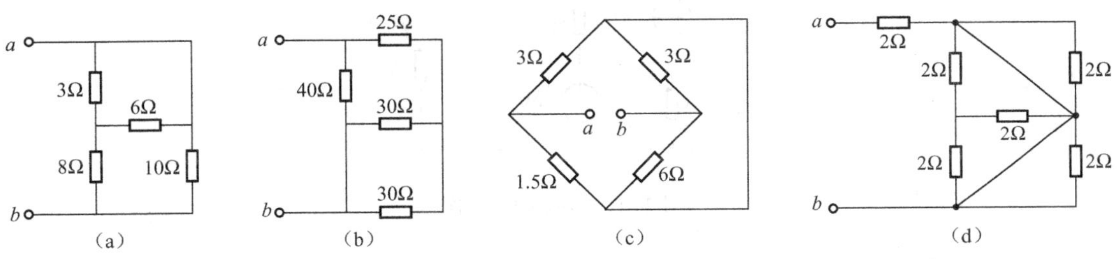

图 2-37　习题 3-9 图

10. 有一个直流电流表，其量程 $I_g=50\mu A$，表头内阻 $R_g=2k\Omega$，现要改装成直流电压表，要求直流电压挡分别为 10V、100V，如图 2-38 所示。试求所需串接的电阻 R_1、R_2的值。

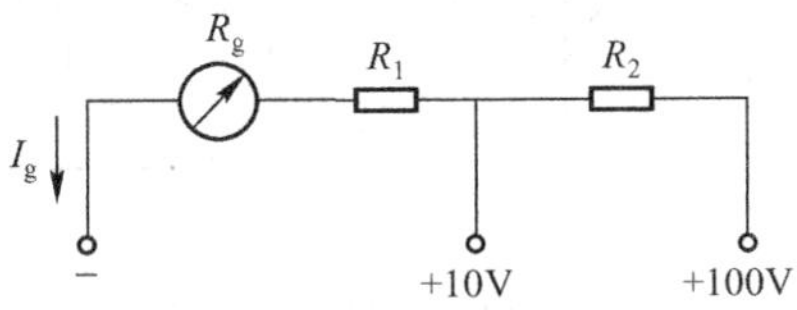

图 2-38　习题 3-10 图

11. 电路如图 2-39 所示，试求等效电阻 R_{ab}。

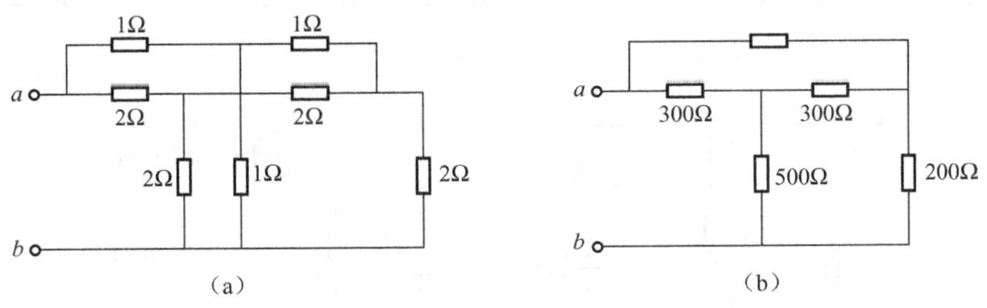

图 2-39　习题 3-11 图

12. 化简图 2-40 所示电路。

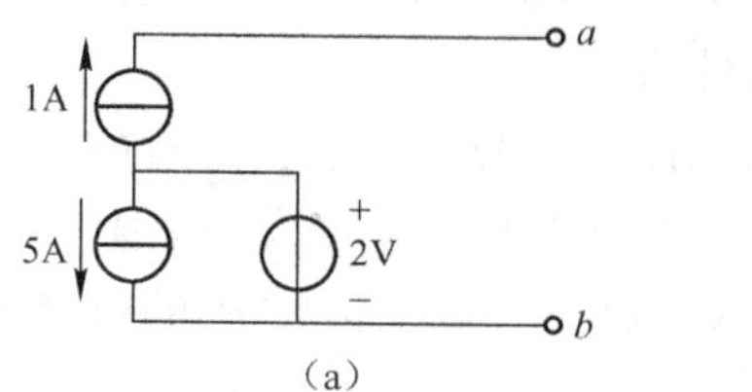

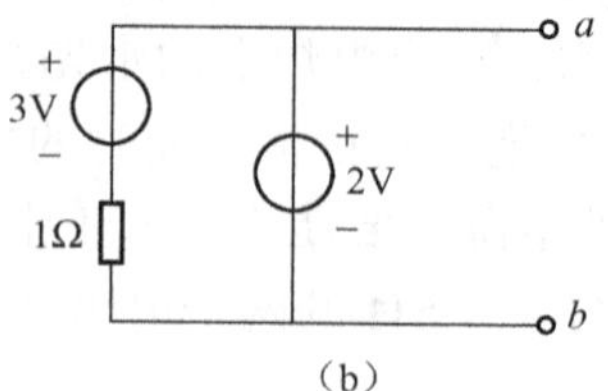

图 2-40　习题 3-12 图

13. 电路如图 2-41 所示，试求 8Ω 电阻上的电流 I。

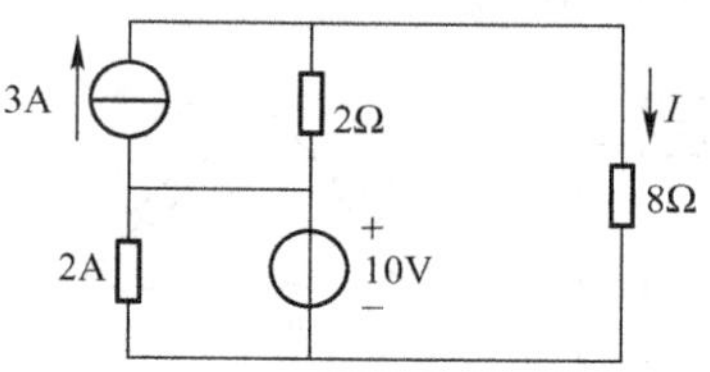

图 2-41　习题 3-13 图

14. 电路如图 2-42 所示，试用支路电流法求各支路电流。

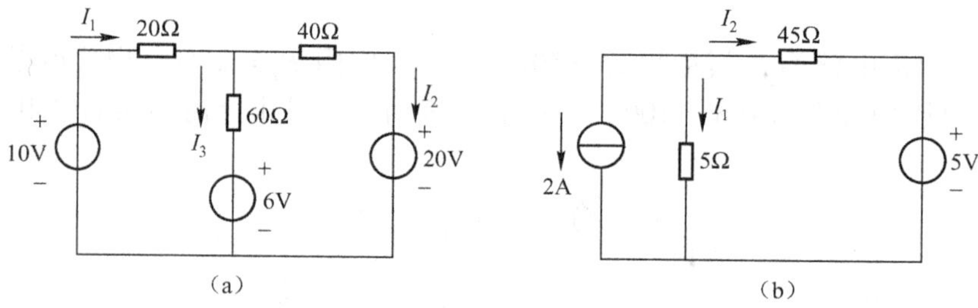

图 2-42　习题 3-14 图

15. 电路如图 2-43 所示，已知 $U_S=10V$，$I_S=6A$，$R_1=R_2=5\Omega$，$R_3=3\Omega$，求流过 R_3 的电流 I。

16. 电路如图 2-44 所示，已知 $U_S=10V$，$I_S=6A$，$R_1=5\Omega$，$R_2=2\Omega$，$R_3=3\Omega$，求 R_1 两端的电压。

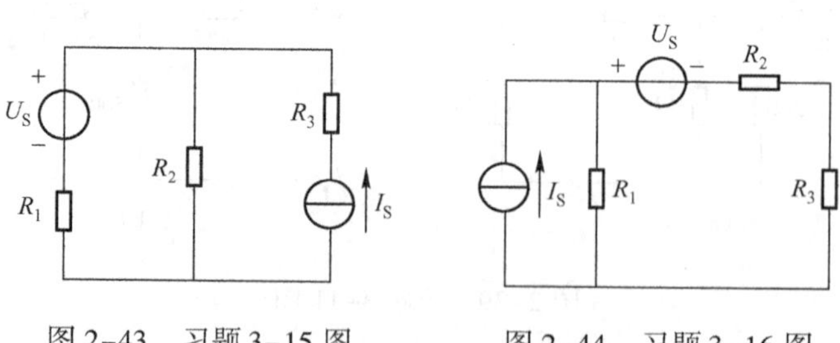

图 2-43　习题 3-15 图　　图 2-44　习题 3-16 图

17. 电路如图 2-45 所示，已知 $U_S=15V$，$I_S=10A$，$R_1=1\Omega$，$R_2=R_3=1\Omega$，试用叠加定理求各支路的电流 I、I_1 和 I_2。

18. 电路如图 2-46 所示，试用叠加定理求电流 I，并计算 4Ω 电阻消耗的功率。

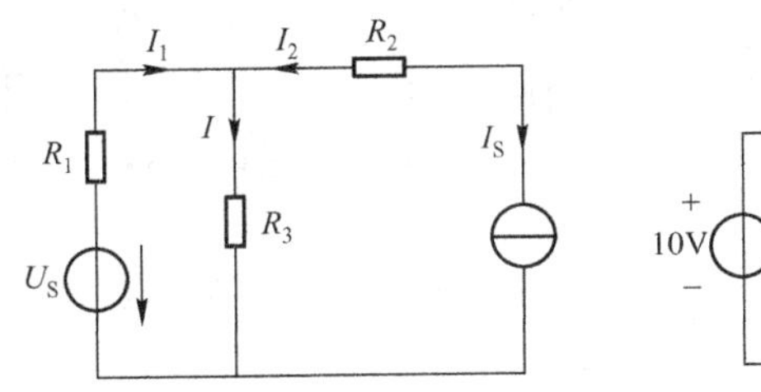

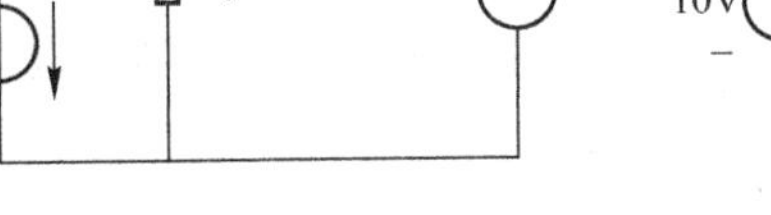

图 2-45　习题 3-17 图

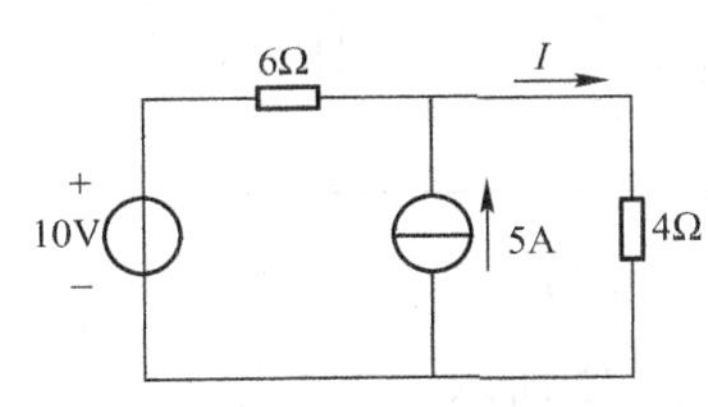

图 2-46　习题 3-18 图

19. 电路如图 2-47 所示，试用叠加定理求电流 I。欲使电流 $I=0$，求此时 U_S 应为何值？

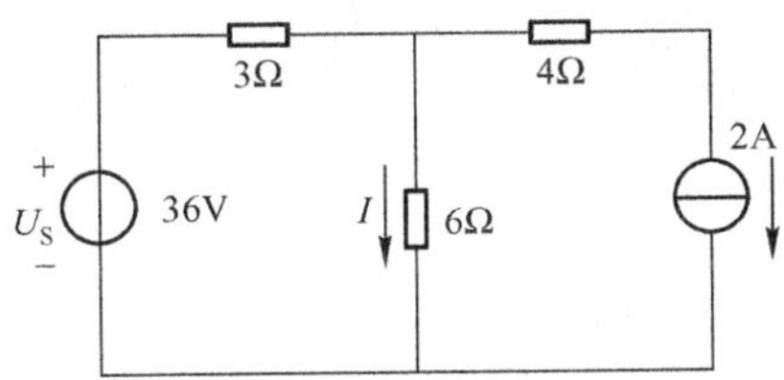

图 2-47　习题 3-19 图

20. 求如图 2-48 所示电路的戴维南等效电路。

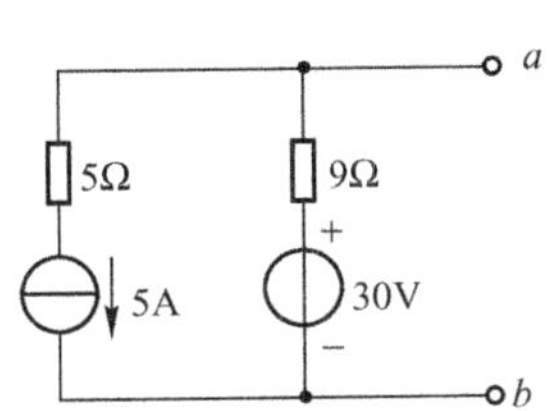

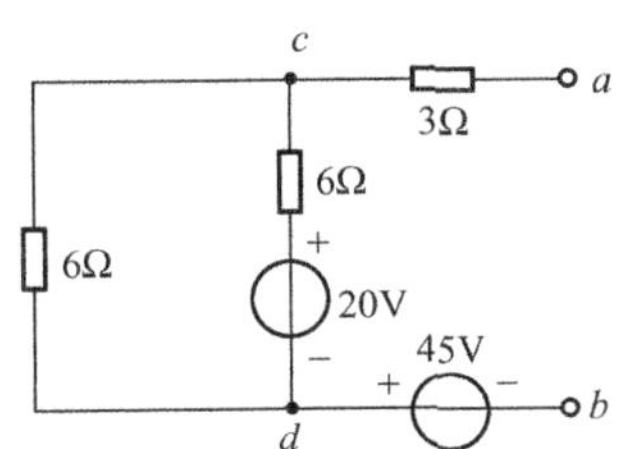

图 2-48　习题 3-20 图

21. 电路如图 2-49 所示，试求其戴维南等效电路和诺顿等效电路。

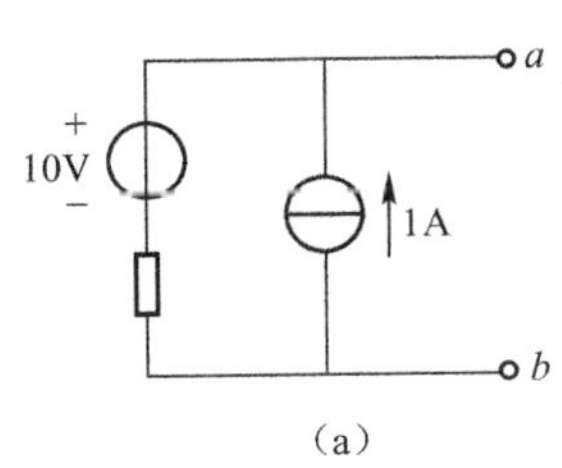

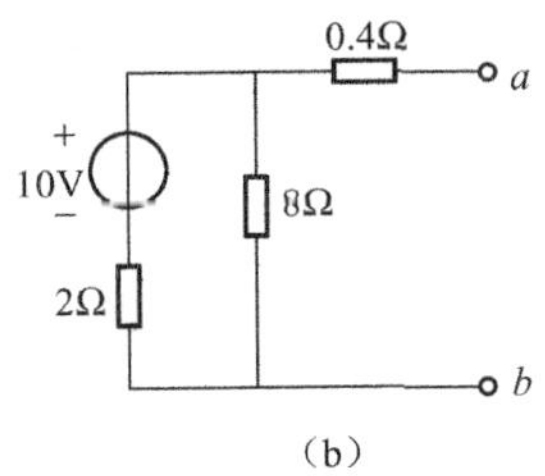

图 2-49　习题 3-21 图

22. 用戴维南定理计算如图 2-50 所示电路中的电流 I。

23. 计算如图 2-51 所示电路中的电流 I。

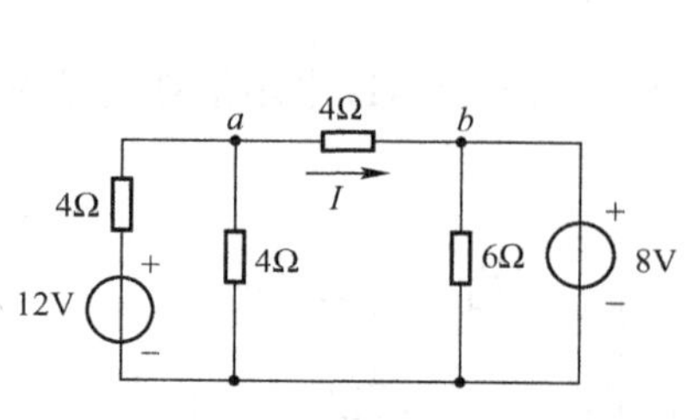

图 2-50　习题 3-22 图

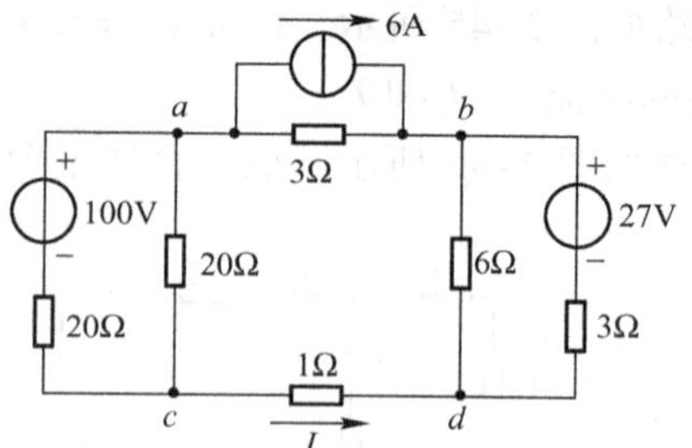

图 2-51　习题 3-23 图

24. 电路如图 2-52 所示，求电压 U 或电流 I。

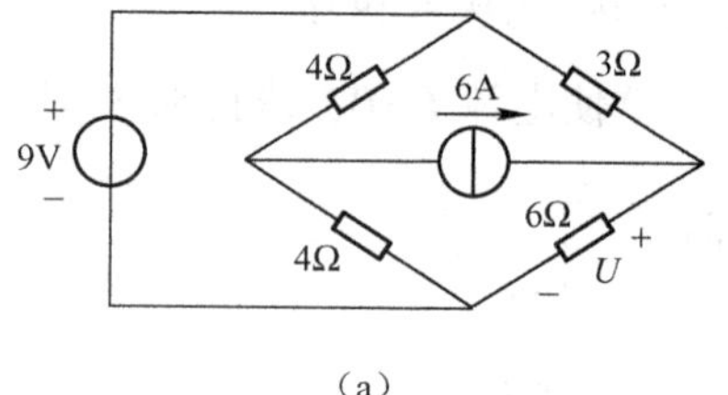

（a）

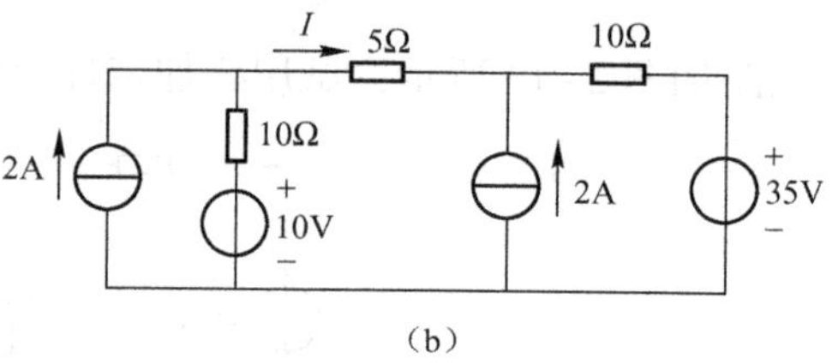

（b）

图 2-52　习题 3-24 图

第3章 正弦交流电路

教学导航

教	教学目标	1. 掌握正弦量的基本概念及正弦量的向量表示法； 2. 熟练掌握电阻元件、电感元件、电容元件的交流电路； 3. 了解向量形式的基尔霍夫定律和欧姆定律； 4. 掌握复阻抗的串联和并联、向量图解法； 5. 掌握交流电路的分析，熟悉功率和功率因数的概念； 6. 了解谐振电路
	知识重点	1. 交流电的概念； 2. 正弦交流电的基本特征； 3. 正弦量的向量表示； 4. 电阻、电感、电容元件的伏安特性； 5. 有功功率、无功功率及视在功率的计算； 6. 提高功率因数的意义和方法
	知识难点	1. 正弦量的向量表示； 2. R、L、C 在交流电路中各物理量的计算
	教学方法	结合实际例题讲解，让学生理解各个物理量的计算
学	学习方法	1. 通过测量感知交流电的存在； 2. 通过分析计算体会交流电路的特点； 3. 通过电路搭建掌握电路器件的应用方法
	知识要点	1. 交流电的概念； 2. 正弦交流电的三要素； 3. 正弦量的向量表示； 4. 电阻、电感、电容元件的伏安特性； 5. 功率的计算； 6. 提高功率因数的意义和方法
	技能要点	1. 正确使用万用表测量交流电； 2. 连接交流电路

3.1 交流电路中的基本物理量

3.1.1 交流电路概述

在电路中广泛应用交流电，其中以正弦交流电的应用最为广泛。我们平日使用的电能主要是正弦交流电，而发电厂发出的电能一般也是正弦交流电，因此，正弦交流电在理论和实践中均占有十分重要的地位。

1. 交流电的定义

在电路中，大小和方向都随时间变化的电流称为交流电。而随时间按正弦规律变化的交流电称为正弦交流电。

2. 交流电与直流电的对比

图 3-1 为直流电与交流电图示，图 3-1（a）所示为稳恒直流电流，图 3-1（b）所示为波动直流电流，图 3-1（c）所示为正弦交流电流，图 3-1（d）所示为非正弦交流电流。

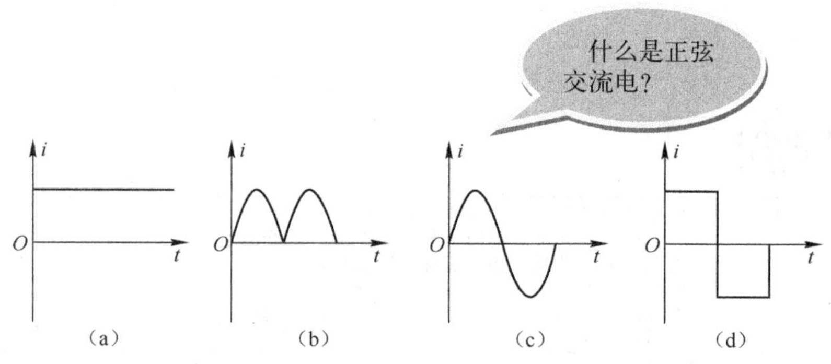

图 3-1　直流电与交流电图示

3. 交流电的应用

正弦交流电广泛应用于工农业生产、科学研究及日常生活中，了解和掌握正弦交流电的特点，学会正弦交流电路的基本分析方法，是本章学习的目的。

4. 交流电的优点

在现代工农业生产和日常生活中，广泛地使用着交流电，主要原因是与直流电相比，交流电有以下优点。

(1) 在远距离输电时，采用较高的电压可以减小线路上的损失；对于用户来说，采用较低的电压既安全又可降低电器设备的绝缘要求。这种电压的升高和降低，在交流供电系统中可以很方便而又经济地由变压器来实现。

(2) 交流异步电动机比起直流电动机来，具有构造简单、价格便宜、运行可靠等优点。

(3) 在一些非用直流电不可的场合，如工业上的电解和电镀等，也可利用整流设备，将交流电转化为直流电。

(4) 正弦交流电变化平滑且不易产生高次谐波，有利于保护电器设备的绝缘性能和减小电器设备运行中的能量损耗。

(5) 各种非正弦交流电都可由不同频率的正弦交流电叠加而成，因此可用正弦交流电的分析方法来分析非正弦交流电。

3.1.2　正弦交流电的基本概念及三要素

下面以电流为例介绍正弦量的基本概念。设某支路中正弦电流 i 在选定参考方向下的瞬时值表达式为

$$i = I_m \sin(\omega t + \varphi)$$

分析正弦交流电交变的特征通常从其幅值的大小、变化的快慢及初始状态三个方面着手，并分别用正弦量的三要素最大值、周期和初相位来反映。

1. 瞬时值、最大值、有效值

- 瞬时值：把任意时刻正弦交流电的数值称为瞬时值，用小写字母表示，如 i、u 及 e 分别表示电流、电压及电动势的瞬时值。瞬时值有正、有负，也可能为零。
- 最大值：最大的瞬时值称为最大值（也称幅值、峰值），用带下标的小写字母表示，如 I_m、U_m 及 E_m 分别表示电流、电压及电动势的最大值。
- 有效值：有效值是指与正弦量热效应相同的直流电数值。

交流电流 i 通过电阻 R 时，在 t 时间内产生的热量为 Q；直流电流 I 通过相同电阻 R 时，在 t 时间内产生的热量也为 Q。两电流热效应相同，可理解为二者做功能力相等。我们把做功能力相等的直流电的数值 I 定义为相应交流电 i 的有效值。有效值可确切地反映正弦交流电的大小。

有效值是根据热效应相同的直流电数值而得，因此引用直流电的符号，即有效值用 U 或 I 表示。理论和实践都可以证明，正弦交流电的有效值和最大值之间具有特定的数量关系，即

$$U = \frac{U_m}{\sqrt{2}} = 0.707U_m$$

$$I = \frac{I_m}{\sqrt{2}} = 0.707I_m$$

【实例 3-1】 已知某交流电压为 220V，该交流电压的最大值为多少？

解： 最大值　　$U_m = 220\sqrt{2} = 311.1\text{V}$

2. 周期、频率、角频率

- 周期：正弦量变化一次所需的时间（秒）称为周期 T，单位为秒（s），如图 3-2

所示。

➢ 频率：交流电每秒内变化的次数称为频率f，单位是赫兹（Hz）。在我国和大多数国家都采用50Hz作为电力标准频率，习惯上称为工频。

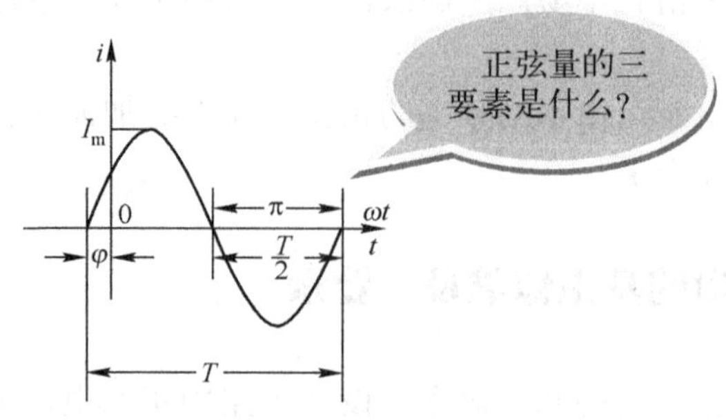

图3-2　正弦交流电流波形

➢ 角频率：角频率是指交流电在1s内变化的电角度。

若交流电1s内变化了f次，则可得角频率与频率的关系式为

$$\omega = 2\pi f = \frac{2\pi}{T}$$

【实例3-2】已知某正弦交流电压$u = 311\sin 314t$V，求电压最大值、频率、角频率和周期各为多少？

解： 电压最大值　$U_m = 311\text{V}$

角频率　$\omega = 314\text{rad/s}$

频率　$f = \frac{\omega}{2\pi} = \frac{314}{2 \times 3.14} = 50\text{Hz}$

周期　$T = \frac{1}{f} = \frac{1}{50} = 0.02\text{s}$

3. 相位、初相位、相位差

➢ 相位：（$\omega t + \varphi$）称为正弦量的相位角或相位，它反映出正弦量变化的进程。

➢ 初相位：$t = 0$时的相位角称为初相位角或初相位，规定初相位的绝对值不能超过π。

➢ 相位差：两个同频率正弦量相位角之差或初相位角之差称为相位差，用φ表示。

初相相等的两个正弦量，它们的相位差为零，这样的两个正弦量叫做同相。同相的两个正弦量同时到达零值，同时到达最大值，步调一致。相位差φ为180°的两个正弦量叫做反相。

3.2　正弦量的向量表示

在正弦交流电路中，经常需要进行同频率正弦量的运算，这种运算借助三角函数和波形图，都会非常烦琐。而正弦量可以用复数来表示，同频率正弦量的运算就可以转化为复数的运算，这种用复数表示正弦量的方法称为正弦量的向量表示法。

3.2.1　复数

复数的一般形式为代数式，即

$$A = a + \mathrm{j}b$$

A 代表复数，a 为复数的实部，$\mathrm{j}b$ 为复数的虚部。

在直角坐标系中，取横轴为实轴，纵轴为虚轴，由实轴和虚轴所构成的平面称为复平面，如图 3-3 所示。

复数 A 在复平面上是一个点，原点指向复数的箭头称为复数 A 的模值，用 r 表示。A 在实轴上的投影是它的实部数值 a，A 在虚轴上的投影是它的虚部数值 b，模 r 与正向实轴之间的夹角称为复数 A 的幅角，用 φ 表示。

$$r = \sqrt{a^2 + b^2}$$

$$\varphi = \frac{b}{a}$$

$$a = r\cos\varphi$$

$$b = r\sin\varphi$$

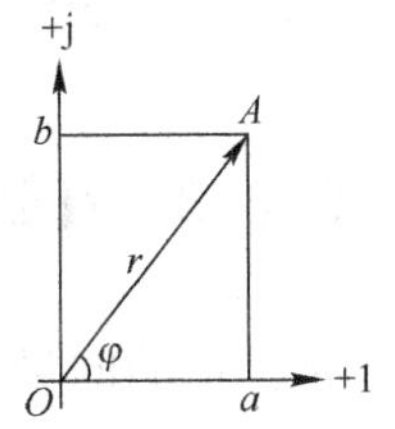

图 3-3　复平面图

由此可推得 A 的三角函数表达式为

$$A = a + \mathrm{j}b = r\cos\varphi + \mathrm{j}r\sin\varphi$$

复数在电学中常用极坐标形式表示为

$$A = r\angle\varphi$$

【实例 3-3】 已知复数 A 的模 $r = 5$，幅角 $\varphi = 53.1°$，试写出复数 A 的极坐标形式、代数形式和三角函数表达式。

解： 极坐标形式　$A = 5\angle 53.1°$

实部数值　$a = 5\cos 53.1° = 3$

虚部数值　$b = 5\sin 53.1° = 4$

复数 A 的代数形式为　$A = 3 + \mathrm{j}4$

复数 A 的三角函数表达式为 $A = 5\cos 53.1° + \mathrm{j}5\sin 53.1°$

3.2.2　复数的运算

1. 复数的加减

若两个复数相加减，可用直角坐标式进行。

如　$A_1 = a_1 + \mathrm{j}b_1$　　$A_2 = a_2 + \mathrm{j}b_2$

则　$A_1 \pm A_2 = (a_1 + \mathrm{j}b_1) \pm (a_2 + \mathrm{j}b_2) = (a_1 \pm a_2) + \mathrm{j}(b_1 \pm b_2)$

即几个复数相加或相减就是把它们的实部和虚部分别相加减。

【实例 3-4】 已知复数 $A = 3 + \mathrm{j}4$，$B = 4 + \mathrm{j}5$，求 $C = A + B$。

解：　$C = A + B = (3 + \mathrm{j}4) + (4 + \mathrm{j}5) = 7 + \mathrm{j}9$

2. 复数的乘除

两个复数进行乘除运算时，可将其化为指数式或极坐标式来进行。

如 $A_1 = r_1 \angle \varphi_1 \qquad A_2 = r_2 \angle \varphi_2$

则 $A_1 \cdot A_2 = r_1 r_2 \angle \varphi_1 + \varphi_2$

$$\frac{A}{B} = \frac{r_1}{r_2} \angle \varphi_1 - \varphi_2$$

【实例 3-5】已知复数 $A = 5\angle 53.1°$，$B = 5\angle 30°$，求 AB 和 $\frac{A}{B}$。

解：$AB = 5\angle 53.1° \times 5\angle 30° = 25\angle 83.1°$

$\frac{A}{B} = \frac{5\angle 53.1°}{5\angle 30°} = 1\angle 23.1°$

3.2.3 正弦量的向量表示

正弦量的向量表示就是用复数表示正弦量，复数的模等于正弦量的有效值，复数的幅角等于正弦量的初相位，由于正弦交流电路的电压和电流都是同频率的正弦量，所以无须考虑正弦量的角频率。

为区别于一般复数，向量的头顶上一般加符号“·”。

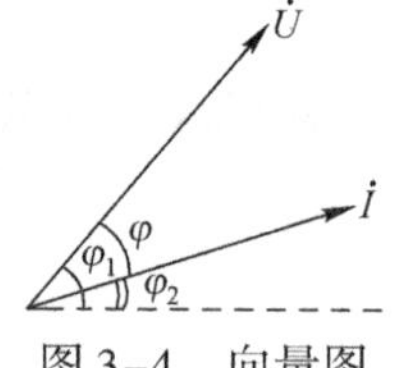

图 3-4 向量图

于是表示正弦电压 $u = U_m \sin(\omega t + \varphi)$ 的向量为

$$\dot{U}_m = U_m(\cos\varphi + j\sin\varphi) = U_m \angle \varphi$$

或

$$\dot{U} = U(\cos\varphi + j\sin\varphi) = U \angle \varphi$$

按照正弦量的大小和相位关系用初始位置的有向线段画出的若干个向量的图形，称为向量图，如图 3-4 所示。

【实例 3-6】已知两正弦量 $u_1 = \sqrt{2}U_1\sin(\omega t + \varphi_1)$，$u_2 = \sqrt{2}U_2\sin(\omega t + \varphi_2)$，把它们表示为向量后画在向量图中。

两电压的有效值向量为 $\dot{U}_1 = U_1\angle\varphi_1$，$\dot{U}_2 = U_2\angle\varphi_2$。

画在向量图中，如图 3-5 所示。

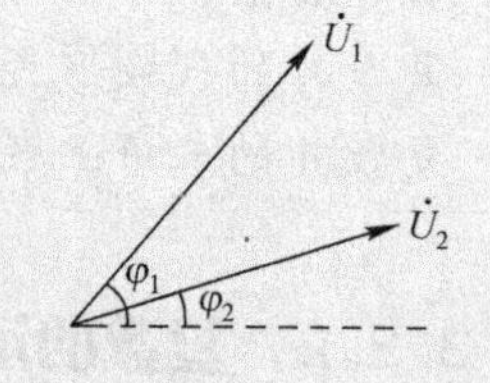

图 3-5 实例 3-6 向量图

3.3 向量形式的基尔霍夫定律

正弦量用复数表示，同频率正弦量的运算可转化为向量的运算，因此基尔霍夫定律也有相应的向量形式。

1. 基尔霍夫电流定律的向量形式

正弦交流电路中，连接在电路任一节点的各支路电流向量的代数和为零，即 $\sum \dot{I} = 0$，一

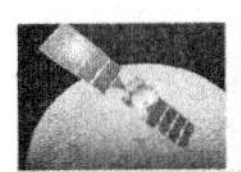

般对参考方向背离节点的电流的向量取正号，反之取负号。

由向量形式的 KCL 可知，正弦交流电路中连接在一个节点的各支路电流的向量组成一个闭合多边形，如图 3-6 所示，节点 O 的 KCL 向量表达式为

$$\dot{I}_1+\dot{I}_2-\dot{I}_3-\dot{I}_4=0$$

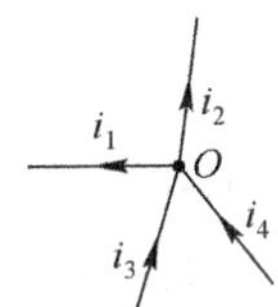

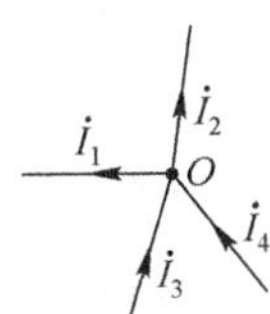

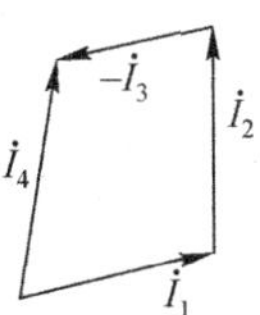

图 3-6　基尔霍夫电流定律的向量示意图

【实例 3-7】 已知 $i_1=5\sqrt{2}\sin(\omega t+60°)$ A，$i_2=7\sqrt{2}\sin(\omega t+150°)$ A，求 i_1+i_2。

解：两个正弦量所对应的向量分别为

$$\dot{I}_1=5\angle 60°\text{A}$$

$$\dot{I}_2=7\angle 150°\text{A}$$

两电流的向量之和为

$$\begin{aligned}\dot{I}=\dot{I}_1+\dot{I}_2=5\angle 60°+7\angle 150°&=(5\cos 60°+\text{j}5\sin 60°)+(7\cos 150°+\text{j}7\sin 150°)\\&=(2.5+\text{j}4.33)+(-6.06+\text{j}3.5)\\&=-3.56+\text{j}7.83\\&=8.6\angle 114°\text{A}\end{aligned}$$

由此可得

$$i=i_1+i_2=8.6\sqrt{2}\sin(\omega t+114°)\text{A}$$

2. 基尔霍夫电压定律的向量形式

在正弦交流电路中，任一回路的各支路电压向量的代数和为零，即 $\sum\dot{U}=0$。一个回路各支路电压的向量组成一个闭合多边形，如图 3-7 所示，回路的电压方程为

$$u_1+u_2+u_3-u_4=0$$

其 KVL 向量表达式为

$$\dot{U}_1+\dot{U}_2+\dot{U}_3-\dot{U}_4=0$$

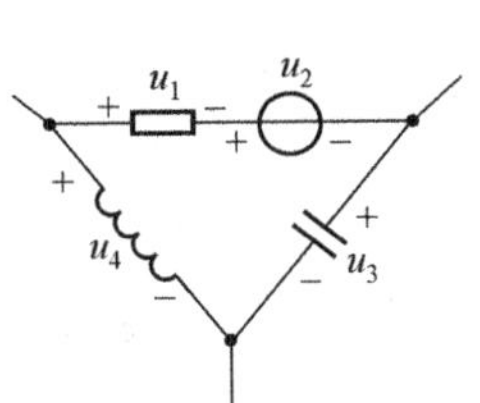

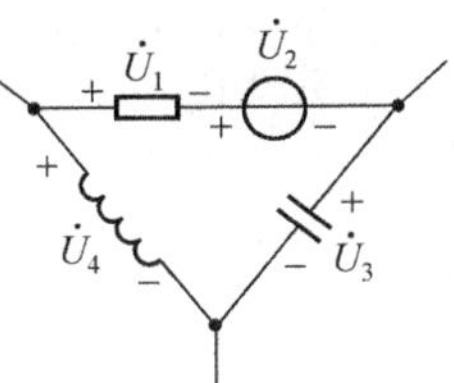

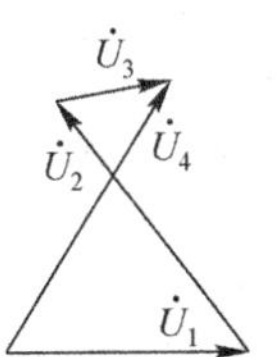

图 3-7　基尔霍夫电压定律的向量示意图

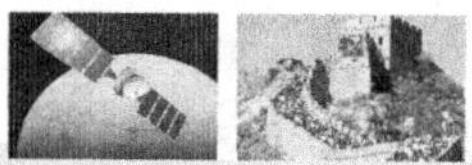

【实例 3-8】已知 $u_{ab}=10\sqrt{2}\sin(\omega t-30°)\text{V}$，$u_{bc}=8\sqrt{2}\sin(\omega t+120°)\text{V}$，求 u_{ac}。

解： 两个正弦量所对应的向量分别为

$$\dot{U}_{ab}=10\angle-30°\text{V}$$

$$\dot{U}_{bc}=8\angle120°\text{V}$$

两电压的向量之和为

$$\begin{aligned}\dot{U}_{ac}=\dot{U}_{ab}+\dot{U}_{bc}&=10\angle-30°+8\angle120°\\&=(8.66-\text{j}5)+(-4+\text{j}6.93)\\&=-4.66+\text{j}1.93\\&=5.04\angle22.5°\text{V}\end{aligned}$$

由此可得

$$u_{ac}=5.04\sqrt{2}\sin(\omega t+22.5°)\text{V}$$

3.4 电阻、电感、电容电路

3.4.1 单一参数电路

在正弦交流电路中，由电阻、电感和电容中任意一个元件组成的电路，称为单一参数正弦交流电路。单一参数的电压、电流关系是分析交流电路的基础。

让学生按图 3-8 所示接线，灯泡参数为交流 220V、40W，则电路中的电流、灯泡两端的电压是多少？

1. 纯电阻电路

1）纯电阻电路的电压和电流关系

纯电阻电路是最简单的交流电路，如图 3-9 所示。在日常生活和工作中接触到的白炽灯、电炉、电烙铁等，都属于电阻性负载，它们与交流电源连接组成纯电阻电路。

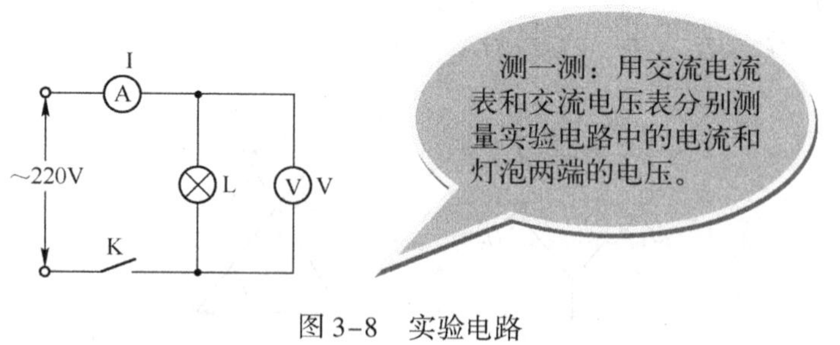

图 3-8　实验电路

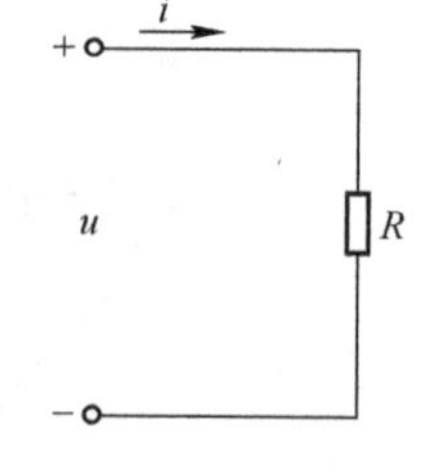

图 3-9　纯电阻电路

设电阻两端电压为　　$u(t)=U_{\text{m}}\sin\omega t$

则
$$i(t)=\frac{u(t)}{R}=\frac{U_m}{R}\sin\omega t=I_m\sin\omega t$$

比较电压和电流的关系式可见，电阻两端电压 u 和电流 i 的频率相同，电压与电流的有效值（或最大值）的关系符合欧姆定律，而且电压与电流同相。

它们在数值上满足关系式　　$U=RI$

用向量表示电压与电流的关系为　　$\dot{U}=R\dot{I}$

电阻元件的电流、电压向量图如图 3-10 所示。

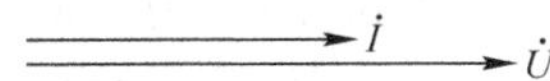

图 3-10　电阻元件的电流、电压向量图

2）纯电阻电路的功率

（1）瞬时功率

电阻中某一时刻消耗的电功率叫做瞬时功率，它等于电压 u 与电流 i 瞬时值的乘积，并用小写字母 p 表示，如图 3-11 所示。

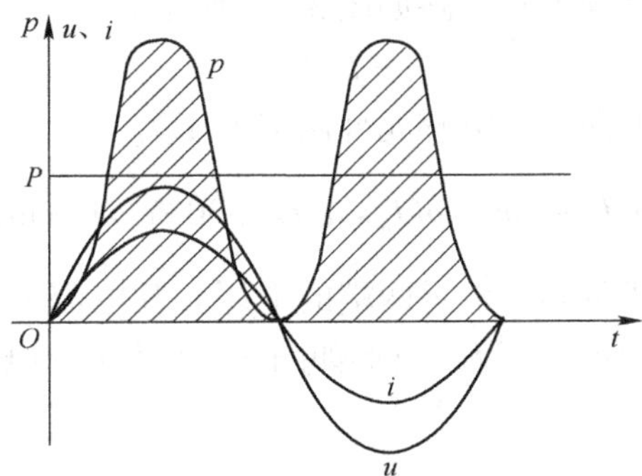

图 3-11　纯电阻电路功率的波形图

$$\begin{aligned}p&=ui=U_mI_m\sin^2\omega t\\&=U_mI_m\frac{1-\cos2\omega t}{2}\\&=UI(1-\cos2\omega t)\end{aligned}$$

在任何瞬时，恒有 $p\geqslant0$，说明电阻只要有电流就消耗能量，将电能转化为热能，它是一种耗能元件。

（2）平均功率

工程中常用瞬时功率在一个周期内的平均值表示功率，称为平均功率，用大写字母 P 表示，如图 3-11 所示。

$$P=\frac{U_mI_m}{2}=UI=I^2R=\frac{U^2}{R}\tag{3-1}$$

式（3-1）与直流电路中电阻功率的形式相同，但式中的 U、I 不是直流电压、电流，而是正弦交流电的有效值。

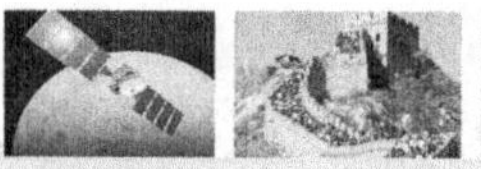

【实例 3-9】纯电阻电路中，$R=10\Omega$，$u_R=10\sqrt{2}\sin(\omega t+30^\circ)\text{V}$，求电流 i 的瞬时值表达式、向量表达式和平均功率 P。

解：由 $u_R=10\sqrt{2}\sin(\omega t+30^\circ)\text{V}$ 得

$$\dot{U}_R=10\angle 30^\circ\text{V}$$

则向量表达式为 $$\dot{I}=\frac{\dot{U}_R}{R}=\frac{10\angle 30^\circ}{10}=1\angle 30^\circ\text{A}$$

瞬时值表达式为 $$i=\sqrt{2}\sin(\omega t+30^\circ)\text{A}$$

平均功率为 $$P=U_RI=10\times 1=10\text{W}$$

2. 纯电感电路

1）纯电感电路的电压和电流关系

实际的电感线圈都是用导线绕制而成的，因此线圈总会有一些电阻。但当电阻很小，小到其数值可以忽略不计时，电感线圈可以近似看做纯电感元件，由交流电源和纯电感元件组成的电路，称为纯电感电路。纯电感电路如图 3-12 所示。

设电路正弦电流为 $$i=I_{\text{m}}\sin\omega t$$

在电压、电流关联参考方向下，电感元件两端电压为

$$u=L\frac{\text{d}i}{\text{d}t}=\omega LI_{\text{m}}\cos\omega t=\omega LI_{\text{m}}\sin(\omega t+90^\circ)=U_{\text{m}}\sin(\omega t+90^\circ)$$

比较电压和电流的关系式可知，电感两端的电压 u 和电流 i 也是同频率的正弦量，电压的相位超前电流 90°，电感电压、电流的波形如图 3-13 所示。电压与电流在数值上满足关系式 $U_{\text{m}}=\omega LI_{\text{m}}$，或$\frac{U_{\text{m}}}{I_{\text{m}}}=\frac{U}{I}=\omega L$。

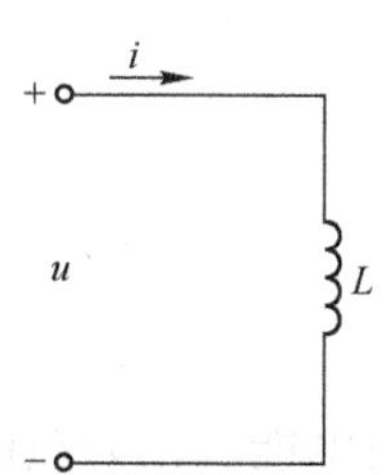

图 3-12 纯电感电路

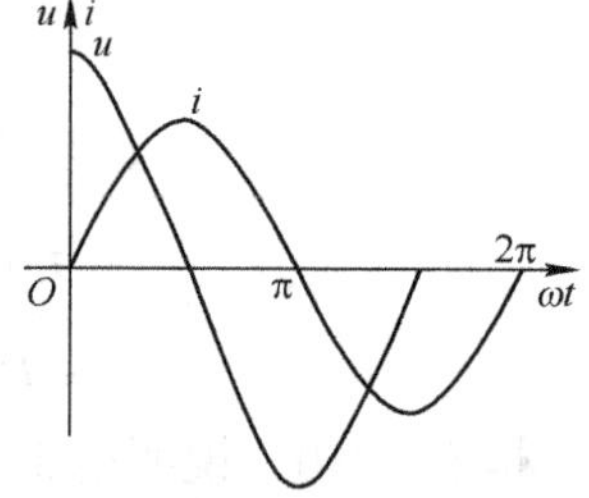

图 3-13 纯电感电路的电压、电流关系

2）感抗的概念

电感具有对交流电流起阻碍作用的物理性质，所以称为感抗，用 X_L表示，单位是欧姆（Ω），即

$$X_L=\omega L=2\pi fL$$

感抗表示线圈对交流电流阻碍作用的大小。当 $f=0$ 时 $X_L=0$，表明线圈对直流电流相当于短路。这就是线圈本身所固有的“直流畅通，高频受阻”作用。

用向量表示电压与电流的关系为 $\dot{U}=\mathrm{j}X_L\dot{I}=\mathrm{j}\omega L\dot{I}$，电感元件的电压、电流向量图如图 3-14 所示。

3）电感元件的功率

（1）瞬时功率

电感元件的瞬时功率为瞬时电压与瞬时电流的乘积，其变化波形如图 3-15 所示。

$$p=p_L=ui=U_m\sin(\omega t+90°)\cdot I_m\sin\omega t=\frac{1}{2}U_mI_m\sin2\omega t=UI\sin2\omega t$$

（2）平均功率

纯电感条件下电路中仅有能量的交换而没有能量的损耗，即 $P_L=0$，如图 3-15 所示。

工程中为了表示能量交换的规模大小，将电感瞬时功率的最大值定义为电感的无功功率，简称感性无功功率，用 Q_L 表示，即 $Q_L=UI=I^2X_L=\frac{U^2}{X_L}$，$Q_L$ 的单位是乏（var）。

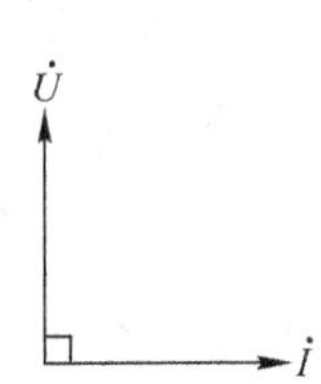

图 3-14　电感元件的电压、电流向量图

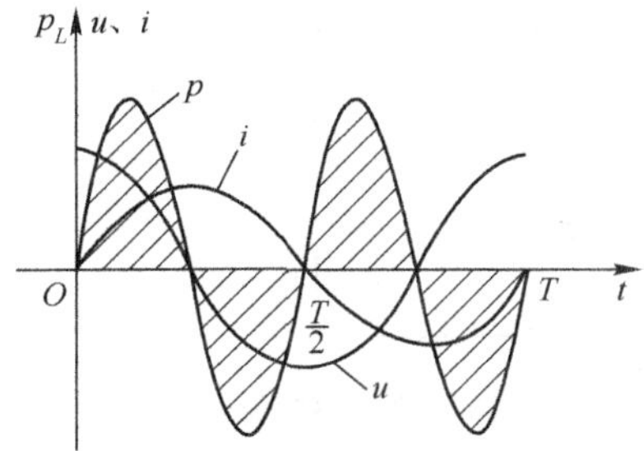

图 3-15　纯电感电路功率的波形图

【实例 3-10】 把一个电感量为 0.35H 的线圈，接到 $u=220\sqrt{2}\sin(100\pi t+60°)$V 的电源上，求线圈中的电流瞬时值表达式。

解： 由 $u=220\sqrt{2}\sin(100\pi t+60°)$V 得

$$U=220\text{V},\ \omega=100\pi\text{rad/s},\ \varphi=60°$$

$$\dot{U}=220\angle60°\text{V}$$

$$X_L=\omega L=100\times3.14\times0.35\approx110\Omega$$

$$\dot{I}_L=\frac{\dot{U}_L}{\mathrm{j}X_L}=\frac{220\angle60°}{1\angle90°\times110}=2\angle(-30°)\text{A}$$

因此通过线圈的电流瞬时值表达式为

$$i=2\sqrt{2}\sin\left(100\pi t-\frac{\pi}{6}\right)\text{A}$$

3. 纯电容电路

1）元件的电压和电流关系

由交流电源和纯电容元件组成的电路，称为纯电容电路。纯电容电路如图 3-16 所示。如果在电容 C 两端加一正弦电压 $u=U_m\sin\omega t$，则

$$i = C\frac{\mathrm{d}u}{\mathrm{d}t} = CU_{\mathrm{m}}\frac{\mathrm{d}}{\mathrm{d}t}(\sin\omega t)$$
$$= \omega CU_{\mathrm{m}}\cos\omega t$$
$$= \omega CU_{\mathrm{m}}\sin(\omega t + 90°)$$
$$= I_{\mathrm{m}}\sin(\omega t + 90°)$$

比较电压和电流的关系式可知，电容两端的电压 u 和电流 i 也是同频率的正弦量，电流的相位超前电压 90°，纯电容电路的电压、电流关系如图 3-17 所示。电压与电流在数值上满足关系式

$$I_{\mathrm{m}} = \omega CU_{\mathrm{m}}$$

或

$$\frac{U_{\mathrm{m}}}{I_{\mathrm{m}}} = \frac{U}{I} = \frac{1}{\omega C}$$

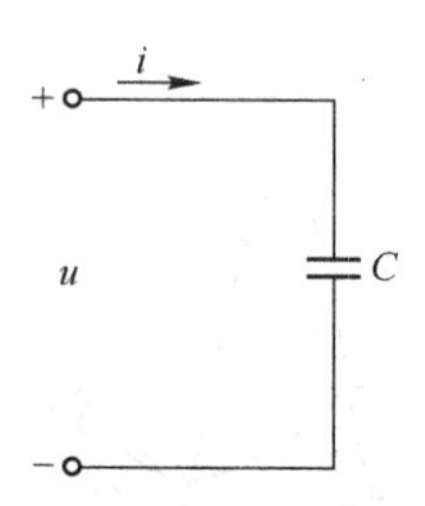

图 3-16　纯电容电路

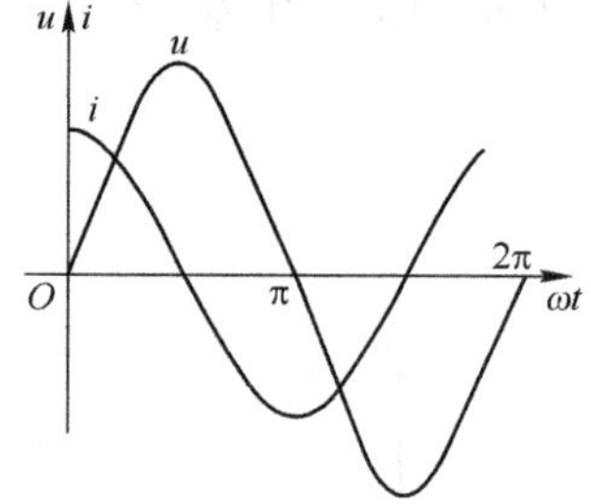

图 3-17　纯电容电路的电压、电流关系

2）容抗的概念

电容具有对交流电流起阻碍作用的物理性质，所以称为容抗，用 X_C 表示，单位是欧姆（Ω），即

$$X_C = \frac{1}{\omega C} = \frac{1}{2\pi fC}$$

电容元件对高频电流所呈现的容抗很小，相当于短路；而当频率 f 很小或 $f = 0$（直流）时，电容相当于开路，这就是电容的“隔直通交”作用。

用向量表示电压与电流的关系为 $\dot{U} = -\mathrm{j}X_C\dot{I} = -\mathrm{j}\frac{\dot{I}}{\omega C} = \frac{\dot{I}}{\mathrm{j}\omega C}$，电容元件的电压、电流向量图如图 3-18 所示。

3）电容元件的功率

（1）瞬时功率

电容元件的瞬时功率为瞬时电压与瞬时电流的乘积，其变化波形如图 3-19 所示。

$$p = p_C = ui = U_{\mathrm{m}}\sin\omega t \cdot I_{\mathrm{m}}\sin\left(\omega t + \frac{\pi}{2}\right)$$
$$= U_{\mathrm{m}}I_{\mathrm{m}}\sin\omega t\cos\omega t$$
$$= \frac{U_{\mathrm{m}}I_{\mathrm{m}}}{2}\sin 2\omega t$$
$$= UI\sin 2\omega t$$

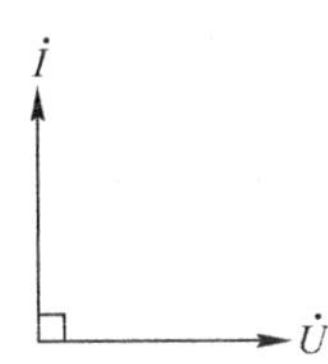

图 3-18　电容元件的电压、电流向量图

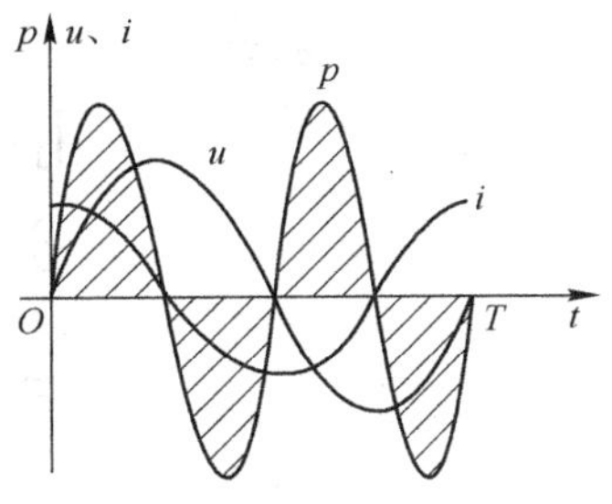

图 3-19　纯电容电路功率的波形图

(2) 平均功率

由图 3-19 可知，纯电容元件的平均功率，即 $P_C=0$。

为了表示能量交换的规模大小，将电容瞬时功率的最大值定义为电容的无功功率，或称容性无功功率，用 Q_C 表示，即 $Q_C=UI=I^2X_C=\dfrac{U^2}{X_C}$，$Q_C$ 的基本单位是乏（var）。

【实例 3-11】 把电容量为 40μF 的电容器接到交流电源上，通过电容器的电流为 $i=2.75\sqrt{2}\sin(314t+30°)$ A，试求电容器两端的电压瞬时值表达式。

解： 由 $i=2.75\sqrt{2}\sin(314t+30°)$ A 得

$$I=2.75\text{A},\omega=314\text{rad/s},\varphi=30°$$

$$\dot{I}=2.75\angle 30°\text{A}$$

$$X_C=\frac{1}{\omega C}=\frac{1}{314\times 40\times 10^{-6}}\approx 80\Omega$$

$$\dot{U}=-\text{j}X_C\dot{I}=1\angle(-90°)\times 80\times 2.75\angle 30°=220(-60°)\text{V}$$

电容器两端的电压瞬时值表达式为

$$u=220\sqrt{2}\sin(314t-60°)\text{V}$$

3.4.2　电阻、电感、电容串联电路

单一参数电路在实际电路中很少应用，更多情况下，电路的组成是比较复杂的，RLC 串联交流电路是正弦电路的典型示例。

1. RLC 串联电路

RLC 串联电路如图 3-20（a）所示。

1) RLC 串联电路的电压电流关系

根据 KVL 定律可列出　$u=u_R+u_L+u_C$

设电路中的电流为　$i=I_m\sin\omega t$

则电阻元件上的电压 u_R 与电流同相，即

$$u_R=RI_m\sin\omega t=U_{Rm}\sin\omega t$$

电感元件上的电压 u_L 比电流超前 90°，即

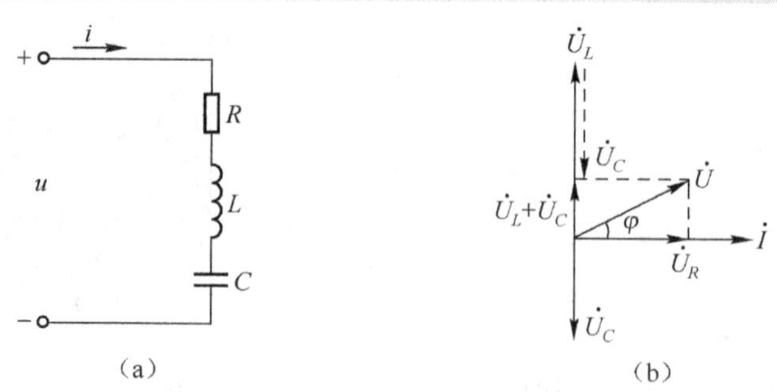

图 3-20　RLC 串联电路

$$u_L = \omega L I_m \sin(\omega t + 90°) = U_{Lm}\sin(\omega t + 90°)$$

电容元件上的电压 u_C 比电流滞后 90°，即

$$u_C = \frac{I_m}{\omega C}\sin(\omega t - 90°) = U_{Cm}\sin(\omega t - 90°)$$

电源电压为

$$u = u_R + u_L + u_C = U_m \sin(\omega t + \varphi)$$

由电压向量所组成的直角三角形称为电压三角形，如图 3-20（b）所示。利用这个电压三角形，可求得电源电压的有效值，即

$$\begin{aligned} U &= \sqrt{U_R^2 + (U_L - U_C)^2} \\ &= \sqrt{(RI)^2 + (X_L I - X_C I)^2} \\ &= I\sqrt{R^2 + (X_L - X_C)^2} \end{aligned}$$

2）电路中的阻抗及相量图

定义感抗和容抗之差为电抗，用 X 表示，即 $X = X_L - X_C$，单位是欧姆（Ω）。

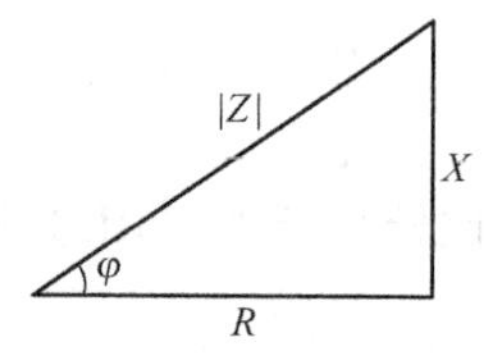

图 3-21　阻抗三角形

由电源电压有效值的表达式可知，$\frac{U}{I} = \sqrt{R^2 + (X_L - X_C)^2}$，$\sqrt{R^2 + (X_L - X_C)^2}$ 也具有阻碍电流的作用，其单位也是欧姆（Ω），称为电路的阻抗模，用 $|Z|$ 表示，即

$$|Z| = \sqrt{R^2 + (X_L - X_C)^2} = \sqrt{R^2 + X^2}$$

由 $|Z| = \sqrt{R^2 + X^2}$ 可知，RLC 串联电路中的电阻、电抗和阻抗模构成直角三角形的三条边，该三角形叫做阻抗三角形，如图 3-21 所示。图中 $\varphi = \arctan\frac{X}{R}$ 定义为阻抗的幅角，称为阻抗角。

电路中的阻抗可表示为 $Z = \sqrt{R^2 + X^2}\angle\arctan\frac{X}{R} = |Z|\angle\varphi$。对感性电路，$\varphi$ 为正；对容性电路，φ 为负。

【实例 3-12】已知 RLC 串联电路，$R=13.7\Omega$，$L=3\mathrm{mH}$，$C=100\mu\mathrm{F}$，外加电压 $u=220\sqrt{2}\sin(\omega t+60°)\mathrm{V}$，电源频率 $f=1\,000\mathrm{Hz}$。求电流 i、电压超前电流的相位 φ。

解：

$$X_L=\omega L=2\pi\times1\,000\times3\times10^{-3}=18.8\Omega$$

$$X_C=\frac{1}{\omega C}=\frac{1}{2\pi\times1\,000\times100\times10^{-6}}=1.59\Omega$$

$$X=X_L-X_C=18.8-1.59=17.2\Omega$$

电压超前电流的相位 $$\varphi=\arctan\frac{X}{R}=\arctan\frac{17.2}{13.7}=51.5°$$

$$Z=R+\mathrm{j}X=13.7+\mathrm{j}17.2=22\angle51.5°\Omega$$

则 $$\dot{I}=\frac{\dot{U}}{Z}=\frac{220\angle60°}{22\angle51.5°}=10\angle8.5°\mathrm{A}$$

$$i=10\sqrt{2}\sin(\omega t+8.5°)\mathrm{A}$$

2. RL 串联电路

实际的设备大部分是呈感性的，如日光灯负载，可以用理想电阻与理想电感相串联的电路模型表示，这类负载称为电感性负载，简称 RL 电路，如图 3-22 所示。

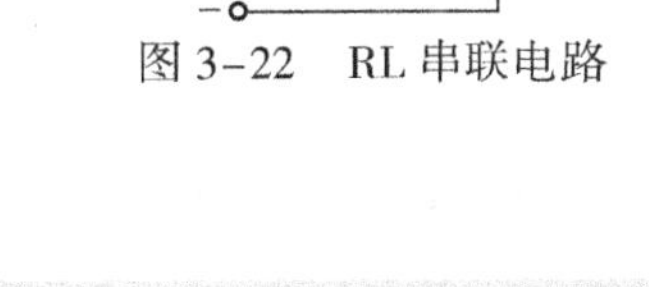

图 3-22　RL 串联电路

电路的电压方程为　$u=u_R+u_L$

RL 串联电路的阻抗为　$Z=R+\mathrm{j}X_L$

电路阻抗的模为　$|Z|=\sqrt{R^2+X_L^2}$

幅角或阻抗角为　$$\varphi=\arctan\frac{X_L}{R}$$

【实例 3-13】已知 RL 串联电路，$R=300\Omega$，$L=1.66\mathrm{H}$，电源电压为 220V，电源频率 $f=50\mathrm{Hz}$。求电流 I、U_R、U_L、电源电压和电流的相位差。

解：电路的阻抗为

$$Z=R+\mathrm{j}\omega L=300+\mathrm{j}2\pi\times50\times1.66$$
$$=300+\mathrm{j}527$$
$$=601\angle60°\Omega$$

电流为 $$I=\frac{U}{|Z|}=\frac{220}{601}=0.366\mathrm{A}$$

$$U_R=RI=300\times0.366=110\mathrm{V}$$

$$U_L=X_LI=521\times0.366=191\mathrm{V}$$

电源电压和电流的相位差为 60°，因为是感性负载，所以，电源电压超前电流 60°。

3.4.3　电阻、电感、电容并联电路

RLC 串联电路比单一参数电路具有更加普遍的意义，但仍然是实际电路的一种理想状

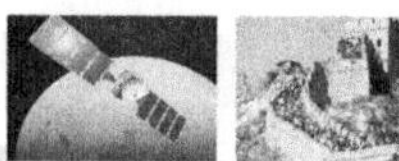

态。在工程实际中，应用较多的往往是由几个复阻抗组成的串联电路、并联电路、混联电路、星形连接或三角形连接的电路。下面以三个阻抗组成的并联电路为例说明电路特性。

三个阻抗组成的并联电路如图 3-23（a）所示。

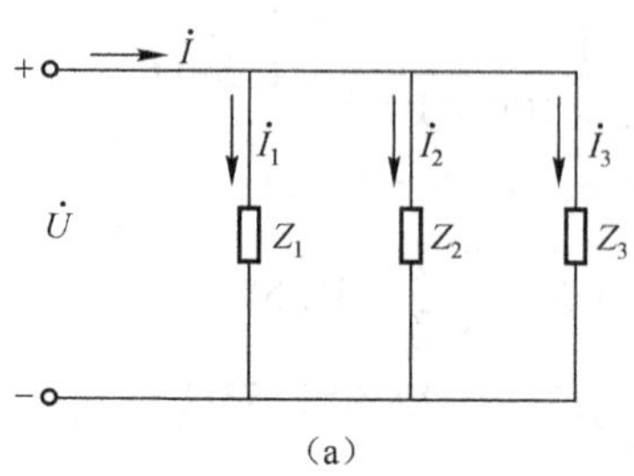

（a）

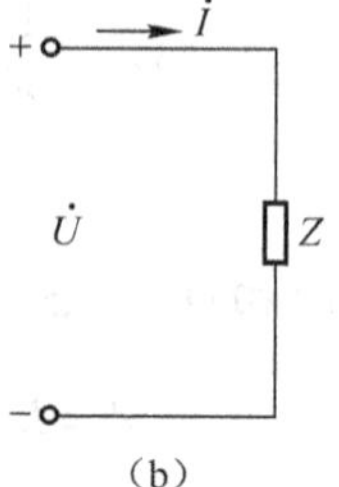

（b）

图 3-23　并联电路

选择各电流和电压的参考方向一致，根据向量形式的 KCL，有

$$\dot{I} = \dot{I}_1 + \dot{I}_2 + \dot{I}_3 = \frac{\dot{U}}{Z_1} + \frac{\dot{U}}{Z_2} + \frac{\dot{U}}{Z_3}$$

$$= \left(\frac{1}{Z_1} + \frac{1}{Z_2} + \frac{1}{Z_3}\right)\dot{U}$$

$$= \frac{\dot{U}}{Z}$$

电路的等效阻抗为

$$\frac{1}{Z} = \frac{1}{Z_1} + \frac{1}{Z_2} + \frac{1}{Z_3}$$

几个阻抗并联后，其等效电路如图 3-23（b）所示。

【实例 3-14】 已知两个阻抗并联，$Z_1 = 3 + \mathrm{j}4\Omega$，$Z_2 = 8 - \mathrm{j}6\Omega$，电源电压的有效值为 220V，求电路中的总电流和等效阻抗。

解：

$$Z_1 = 3 + \mathrm{j}4 = 5\angle 53.1°\Omega$$

$$Z_2 = 8 - \mathrm{j}6 = 10\angle -36.9°\Omega$$

等效阻抗为

$$Z = \frac{Z_1 Z_2}{Z_1 + Z_2} = \frac{5\angle 53.1° \times 10\angle -36.9°}{3 + \mathrm{j}4 + 8 - \mathrm{j}6}$$

$$= \frac{50\angle 16.2°}{11 - \mathrm{j}2} = \frac{50\angle 16.2°}{11.2\angle -10.3°} = 4.46\angle 26.5°\Omega$$

设电源电压的初相位为 0，即 $\dot{U} = 220\angle 0°\mathrm{V}$

电路中的总电流为 $\dot{I} = \frac{\dot{U}}{Z} = \frac{220\angle 0°}{4.46\angle 26.5°} = 49.3\angle -26.5°\mathrm{A}$

3.5　谐振电路

在 3.4 节中，曾提到 RLC 串联或并联电路的电压、电流相位关系可能有三种情况，其中一种是电压、电流相位相同，电路呈现纯电阻性的状态，这种状态称为电路谐振。谐振是正弦电路中可能发生的一种特殊现象。由于回路在谐振状态下呈现某些特征，因此谐振电路在工程中特别是电子技术中有着广泛的应用，如收音机、电视机、手机等电子设备经常用谐振电路来选择信号。本节将进一步研究谐振电路及其特点。

3.5.1　串联谐振

由电感线圈、电容器和电阻器串联组成串联谐振电路，其电路如图 3-20（a）所示。

1. 谐振条件

如图 3-20（a）所示的 RLC 串联电路，其总阻抗为 $Z=R+\mathrm{j}X=|Z|\angle\varphi$，其中电抗 $X=X_L-X_C=\omega L-\dfrac{1}{\omega C}$。

当 ω 为某一值，恰好使感抗 X_L 和容抗 X_C 相等时，则 $X=0$，此时电路中的电流和电压同相位，电路的阻抗最小，且等于电阻（$Z=R$），电路的这种状态称为谐振。由于是在 RLC 串联电路中发生的谐振，故又称为串联谐振。

对于 RLC 串联电路，谐振应满足以下条件

$$X=\omega L-\frac{1}{\omega C}=0$$

或

$$\omega L=\frac{1}{\omega C}$$

ω 为谐振角频率，用 ω_0 表示，则

$$\omega_0=\frac{1}{\sqrt{LC}}$$

电路发生谐振的频率称为谐振频率，即

$$f_0=\frac{1}{2\pi\sqrt{LC}}$$

2. 谐振电路分析

电路发生谐振时，$X=0$，因此 $|Z|=R$，电路的阻抗最小，因而在电源电压不变的情况下，电路中的电流将在谐振时达到最大，其数值为 $I=I_0=\dfrac{U}{R}$。电路中的感抗和容抗相等，电抗为零。电源电压 $\dot{U}=\dot{U}_R$，如图 3-24 向量图所示。

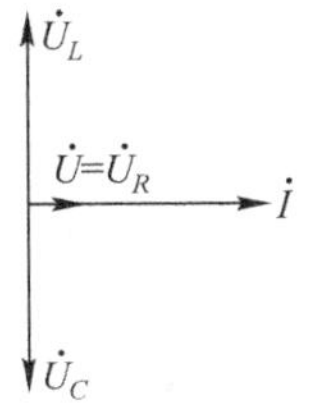

图 3-24　串联谐振电路向量图

虽然电抗上的电压为零，但 U_L 和 U_C 比电源电压高得多，所以串联谐振也称电压谐振，这是串联谐振电路一个十分重要的特性。把电感电压或电容电压与电源电压的比值，定义为谐振电路的品质因数，用 Q 来表示，即

$$Q=\frac{U_L}{U}=\frac{U_C}{U}=\frac{X_L}{R}=\frac{X_C}{R}$$

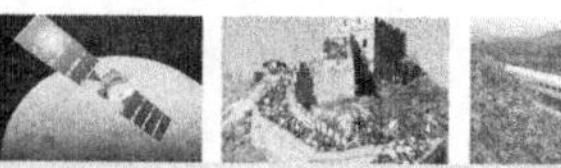

【实例 3-15】在电阻、电感、电容串联谐振电路中，$L=0.05\text{mH}$，$C=200\text{pF}$，品质因数 $Q=100$，交流电压的有效值 $U=1\text{mV}$。求：(1) 电路的谐振频率 f_0；(2) 谐振时电路中的电流 I；(3) 电容上的电压 U_C。

解：

(1) 电路的谐振频率 $f_0=\dfrac{1}{2\pi\sqrt{LC}}=\dfrac{1}{2\times3.14\times\sqrt{5\times10^{-5}\times2\times10^{-10}}}=1.59\text{Hz}$

(2) 由于品质因数 $$Q=\frac{1}{R}\sqrt{\frac{L}{C}}$$

所以 $$R=\frac{1}{Q}\sqrt{\frac{L}{C}}=\frac{1}{100}\sqrt{\frac{5\times10^{-5}}{2\times10^{-10}}}=5\Omega$$

电流为 $$I_0=\frac{U}{R}=\frac{1\times10^{-3}}{5}=0.2\text{mA}$$

(3) 电容两端的电压是电源电压的 Q 倍，即

$$U_C=QU=100\times10^{-3}=0.1\text{V}$$

3.5.2 并联谐振

1. RLC 并联谐振电路

在 RLC 并联电路中，当 $X_L=X_C$时，从电源流出的电流最小，电路的总电压与总电流同相，这种现象称为并联谐振。

1) 谐振条件

当信号源内阻很大时，采用串联谐振会使 Q 值大为降低，使谐振电路的选择性显著变差。这种情况下，常采用并联谐振电路。

RLC 并联电路如图 3-25 所示，在外加电压 U 的作用下，电路的总电流向量为

$$\dot{I}=\dot{I}_R+\dot{I}_L+\dot{I}_C=\frac{\dot{U}}{R}+\frac{\dot{U}}{\text{j}\omega L}+\text{j}\omega C\dot{U}=\dot{U}\left[\frac{1}{R}+\text{j}\left(\omega C-\frac{1}{\omega L}\right)\right]$$

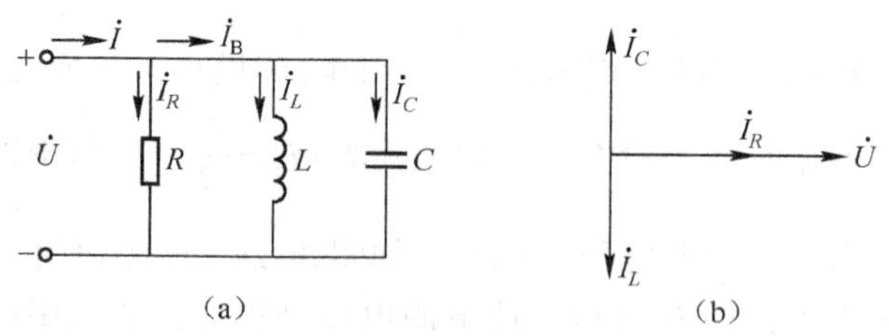

图 3-25 RLC 并联电路

要使 RLC 并联电路发生谐振，应满足下列条件

$$\frac{1}{\omega L}=\omega C$$

即
$$\omega_0 = \frac{1}{\sqrt{LC}}$$

谐振频率为
$$f_0 = \frac{1}{2\pi\sqrt{LC}}$$

2）谐振电路特点

并联谐振电路的特点有如下三点：

(1) 并联谐振电路的总阻抗最大。

(2) 并联谐振电路的总电流最小。

(3) 谐振时，回路阻抗为纯电阻，回路端电压与总电流同相。

2. R、L 与 C 并联谐振电路

1）谐振条件

在实际工程电路中，最常见的、用途极广泛的谐振电路是由电感线圈和电容器并联组成的，如图 3-26（a）所示。

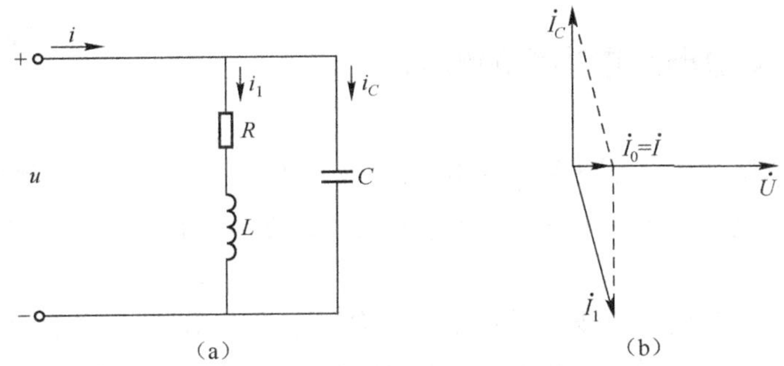

图 3-26　R、L 与 C 并联谐振电路

电感线圈与电容并联谐振电路的谐振频率为

$$f_0 = \frac{1}{2\pi\sqrt{LC}}\sqrt{1 - \frac{CR^2}{L}}$$

在一般情况下，线圈的电阻比较小，所以振荡频率近似为

$$f_0 = \frac{1}{2\pi\sqrt{LC}}$$

2）R、L 与 C 并联谐振电路特点

(1) 电路呈纯电阻特性，总阻抗最大，当$\sqrt{\frac{L}{C}} \gg R$时，$|Z| = \frac{L}{CR}$。

(2) 品质因数定义为 $Q = \frac{1}{R}\sqrt{\frac{L}{C}}$。

(3) 电流与电压同相，数量关系为 $U = I_0|Z|$。

(4) 支路电流为总电流的 Q 倍，即 $I_L = I_C = QI$。因此，并联谐振又叫做电流谐振。

【实例 3-16】在图 3-26（a）所示线圈与电容器并联电路中，已知线圈的电阻 $R=10\Omega$，电感 $L=0.127\text{mH}$，电容 $C=200\text{pF}$。求电路的谐振频率 f_0 和谐振阻抗 Z_0。

解：谐振回路的品质因数

$$Q=\frac{1}{R}\sqrt{\frac{L}{C}}=\frac{1}{10}\sqrt{\frac{0.127\times10^{-3}}{200\times10^{-12}}}\approx80$$

因为回路的品质因数 $Q\gg1$，所以谐振频率

$$f_0\approx\frac{1}{2\pi\sqrt{LC}}=\frac{1}{2\times3.14\times\sqrt{0.127\times10^{-3}\times200\times10^{-12}}}=10^6\text{Hz}$$

电路的谐振阻抗

$$Z_0=\frac{L}{CR}=Q^2R=80^2\times10=64\times10^3=64\text{k}\Omega$$

3.6 正弦交流电路中的功率

3.6.1 正弦交流电路中功率的概念

一只日光灯额定电压 $U_{\text{N}}=220\text{V}$，取用功率 $P_1=40\text{W}$，一只白炽灯额定电压 $U_{\text{N}}=220\text{V}$，取用功率 $P_1=40\text{W}$，将它们并联在 $f=50\text{Hz}$、电压 $U=220\text{V}$ 的电源上，如图 3-27 所示为其实验电路。

现测得日光灯支路和白炽灯支路的电流有效值不相等，说明电路中的负载性质不同，其功率性质及大小也各自不一样，所以要对电路中的不同功率进行分析。

1. 瞬时功率

电路如图 3-28 所示，若通过负载的电流为 $i=I_{\text{m}}\sin\omega t$，则负载两端的电压为 $u=U_{\text{m}}\sin(\omega t+\varphi)$，其参考方向如图所示。

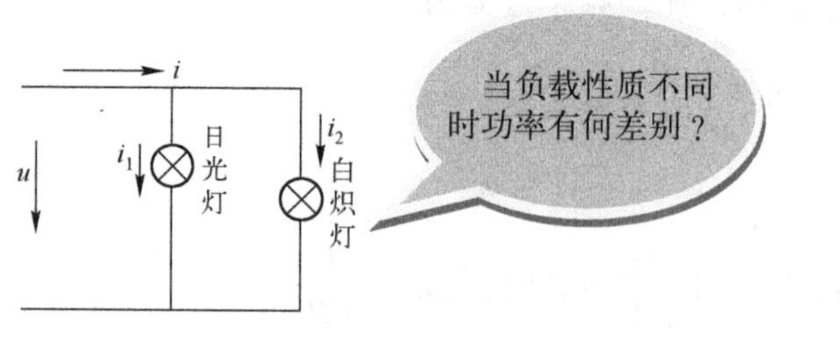

图 3-27 实验电路

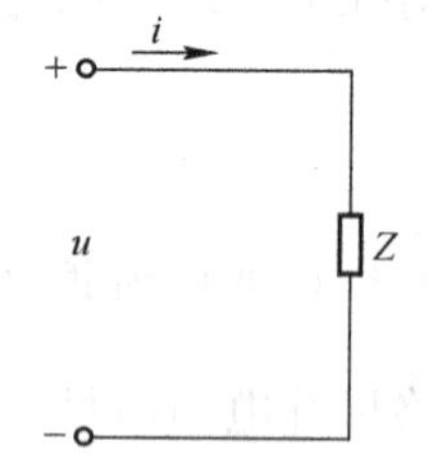

图 3-28 电路示意图

在电流、电压关联参考方向下，瞬时功率

$$p=ui=U_{\text{m}}\sin(\omega t+\varphi)I_{\text{m}}\sin\omega t=UI\cos\varphi-UI\cos(2\omega t+\varphi)$$

瞬时功率的单位为瓦（W）。

2. 平均功率（有功功率）

一个周期内瞬时功率的平均值称为平均功率，也称有功功率。有功功率为

$$P = UI\cos\varphi$$

有功功率的单位为瓦（W）。

3. 无功功率

电路中的电感元件与电容元件要与电源之间进行能量交换，根据电感元件、电容元件的无功功率，考虑到$\dot{U}_L$与$\dot{U}_C$相位相反，于是

$$Q = (U_L - U_C)I = (X_L - X_C)I^2 = UI\sin\varphi$$

在既有电感又有电容的电路中，总的无功功率为Q_L与Q_C的代数和，即

$$Q = Q_L - Q_C$$

为了和有功功率相区别，把无功功率的单位规定为无功伏安，简称乏，符号为 var。

4. 视在功率

用额定电压与额定电流的乘积表示视在功率，即

$$S = UI$$

视在功率常用来表示电器设备的容量，其单位为伏安。视在功率不是表示交流电路实际消耗的功率，而是表示电源可能提供的最大功率，或指某设备的容量。

5. 功率三角形

将交流电路表示电压间关系的电压三角形的各边乘以电流 I 即成为功率三角形，如图 3-29 所示。

由功率三角形可得到 P、Q、S 三者之间的关系

$$P = UI\cos\varphi$$

$$Q = UI\sin\varphi$$

$$S = \sqrt{P^2 + Q^2}$$

$$\varphi = \arctan\frac{Q}{P}$$

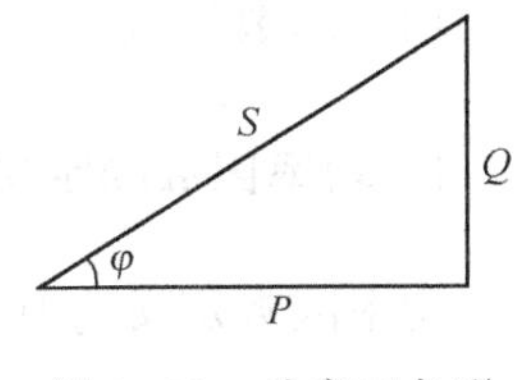

图 3-29　功率三角形

6. 功率因数

功率因数 $\cos\varphi$，其大小等于有功功率与视在功率的比值，在电工技术中，一般用 λ 表示。

【实例 3-17】 已知电阻 $R = 30\Omega$，电感 $L = 328\text{mH}$，电容 $C = 40\mu\text{F}$，串联后接到电压 $u = 220\sqrt{2}\sin(314t + 30°)\text{V}$ 的电源上。求电路的 P、Q 和 S。

解： 电路的阻抗

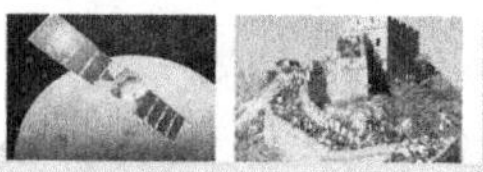

$$Z = R + \mathrm{j}(X_L - X_C) = 30 + \mathrm{j}\left(314 \times 382 \times 10^{-3} - \frac{1}{314 \times 40 \times 10^{-6}}\right)$$
$$= 30 + \mathrm{j}(120 - 80)$$
$$= 30 + \mathrm{j}40$$
$$= 50\angle 53.1°\Omega$$

电压向量
$$\dot{U} = 220\angle 30°\mathrm{V}$$

因此电流向量为

$$\dot{I} = \frac{\dot{U}}{Z} = \frac{220\angle 30°}{50\angle 53.1°}$$
$$= 4.4\angle -23.1°\mathrm{A}$$

电路的平均功率

$$P = UI\cos\varphi = 220 \times 4.4 \times \cos 53.1°$$
$$= 58\mathrm{W}$$

电路的无功功率

$$Q = UI\sin\varphi = 220 \times 4.4 \times \sin 53.1°$$
$$= 774\mathrm{var}$$

电路的视在功率

$$S = UI = 220 \times 4.4$$
$$= 968\mathrm{VA}$$

由上可见，$\varphi > 0$，电压超前电流，因此电路为感性。

3.6.2 功率因数的提高

功率因数是电气设备一个十分重要的参数。

1. 功率因数的定义

功率因数定义为有功功率与视在功率的比值，用 λ 表示。

$\lambda = \dfrac{P}{S} = \cos\varphi$，恒有 $\lambda \leqslant 1$，λ 越大，有功功率占视在功率的比例越大。

2. 提高功率因数的意义

在生产和生活中使用的电气设备大多属于感性负载，其功率因数都较低。电路的功率因数低，对设备的运行不利，主要表现在以下几个方面。

（1）电源设备的容量得不到充分利用。

（2）由于 $I = \dfrac{P}{U\cos\varphi}$，所以输电线路中的电流较大，在线路上将引起较大的电压降和功率损失，因而影响供电质量，降低输电效率。

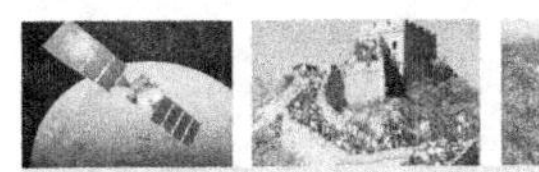

因此，功率因数是工业企业中一个重要的经济技术指标，应当设法提高线路的功率因数。

3. 提高功率因数的方法

提高功率因数，常用的方法是在感性负载的两端并联电容器，其电路图和向量图如图 3-30 所示。

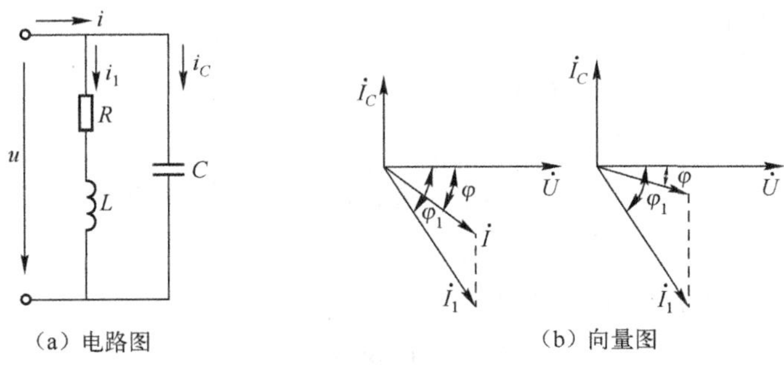

图 3-30 提高功率因数的电路图和向量图

在感性负载 RL 支路上并联电容器 C 后，流过负载支路的电流、负载本身的功率因数及电路中消耗的有功功率也不变。即

$$I_1=\frac{U}{\sqrt{R^2+X_L^2}}$$

$$\cos\varphi_1=\frac{R}{\sqrt{R^2+X_L^2}}$$

$$P=RI_1^2=UI\cos\varphi_1$$

但总电压 u 与总电流 i 的相位差 φ 减小了，总功率因数 $\cos\varphi$ 增大了。这里所讲的功率因数是指电源或电网的功率因数提高，而不是提高某个感性负载的功率因数。其次，由向量图可见，并联电容器以后线路的电流也减小了，因而减小了功率损耗。

【实例 3-18】 有一电感性负载，其功率 $P=10\text{kW}$，功率因数 $\cos\varphi_1=0.6$，接在电压 $U=220\text{V}$ 的电源上，电源频率 $f=50\text{Hz}$。(1) 若要将功率因数提高到 $\cos\varphi=0.95$，试求与负载并联的电容器的电容值和并联电容器前后的线路电流。(2) 若要将功率因数从 0.95 再提高到 1，试问并联电容器的电容值还需增加多少？

解： 计算并联电容器的电容值，可从向量图导出一个公式。

$$\begin{aligned}I_C&=I_1\sin\varphi-I\sin\varphi\\&=\left(\frac{P}{U\cos\varphi_1}\right)\sin\varphi_1-\left(\frac{P}{U\cos\varphi}\right)\sin\varphi\\&=\frac{P}{U}\ (\tan\varphi_1-\tan\varphi)\end{aligned}$$

又因为

$$I_C=\frac{U}{X_C}U\omega C$$

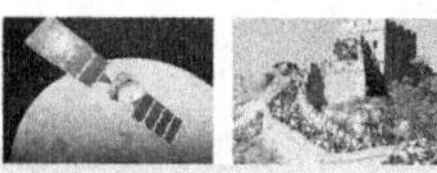

所以 $$U\omega C=\frac{P}{U}(\tan\varphi 1-\tan\varphi)$$

由此得 $$C=\frac{P}{\omega U^2}(\tan\varphi_1-\tan\varphi)$$

（1）$\cos\varphi_1=0.6\quad \varphi_1=53°$

$\cos\varphi_1=0.95\quad \varphi_1=18°$

因此所需电容值为

$$C=\frac{P}{\omega U^2}(\tan\varphi_1-\tan\varphi)$$
$$=\frac{10\times10^3}{2\pi\times50\times220^2}(\tan53°-\tan18°)$$
$$=656\mu\mathrm{F}$$

并联电容前的线路电流（负载电流）为

$$I_1=\frac{P}{U\cos\varphi_1}=\frac{10\times10^3}{220\times0.6}=75.6\mathrm{A}$$

并联电容后的线路电流为

$$I_1=\frac{P}{U\cos\varphi}=\frac{10\times10^3}{220\times0.95}=47.8\mathrm{A}$$

（2）若要将功率因数由0.95再提高到1，则需要增加的电容值为

$$C=\frac{P}{\omega U^2}(\tan\varphi_1-\tan\varphi)$$
$$=\frac{10\times10^3}{2\pi\times50\times220^2}(\tan18°-\tan0°)$$
$$=213.6\mu\mathrm{F}$$

知识梳理与总结

1. 正弦交流电路基本概念

（1）正弦量三要素：幅值 I_m、角频率 ω 和初相位 φ。

（2）同频率正弦量之间的相位关系：超前、滞后、正交、同相和反相。

（3）正弦量有效值和最大值的关系

$$U=\frac{U_m}{\sqrt{2}}=0.707U_m$$

$$I_m=\sqrt{2}I=1.414I$$

（4）正弦量的向量表示法。

① 极坐标形式：$\dot{U}=U(\cos\varphi+j\sin\varphi)=U\angle\varphi$

② 直角坐标形式：$\dot{U}=a+jb$

（5）正弦向量运算。

① 向量加减：化成直角坐标形式，实部加（减）实部、虚部加（减）虚部，然后再化成极坐标形式。

② 向量乘除：化成极坐标形式，然后模相乘（除），幅角相加（减）。

2. 向量形式的基尔霍夫定律

1）基尔霍夫电流定律的向量形式

正弦交流电路中，连接在电路任一节点的各支路电流向量的代数和为零，即

$$\sum \dot{I} = 0$$

2）基尔霍夫电压定律的向量形式

在正弦交流电路中，任一回路的各支路电压向量的代数和为零，即

$$\sum \dot{U} = 0$$

3. 正弦交流电路中的电阻、电感和电容

（1）纯电阻正弦交流电路：$\dot{U} = R\dot{I}$（大小关系：$U = RI$；相位关系：同相）。

（2）纯电感正弦交流电路：$\dot{U} = \mathrm{j}X_L \dot{I} = \mathrm{j}\omega L \dot{I}$（大小关系：$U_L = X_L I_L$；相位关系：$\dot{U}$超前$\dot{I}$ 90°），感抗 $X_L = \omega L = 2\pi f L$，单位为 Ω。电感对直流相当于短路。

（3）纯电容正弦交流电路：$\dot{U} = -\mathrm{j}X_C \dot{I}$（大小关系：$U_C = X_C I_C$；相位关系：$\dot{U}$滞后$\dot{I}$ 90°），容抗 $X_C = \dfrac{1}{\omega C} = \dfrac{1}{2\pi f C}$，单位为 Ω。电容对直流相当于开路。

4. 电阻、电感、电容电路

1）RLC 串联正弦交流电路

电压、电流关系

$$\dot{U} = \dot{U}_R + \dot{U}_L + \dot{U}_C = [R + \mathrm{j}(X_L - X_C)]\dot{I} = Z\dot{I}$$

2）RL 串联电路

电路的电压方程为

$$u = u_R + u_L$$

RL 串联电路的阻抗为

$$Z = R + \mathrm{j}X_L$$

电路阻抗的模为

$$|Z| = \sqrt{R^2 + X_L^2}$$

幅角或阻抗角为

$$\varphi = \arctan \frac{X_L}{R}$$

3）电阻、电感、电容并联电路

三个阻抗组成的并联电路，选择各电流和电压的参考方向一致，根据向量形式的 KCL，有

$$\dot{I} = \dot{I}_1 + \dot{I}_2 + \dot{I}_3 = \frac{\dot{U}}{Z_1} + \frac{\dot{U}}{Z_2} + \frac{\dot{U}}{Z_3} = \left(\frac{1}{Z_1} + \frac{1}{Z_2} + \frac{1}{Z_3}\right)\dot{U} = \frac{\dot{U}}{Z}$$

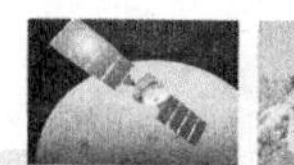

电路的等效阻抗为 $$\frac{1}{Z}=\frac{1}{Z_1}+\frac{1}{Z_2}+\frac{1}{Z_3}$$

5. 谐振电路

1）串联谐振

对于 RLC 串联电路，谐振时应满足以下条件

$$X=\omega L-\frac{1}{\omega C}=0$$

或 $$\omega L=\frac{1}{\omega C}$$

ω 为谐振角频率，用 ω_0 表示，则 $\omega_0=\frac{1}{\sqrt{LC}}$

电路发生谐振的频率称为谐振频率，即 $f_0=\frac{1}{2\pi\sqrt{LC}}$

谐振阻抗 $$Z_0=R(\text{最小})$$

2）并联谐振

要使 RLC 并联电路发生谐振，应满足下列条件

$$\frac{1}{\omega L}=\omega C$$

即 $$\omega_0=\frac{1}{\sqrt{LC}}$$

谐振频率为 $$f_0=\frac{1}{2\pi\sqrt{LC}}$$

谐振阻抗 $$Z_0=\frac{L}{RC}(\text{最大})$$

6. 正弦交流电路中的功率

1）正弦交流电路功率

（1）瞬时功率

在电流、电压关联参考方向下，瞬时功率

$$p=ui=U_{\mathrm{m}}\sin(\omega t+\varphi)I_{\mathrm{m}}\sin\omega t=UI\cos\varphi-UI\cos(2\omega t+\varphi)$$

瞬时功率的单位为瓦（W）。

（2）平均功率（有功功率）

将一个周期内瞬时功率的平均值称为平均功率，也称有功功率。有功功率为

$$P=UI\cos\varphi$$

有功功率的单位为瓦（W）。

（3）无功功率

电路中的电感元件和电容元件要与电源之间进行能量交换，根据电感元件、电容元件的无功功率，考虑到$\dot{U}_L$与$\dot{U}_C$相位相反，于是

$$Q=(U_L-U_C)I=(X_L-X_C)I^2=UI\sin\varphi$$

(4) 视在功率

用额定电压与额定电流的乘积表示视在功率，即

$$S = UI$$

(5) 功率三角形、电压三角形、电流三角形、阻抗三角形是相似三角形。

2) 提高功率因数

(1) 功率因数的定义：功率因数定义为有功功率与视在功率的比值，用 λ 表示。

$\lambda = \frac{P}{S} = \cos\varphi$，恒有 $\lambda \leqslant 1$，λ 越大，有功功率占视在功率的比例越大。

(2) 提高功率因数的目的：减小电能在传输线路中的损耗，提高输电效率；充分利用电源设备的功率容量。

(3) 提高功率因数的方法：在感性负载两端并联电容器。并联电容后，总电流反而减小。

(4) 并联电容计算

$$C = \frac{P}{\omega U^2}(\tan\varphi_1 - \tan\varphi)$$

习题 3

一、填空题

1. 正弦交流电的三要素是__________、__________、__________。

2. 已知电压 $u = 220\sqrt{2}\sin(314t + 60°)$ V，则其振幅 U_m = __________ V，频率 f = __________ Hz，初相 φ = __________。

3. 用电流表测得一正弦电路中的电流为 10A，则其最大值为__________。

4. 已知某正弦电流在 $t = 0$ 时为 20A，初相为 45°，则其有效值为__________。

5. 已知 $u = 220\sqrt{2}\sin(314t + 60°)$ V，当纵坐标向左移 30°或向右移 30°时，该电压 u 的初相分别为__________、__________。

6. 已知电流 $i_1 = 5\sqrt{2}\sin(314t + 45°)$ A，$i_2 = 5\sqrt{2}\sin(100\pi t - 45°)$ A，则两电流之和 $i = i_1 + i_2$ = __________ A。

7. 在正弦交流电路中，容抗随频率的增高而__________，感抗随频率的增高而__________。

8. 一个 $L = 0.15$H 的电感，分别接在 $f_1 = 50$Hz 和 $f_2 = 1\,000$Hz 的电源上，其感抗为 X_{L1} = __________ Ω、X_{L2} = __________ Ω。若电路的电源电压一定，则频率高，感抗__________，电流__________。

9. 把一个 $C = 100\mu$F 的电容，分别接于 $f_1 = 50$Hz 和 $f_2 = 1\,000$Hz 的电源上，则其容抗 X_{C1} = __________ Ω、X_{C2} = __________ Ω。若电路的电源电压一定，则频率高，容抗__________，电流__________。

10. 在 RL 串联电路中，若电阻 R 两端电压的有效值 $U_R = 8$V，电感 L 两端电压的有效值 $U_L = 6$V，则 RL 两端的电压有效值 U = __________ V。

11. RLC 串联电路，当 $R = 3\Omega$，$X_L = 4\Omega$，$X_C = 8\Omega$，其复阻抗为__________，该电路的性质__________。

12. RLC 串联后接到正弦交流电源上，当 $X_L = X_C$时，电路发生__________现象，电路的阻抗 $Z =$ __________，总电压与总电流的相位____________。

13. RLC 串联谐振电路，当频率 $f = f_0 =$ __________时电路发生谐振，当 $f > f_0$时电路呈__________性，当 $f < f_0$时电路呈__________性。

二、判断题

1. 两同频率的正弦量的相位差与计时起点的选择无关。(　　)

2. 感抗和容抗均与频率成正比。(　　)

3. 在正弦交流电路电源频率已知的情况下，只要确定电路元件参数 R、L、C 就能确定该电路电压与电流的相位差。(　　)

4. 串联电路中，等效复阻抗是各串联复阻抗之和，即 $Z = Z_1 + Z_2$，则其模也有 $|Z| = |Z_1| + |Z_2|$的关系。(　　)

5. 如果两个同频率的正弦电流在某一瞬时都是 5A，则两者的幅值一定相等。(　　)

6. 提高功率因数，就意味着负载消耗的功率降低了。(　　)

三、选择题

1. 对电阻电路，下列各式中（　　）是正确的。

A. $i = \dfrac{U}{R}$　　B. $I = \dfrac{U_m}{R}$　　C. $\dot{I} = \dfrac{\dot{U}}{R}$　　D. $\dot{I}_m = \dfrac{\dot{U}}{R}$

2. 对电感电路，下列各式中（　　）是正确的。

A. $\dfrac{u}{i} = X_L$　　B. $\dot{U}_L = L\dfrac{di}{dt}$　　C. $i = \dfrac{u}{\omega L}$　　D. $Q = I^2 X_L$

3. 对电容电路，下列各式中（　　）是正确的。

A. $u = iX_C$　　B. $i = C\dfrac{du}{dt}$　　C. $\dot{I} = \dot{U}\omega C$　　D. $\dfrac{\dot{U}}{jX_C} = \dot{I}$

4. RLC 串联电路中，不正确的电压表达式是（　　）。

A. $U = U_R + U_L + U_C$　　B. $u = u_R + u_L + u_C$

C. $\dot{U} = \dot{U}_R + \dot{U}_L + \dot{U}_C$　　D. $\dot{U} = \dot{U}_R + \dot{U}_L - \dot{U}_C$

5. RLC 串联电路发生谐振时，电路电流最大，此时用电压表测量 LC 两端的电压，则电压表的读数为（　　）。

A. 可能出现的最大值　　B. 零　　C. 电源电压

6. 在正弦交流电路中，已知某元件的电压 $u = 10\sin(\omega t + 120°)$ V，电流 $i = 2\sin(\omega t + 30°)$ A，则该元件是（　　）。

A. 电阻　　B. 电感　　C. 电容　　D. 电阻和电感

7. 某正弦交流电的初相 $\varphi = 30°$，当 $t = 0$ 时，瞬时值 $i(0) = 0.5$A，该电流的有效值为（　　）。

A. 0.5A　　B. 0.707A　　C. 1A　　D. 1.414A

8. 在 RLC 串联正弦电路中，已知电阻电压 $U_R = 8$V、电感电压 $U_L = 12$V、电容电压 $U_C = 6$V，则总电压 U 为（　　）。

A. 26V　　B. 10V　　C. 14V　　D. 7.21V

9. 交流电路中负载消耗的功率为有功功率 $P=UI\cos\varphi$，在负载两端并联电容，使电路的功率因数提高后，负载所消耗的功率将（　　）。

A. 增大　　B. 减小　　C. 不变　　D. 不能确定

10. 对已处于谐振状态的 RLC 串联电路，若将电阻 R 的值增大，则（　　）。

A. 电路停止谐振　　B. 谐振频率改变　　C. 谐振电流减小　　D. 品质因数增大

四、分析计算题

1. 已知一正弦电压的振幅为 310V，频率为 50Hz，初相为 $-\frac{\pi}{6}$，试写出其解析式，并绘出波形图。

2. 已知一正弦交流电 $u=220\sqrt{2}\sin314t$V，$i=7.07\sin(314t+45°)$A，写出其最大值、有效值、频率、周期、初相位及相位差，并绘出波形图。

3. 写出如图 3-31 所示电压曲线的解析式及对应的向量表达式。

4. 电压 $u=220\sqrt{2}\sin(314t-75°)$V 施加于电阻，若电阻 $R=10\Omega$。(1) 试写出其上电流的解析式；(2) 画出电压和电流的向量图；(3) 计算电阻吸收的功率。

5. 电压 $u=220\sqrt{2}\sin(100t+60°)$V 施加于电感，若电感 $L=0.2$H，选定 u、i 参考方向一致。(1) 试求通过电感的电流 i；(2) 绘出电压和电流的向量图；(3) 计算无功功率。

6. 电压 $u=220\sqrt{2}\sin(100t-10°)$V 施加于电容，若电容 $C=2\mu$F，选定 u、i 参考方向一致。(1) 试求通过电容的电流 i；(2) 绘出电压和电流的向量图；(3) 计算无功功率。

7. 一电阻 R 与一线圈串联，电路如图 3-32 所示，已知 $R=28\Omega$，测得 $I=4.4$A，$U=220$V，电路总功率 $P=580$W，频率 $f=50$Hz，求线圈的参数 r 和 L。

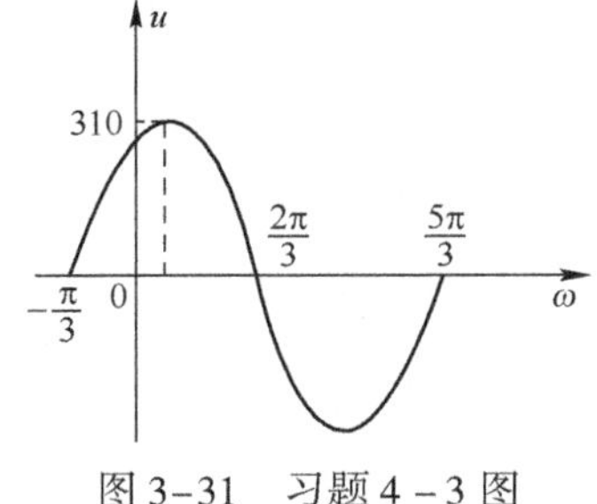

图 3-31　习题 4-3 图

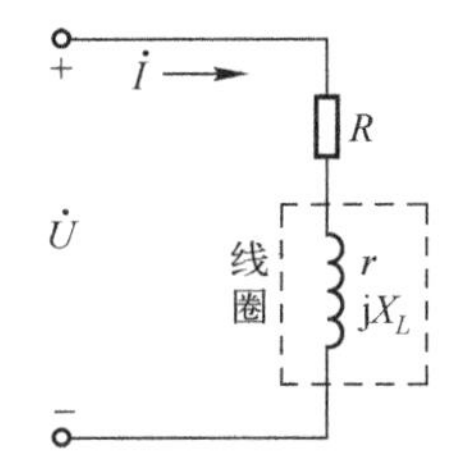

图 3-32　习题 4-7 图

8. RLC 串联电路中，已知 $R=30\Omega$，$L=40$mH，$C=12.5\mu$F，$\omega=1\,000$rad/s，$\dot{U}_L=10\angle0°$ V。试求：(1) 电路的阻抗 Z，并说明电路的性质；(2) 电流 $\dot{I}$ 和电压 $\dot{U}_R$、$\dot{U}_C$ 及 $\dot{U}$；(3) 绘制电压、电流向量图；(4) 计算有功功率 P、无功功率 Q 及视在功率 S。

9. 已知某一无源网络的等效阻抗 $Z=10\angle60°\Omega$，外加电压 $\dot{U}=4\angle15°$V。(1) 求该网络的功率 P、Q、S 及功率因数 $\cos\varphi$；(2) 若电路信号频率为 500Hz，求该网络的等效元件参数。

10. 电路如图 3-33 所示，已知电流 $\dot{I}_C=3\angle0°$A，求电压源 $\dot{U}_S$。

11. 已知某电路的复阻抗 $Z=100\angle30°\Omega$，求与之等效的复导纳 Y。

12. 电路如图 3-34 所示，已知 $\dot{I}_S=2\angle0°$A，$Z_1=1+j3\Omega$，$Z_2=10\Omega$，$Z_3=j10\Omega$，试求：$\dot{I}_1$、$\dot{I}_2$ 和 $\dot{U}$。

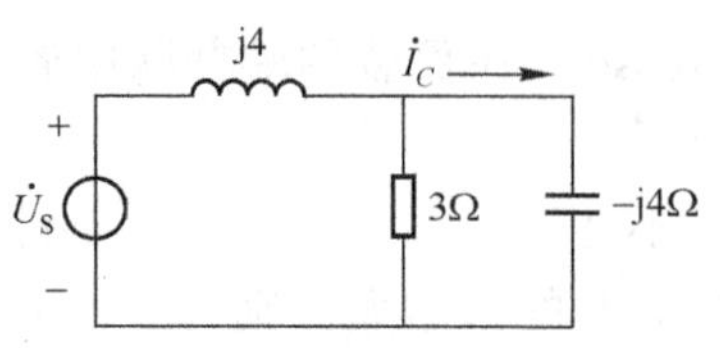

图 3-33　习题 4-10 图

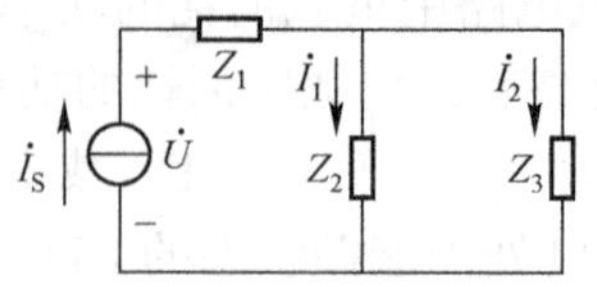

图 3-34　习题 4-12 图

13. 一感性负载与220V、50Hz 的电源相接，其功率因数为0.6，消耗功率为5kW，若要把功率因数提高到0.9，应加接什么元件？元件值如何？

14. RLC 串联电路，已知电源电压 $U=1\text{V}$，角频率 $\omega=10^6\text{rad/s}$。调节电容 C 使电路发生谐振，此时回路电流 $I_0=100\text{mA}$，$U_C=100\text{V}$，试求：(1) 回路的品质因数 Q；(2) 电路元件参数 R、L、C。

15. R、L 与 C 并联电路，$R=0.79\Omega$，$L=36\text{mH}$，$C=9\mu\text{F}$。试求电路的谐振角频率 ω_0、品质因数 Q 和谐振阻抗 Z_0。

16. RLC 串联电路，已知：$R=10\Omega$，$X_L=2\Omega$，$X_C=18\Omega$，电源电压 $u=[10+51\sqrt{2}\sin(\omega t+30°)+17\sqrt{2}\sin3\omega t]\text{V}$。试求电流的有效值。

17. RC 串联电路，已知：$R=5\Omega$，$\dfrac{1}{\omega C}=5\Omega$，外施电压 $u=[200+100\sqrt{2}\sin(\omega t+30°)+50\sqrt{2}\sin3\omega t]\text{V}$。试求电流的瞬时值、有效值及电路消耗的功率 P。

第4章 三相交流电路

教学导航

教	教学目标	1. 了解对称三相正弦量及其特点，了解三相电源和负载的连接； 2. 理解三相电路中电流和电压的计算； 3. 掌握对称三相电路的计算、不对称三相电路的分析
	知识重点	1. 三相交流电的概念； 2. 三相电源和三相负载的连接方式； 3. 对称三相电路的分析与计算； 4. 不对称三相电路的分析与计算； 5. 三相电路中各种功率的计算方法
	知识难点	1. 三相电源和三相负载的连接方式； 2. 三相电路的分析与计算
	教学方法	结合实际例题讲解，让学生理解各个物理量的计算
学	学习方法	1. 通过分析计算体会三相交流电路的特点； 2. 通过电路搭建掌握电路器件应用方法
	知识要点	1. 三相交流电的概念； 2. 三相电源和三相负载的Y和△接法； 3. 对称三相电路的分析与计算； 4. 不对称三相电路的分析与计算； 5. 三相电路中各种功率的计算方法
	技能要点	正确连接三相交流电路

4.1 三相电源与三相负载

4.1.1 三相交流电的产生

现代电力工程上几乎都采用三相四线制，电能可以由水能、热能、核能、化学能、太阳能等转换而得。而各种电站、发电厂，其能量的转换由三相发电机来完成。例如：三峡电站，三相水轮发电机将水能转换为电能；火电站，三相汽轮发电机将燃烧煤炭产生的热能转换为电能。三相交流供电系统在发电、输电和配电方面较单相供电具有很多不可比拟的优点，使三相供电在生产和生活中得到了极其广泛的应用。

下面以常见的灯泡电路作为基础，如图 4-1 所示，使大家对三相交流电路有所认识。

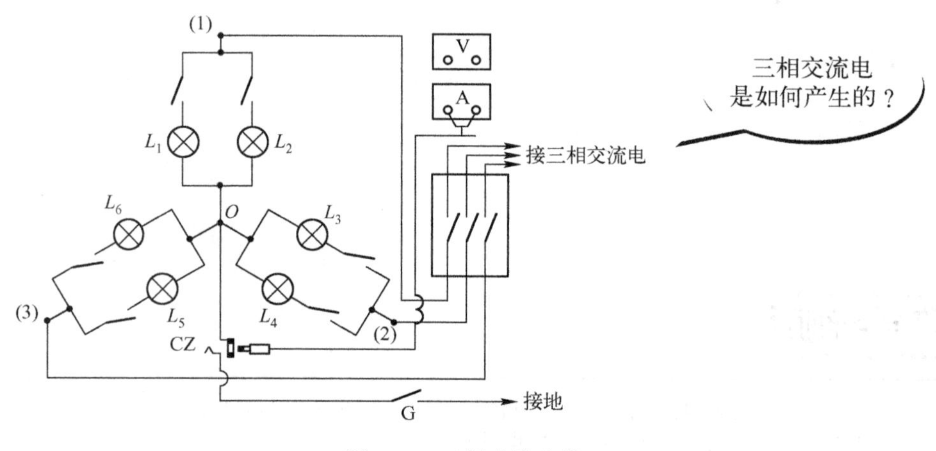

图 4-1 三相交流电路

1. 三相交流电路的定义

所谓三相交流电路是指由三个频率相同、最大值（或有效值）相等、在相位上互差 120° 的单相交流电动势组成的电路，这三个电动势称为三相对称电动势。

2. 三相交流电路的特点

三相交流电与单相交流电相比具有如下优点。

（1）三相交流发电机比功率相同的单相交流发电机体积小、质量轻、成本低。

（2）电能输送，当输送功率相等、电压相同、输电距离一样，线路损耗也相同时，用三相制输电比单相制输电可大大节省输电线有色金属的消耗量，即输电成本较低，三相输电的用铜量仅为单相输电用铜量的 75%。

（3）目前获得广泛应用的三相异步电动机，以三相交流电作为电源，它与单相电动机或其他电动机相比，具有结构简单、价格低廉、性能良好和使用维护方便等优点。

因此在现代电力系统中，三相交流电路得到广泛应用。

3. 三相交流电路的产生

三相交流电的产生就是指三相交流电动势的产生。三相交流电动势由三相交流发电机产生，它是在单相交流发电机的基础上发展而来的，如图 4–2 所示。

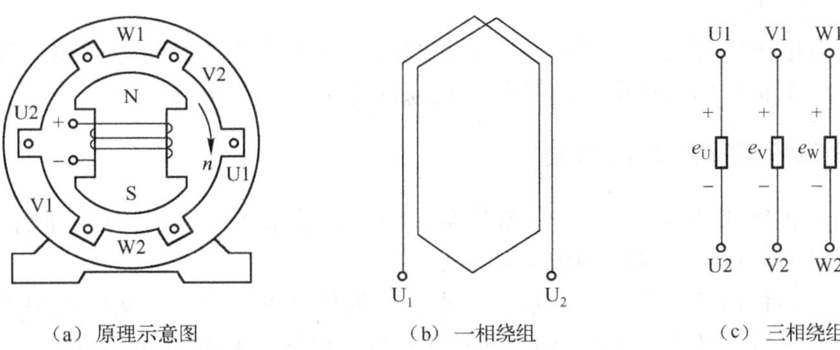

（a）原理示意图　（b）一相绕组　（c）三相绕组

图 4–2　三相交流电路

磁极放在转子上，一般均由直流电通过励磁绕组产生一个很强的恒定磁场。当转子由原动机拖动做匀速转动时，三相定子绕组即切割转子磁场而感应出三相交流电动势。

这三个电动势的三角函数表达式为

$$\begin{cases} e_U = E_m \sin\omega t \\ e_V = E_m \sin(\omega t - 120°) \\ e_W = E_m \sin(\omega t - 240°) \end{cases}$$

其波形图如图 4–3（a）所示，向量图如图 4–3（b）所示。

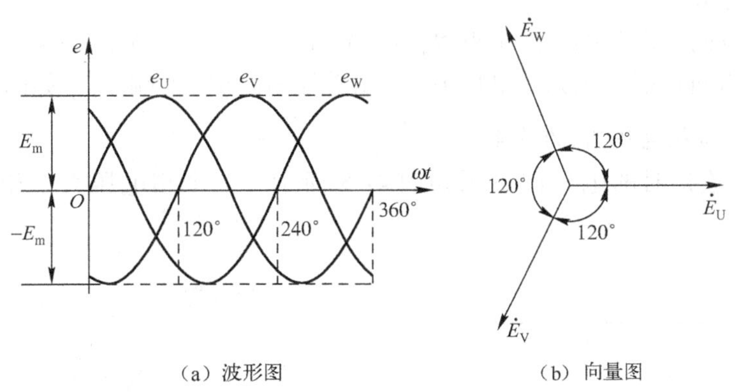

（a）波形图　（b）向量图

图 4–3　三相交流电动势

从图 4–3（a）中可以看出，三相交流电动势在任一瞬间其三个电动势的代数和为零，即 $e_U + e_V + e_W = 0$。三相正弦量达到正的最大值的先后次序叫做相序，如图 4–3（a）中的相序为 U – V – W – U，称为正序。从图 4–3（b）中还可看出三相正弦交流电动势的向量和也等于零，即 $\dot{E}_U + \dot{E}_V + \dot{E}_W = 0$，把它们称做三相对称电动势，规定每相电动势的正方向是从线圈的末端指向首端。

4.1.2 三相电源的连接

发电站由三相交流发电机发出的三相交流电，通过三相输电线传输、分配给不同的用户。如工厂的用电设备一般为三相低压用电设备，且功率较大；家庭用电设备一般为单相低压用电设备，功率小。

三相交流发电机实际有三个绕组，六个接线端，目前采用的是将这三相交流电按照一定的方式连接成一个整体向外送电，连接的方法通常为星形和三角形。

1. 三相电源的星形连接（Y接法）

将电源的三相绕组末端 U2、V2、W2 连在一起，首端 U1、V1、W1 分别与负载相连，这种方式叫做星形连接，其接法如图 4-4 所示。

三相绕组末端相连的一点称为中点或零点，一般用“N”表示。从中点引出的线叫中性线，简称中线或零线。从首端 U1、V1、W1 引出的三根导线称相线或端线，一般通称火线。由三根火线和一根中线所组成的输电方式称为三相四线制，只由三根火线所组成的输电方式称为三相三线制。

2. 三相电源星形连接时的电压关系

1）相电压 U_P

相电压是每个绕组的首端与末端之间的电压，相电压的有效值用 U_U、U_V、U_W 表示。

2）线电压 U_L

各绕组首端与首端之间的电压，即任意两根相线之间的电压叫线电压，其有效值分别用 U_{UV}、U_{VW}、U_{WU} 表示。

相电压的正方向是由首端指向中点 N，例如，电压 U_U 是由首端 U1 指向中点 N；线电压的方向是由首端指向首端，例如，电压 U_{UV} 是由首端 U1 指向首端 V1，如图 4-4 所示。

3）线电压 U_L 与相电压 U_P 的关系

三相电源Y形连接时的电压向量图如图 4-5 所示。三个相电压大小相等，在空间各相差 120°。

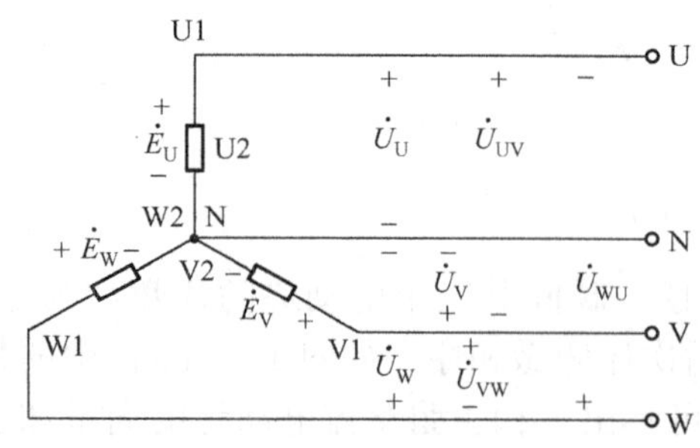

图 4-4　三相电源的星形连接

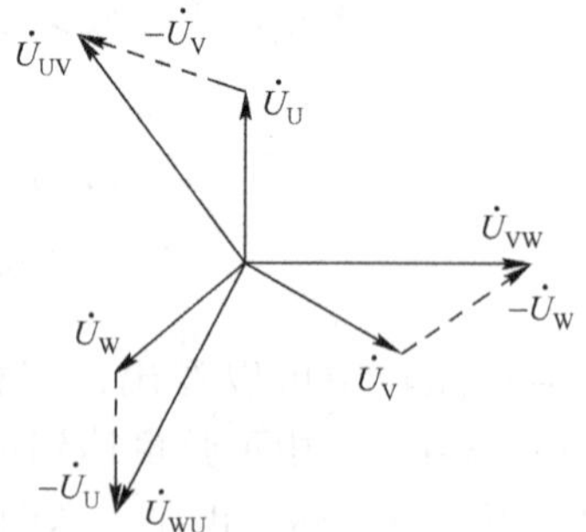

图 4-5　三相电源Y形连接时的电压向量图

故两端线 U 和 V 之间的线电压应该是两个相应的相电压之差，即

$$\begin{cases}\dot{U}_{UV}=\dot{U}_{U}-\dot{U}_{V}\\\dot{U}_{VW}=\dot{U}_{V}-\dot{U}_{W}\\\dot{U}_{WU}=\dot{U}_{W}-\dot{U}_{U}\end{cases}$$

线电压的大小利用几何关系可求得为

$$U_{UV}=2U_{U}\cos30^\circ=\sqrt{3}U_{U}$$

同理可得

$$U_{VW}=\sqrt{3}U_{V}$$

$$U_{WU}=\sqrt{3}U_{W}$$

由此可知，三相电路中线电压的大小是相电压的$\sqrt{3}$倍，其公式为

$$U_{L}=\sqrt{3}U_{P}$$

【实例 4-1】 已知三相电源做星形连接，电源相电压为 220V，求电源的线电压是多少？

解：电源的线电压

$$U_{L}=\sqrt{3}U_{P}=\sqrt{3}\times220=380V$$

三相四线制的供电方式可以给负载提供两种电压，即线电压 380V 和相电压 220V，因而在实际中获得了广泛的应用。

3. 三相电源的三角形连接（Δ 接法）

将电源一相绕组的末端与另一相绕组的首端依次相连（接成一个三角形），再从首端 U1、V1、W1 分别引出端线，这种连接方式叫三角形连接，如图 4-6（a）所示。

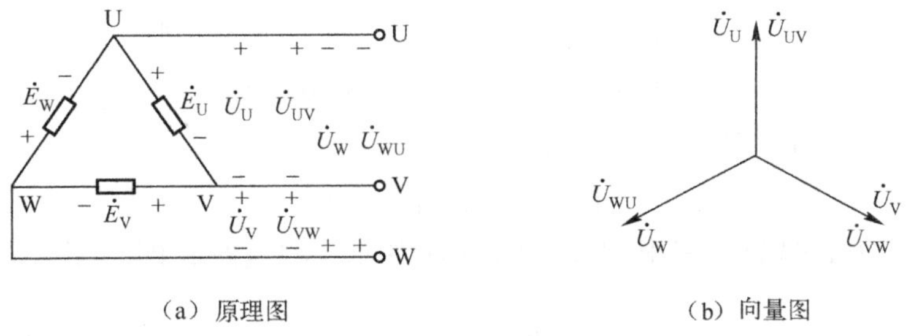

（a）原理图　（b）向量图

图 4-6　三相电源的三角形连接

4. 三相电源三角形连接时的电压关系

由图 4-6（a）可知

$$\begin{cases}\dot{U}_{U}=\dot{U}_{UV}\\\dot{U}_{V}=\dot{U}_{VW}\\\dot{U}_{W}=\dot{U}_{WU}\end{cases}$$

所以，三相电源以三角形连接时，电路中线电压的大小与相电压的大小相等，即

$$U_L = U_P$$

由图4-6（b）向量图可以看出，三个线电压之和为零，即

$$\dot{U}_{UV} + \dot{U}_{VW} + \dot{U}_{WU} = 0$$

同理可得，在电源的三相绕组内部三个电动势的向量和也为零，即

$$\dot{E}_{UV} + \dot{E}_{VW} + \dot{E}_{WU} = 0$$

因此，当电源的三相绕组采用三角形连接时在绕组内部不会产生环路电流。

4.1.3 三相负载的连接

三相制供电系统中负载的连接方法也有星形和三角形两种。

1. 三相负载的星形连接

1）接线特点

如图4-7所示为三相负载星形连接电路图，它的接线原则与电源的星形连接相似，即将每相负载末端连成一点N（中性点N），首端U、V、W分别接到电源线上。

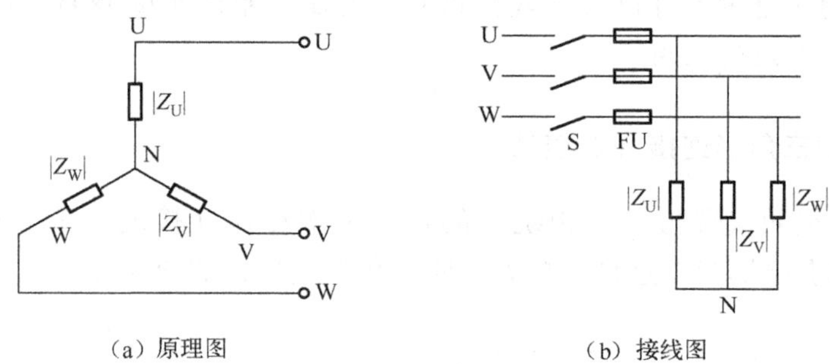

（a）原理图　　（b）接线图

图4-7　三相负载星形连接电路图

中线电流对应的向量式为

$$\dot{I}_N = \dot{I}_U + \dot{I}_V + \dot{I}_W = 0$$

图4-7的接线方式是只有三根相线，而没有中性线的电路，即三相三线制，图4-8的

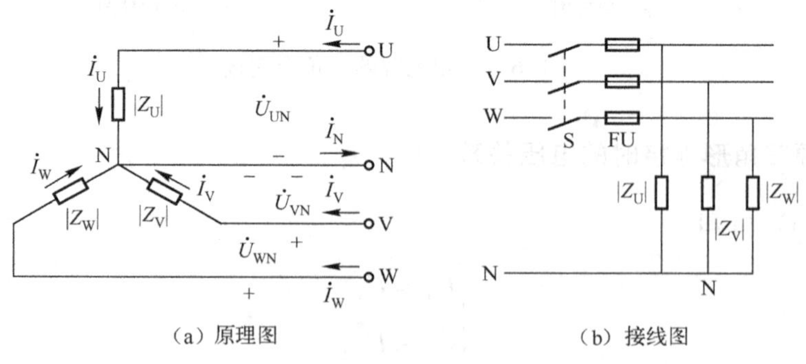

（a）原理图　　（b）接线图

图4-8　三相四线制

接线方式除了三根相线外，在中性点还接有中性线，即三相四线制。三相四线制除供电给三相负载外，还可供电给单相负载，故凡有照明、单相电动机、电扇、各种家用电器的场合，大多采用三相四线制。

2）电压电流关系

为了叙述方便，在具体讨论三相负载星形连接的电压电流关系之前，介绍一些专业术语。

线电压 U_L：三相负载的线电压就是电源的线电压，也就是两根相线之间的电压。

相电压 U_P：每相负载两端的电压称做负载的相电压，在忽略输电线上的电压降时，负载的相电压就等于电源的相电压，因此 $U_L=\sqrt{3}U_P$。

线电流 I_L：流过每根相线上的电流叫线电流。

相电流 I_P：流过每相负载的电流叫相电流。

中线电流 I_N：流过中线的电流叫中线电流。

对于三相电路中的每一相而言，可以看成一个单相电路，所以各相电流与电压间的相位关系及数量关系都可用讨论单相电路的方法来讨论。

若三相负载对称，则在三相对称电压的作用下，流过三相对称负载中每相负载的电流应相等，即

$$I_L=I_U=I_V=I_W=\frac{U_P}{|Z_P|}$$

而每相电流间的相位差仍为 120°，由 KCL 定律可知，中线电流为零。

3）三相四线制的特点

（1）相电流 I_P 等于线电流 I_L，即 $I_P=I_L$。

（2）加在负载上的相电压 U_P 和线电压 U_L 之间有如下关系：$U_L=\sqrt{3}U_P$。

（3）流过中性线 N 的电流$\dot{I}_N$ 为$\dot{I}_N=\dot{I}_U+\dot{I}_V+\dot{I}_W$。

当三相电路中的负载完全对称时，在任一瞬间，三个相电流中，总有一相电流与其余两相电流之和大小相等、方向相反，正好互相抵消。所以，流过中性线的电流等于零。若三相负载不对称，则中性线电流不为零，中性线不能省略。

因此，在三相对称电路中，当负载采用星形连接时，由于流过中性线的电流为零，故三相四线制可以变成三相三线制供电。如三相异步电动机及三相电炉等负载，当采用星形连接时，电源对该类负载就不需接中性线。通常在高压输电时，由于三相负载都是对称的三相变压器，所以都采用三相三线制供电。

2. 三相负载的三角形连接

1）接线特点

将三相负载分别接在三相电源每两根相线之间的接法，称为三相负载的三角形连接，如图 4-9 所示。

2）电压电流关系

三相负载三角形连接的电压电流关系如图 4-10 所示。

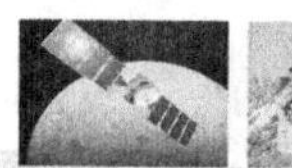

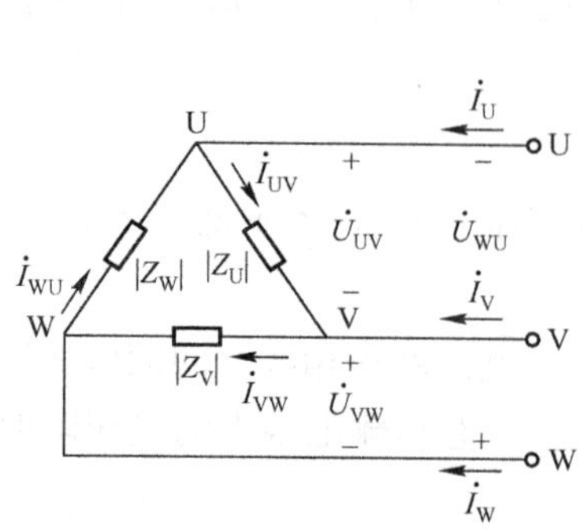

图 4-9　三相负载的三角形连接

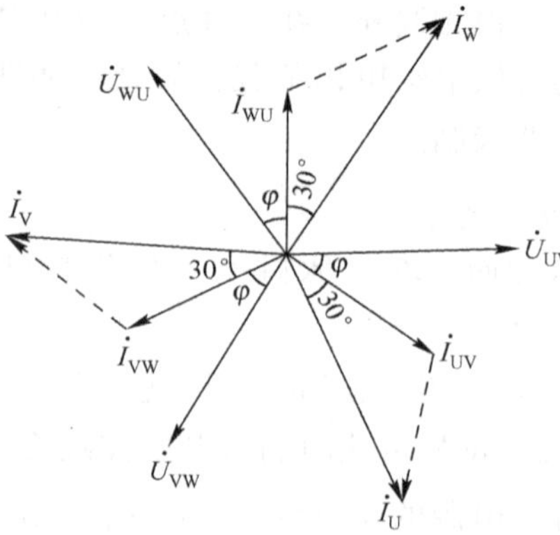

图 4-10　三相负载三角形连接的电压电流关系

（1）由于三角形连接各相负载接在两根相线之间，因此负载的相电压就是线电压，即$U_{L}=U_{P}$。

（2）线电流I_{L}是相电流I_{P}的$\sqrt{3}$倍，即$I_{L}=\sqrt{3}I_{P}$。

【实例 4-2】有三个 100Ω 的电阻，将它们连接成星形或三角形，分别接到线电压为 380V 的对称三相电源上，如图 4-11 所示。试求：线电压、相电压、线电流和相电流各是多少？

解：

（1）负载作星形连接，如图 4-11（a）所示。

负载的线电压为

$$U_{L}=380\text{V}$$

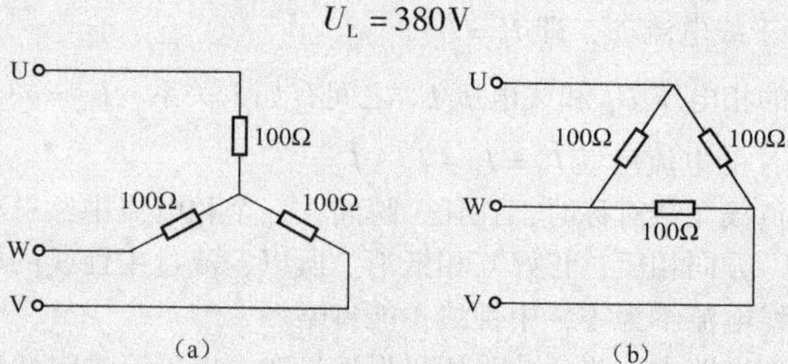

图 4-11　实例 4-2 电路

负载的相电压为线电压的$\frac{1}{\sqrt{3}}$，即

$$U_{P}=\frac{U_{L}}{\sqrt{3}}=\frac{380}{\sqrt{3}}=220\text{V}$$

负载的相电流等于线电流

$$I_{P}=I_{L}=\frac{U_{P}}{R}=\frac{220}{100}=2.2\text{A}$$

（2）负载作三角形连接，如图 4-11（b）所示。

负载的线电压为

$$U_L = 380V$$

负载的相电压等于线电压，即

$$U_P = U_L = 380V$$

负载的相电流为

$$I_P = \frac{U_P}{R} = \frac{380}{100} = 3.8A$$

负载的线电流为相电流的$\sqrt{3}$倍，即

$$I_L = \sqrt{3} I_P = \sqrt{3} \times 3.8 = 6.58A$$

4.2　对称三相电路分析计算

三相电路是复杂正弦电路的一种类型，由于单相正弦交流电路通常是三相正弦交流电路中的一相，所以，单相正弦交流电路的分析和计算方法同样适用于三相电路。

三相电路中，三相电源一般都是对称的，如果三相负载对称、三根输电线的复阻抗也对称，那么，就构成了对称三相电路。

1. 三相四线制的三相电路

三相四线制的三相电路如图 4-12 所示，图中三相供电电源采用Y形接法，三相负载也是Y形接法，并且为对称三相负载，该电路为对称Y/Y三相电路。$|Z_L|$为输电线的复阻抗，$|Z_N|$为中性线复阻抗。

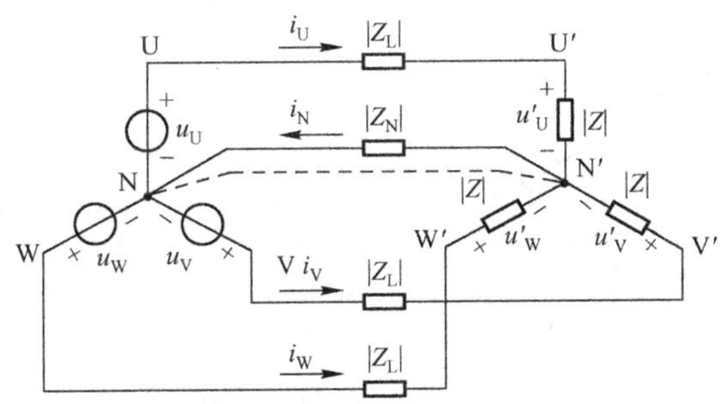

图 4-12　三相四线制的三相电路

通过分析三相四线制的三相电路，得出如下结论。

(1) 在对称Y/Y三相电路中，不管有无中线、中线阻抗多大，对电路都没有影响，即中线不起作用。

(2) 各相具有独立性，负载的电压和电流均由该相电源和负载决定，与其他两相无关。

(3) 各相电压、电流均是与电源同相序的对称三相正弦量。

(4) 对于对称三相电路的计算，只需取出一相，按单相电路计算。

【实例4-3】在图4-12所示的对称Y/Y三相电路中，每相输电线和负载的电阻 $R=80\Omega$，感抗 $X=60\Omega$，中性线电阻 $R_N=4\Omega$，感抗 $X_N=3\Omega$，U相电源电压 $u_U=220\sqrt{2}\sin\omega t\text{V}$，试求负载的相电流。

解：根据本节的分析，对于对称三相电路的计算，只需取出一相，按单相电路计算，因此取出其中一相U相，进行计算。

U相相电流的有效值

$$I_U=\frac{U_U}{\sqrt{R^2+X^2}}=\frac{220}{\sqrt{80^2+60^2}}=2.2\text{A}$$

U相负载的阻抗角

$$\varphi_U=\arctan\frac{X}{R}=\arctan\frac{60}{80}=36.87°$$

故U相相电流为

$$i_U=2.2\sqrt{2}\sin(\omega t-36.87°)\text{A}$$

根据对称性，可以写出另外两相相电流

$$i_V=2.2\sqrt{2}\sin(\omega t-36.87°-120°)=2.2\sqrt{2}\sin(\omega t-156.87°)\text{A}$$

$$i_W=2.2\sqrt{2}\sin(\omega t-156.87°-120°)=2.2\sqrt{2}\sin(\omega t+83.13°)\text{A}$$

2. 三相三线制的三相电路

三相三线制的三相电路如图4-13所示，图中三相供电电源采用Y形接法，三相负载是△形接法，并且为三相对称负载，该电路为对称Y/△三相电路，线路阻抗为零。

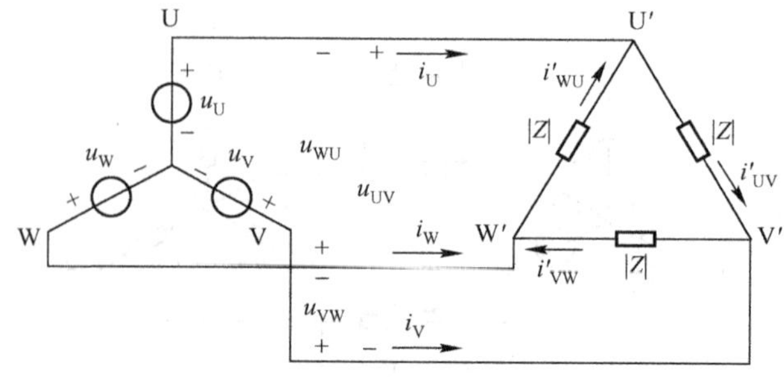

图4-13 三相三线制的三相电路

因为线路阻抗为零，因而负载线电压等于电源线电压。根据电路欧姆定律可得，负载相电流的有效值

$$I'_{UV}=I'_{VW}=I'_{WU}=\frac{U_{UV}}{\sqrt{R^2+X^2}}=\frac{\sqrt{3}U_P}{\sqrt{R^2+X^2}}$$

根据对称三角形连接的三相电路的线电流与相电流的关系，可求得线电流的有效值

$$I_U=I_V=I_W=\sqrt{3}I'_{UV}=\frac{3U_P}{\sqrt{R^2+X^2}}$$

负载的相电压与相电流之间的相位差等于负载的阻抗角，即

$$\varphi_{UV}=\varphi_{VW}=\varphi_{WU}=\arctan\frac{X}{R}$$

【实例 4-4】在图 4-13 所示电路中，线路阻抗为零，U 相电源电压 $u_U=220\sqrt{2}\sin(\omega t+30°)$ V，每相负载的电阻 $R=34.64\Omega$，感抗 $X=20\Omega$。试求负载的相电压、相电流及线电流。

解： 电源相电压的有效值

$$U_P=220\text{V}$$

电源线电压即负载相电压的有效值

$$U_L=\sqrt{3}U_P\sqrt{3}\times220=380\text{V}$$

负载相电流的有效值

$$I'_P=\frac{\sqrt{3}U_P}{\sqrt{R^2+X^2}}=\frac{380}{\sqrt{34.64^2+20^2}}=9.5\text{A}$$

线电流的有效值

$$I'_L=\sqrt{3}I'_P=\sqrt{3}\times9.5=16.45\text{A}$$

负载的相电压与相电流之间的相位差

$$\varphi=\arctan\frac{X}{R}=\arctan\frac{20}{34.64}=30°$$

负载的相电压

$$u'_U=380\sqrt{2}\sin(\omega t+30°+30°)=380\sqrt{2}\sin(\omega t+60°)\text{V}$$

负载相电流

$$i'_{UV}=9.5\sqrt{2}\sin(\omega t+60°-30°)=9.5\sqrt{2}\sin(\omega t+30°)\text{A}$$

负载线电流

$$i'_U=16.45\sqrt{2}\sin(\omega t+30°-30°)=16.45\sqrt{2}\sin\omega t\text{A}$$

4.3　不对称三相电路分析计算

在实际工作中经常会遇到不对称三相电路，有些对称三相电路在某些情况下也会变为不对称三相电路。例如，三相异步电动机作为电网的动力负载，当接到电网上运行后，如果出现断相，或其三相绕组中因接线错误出现短路，都会使电路处于不对称运行。因此，掌握不对称三相电路的分析十分必要。

三相电路中，三相电源一般都是对称的，如果三相负载对称、三根输电线的复阻抗也对称，那么，就构成了对称三相电路。其中，任何一部分的不对称，就形成不对称电路。有些对称三相电路在某些情况下，如一相断路或短路，也会变为不对称三相电路。

日常照明线路由于用电不均匀，易出现三相不对称的状态。若中性线阻抗为零，则电源中性点与负载中性点间的电压为零，因此，每相负载上的电压一定等于该相电源电压，各相负载电压与各相负载阻抗大小无关。

在中性线及线路阻抗为零的三相四线制电路中，当三相电源电压对称时，即使三相负载不对称，三相负载上的电压依然是对称的，但由于三相负载阻抗不等，所以三相电流将是不对称的，三相电流分别为

$$I_U=\frac{U'_U}{|Z_U|}=\frac{U_U}{|Z_U|}\quad I_V=\frac{U'_V}{|Z_V|}=\frac{U_V}{|Z_V|}\quad I_W=\frac{U'_W}{|Z_W|}=\frac{U_W}{|Z_W|}$$

中性线电流为

$$i_N=i_U+i_V+i_W\neq 0$$

所以，在不对称的三相四线制电路中，中性线电流一般不等于零。

1．对称的Y/Y连接电路中一相负载短路

对称的Y/Y连接电路中，假定相负载短路，其电路图如图4-14（a）所示，负载电压向量图如图4-14（b）所示。

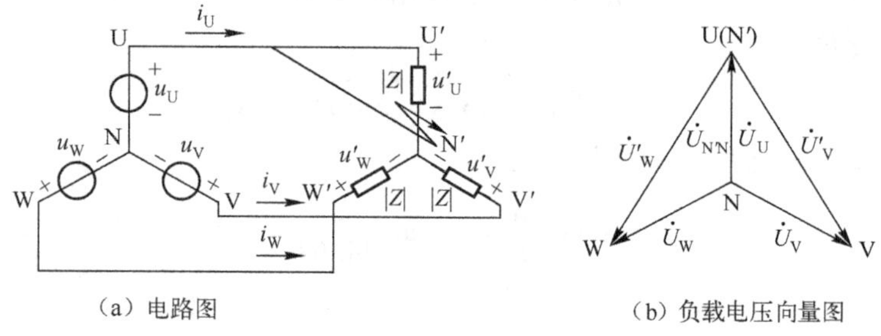

图4-14　对称的Y/Y连接电路中一相负载短路

此时U相负载电压为零，$U'_U=0$，负载中性点与电源中性点之间的电压等于U相电源的电压，即

$$U_{N'N}=U_U=U_P$$

因此，V、W两相负载的电压分别为

$$U'_V=U_{UV}=\sqrt{3}U_P$$

$$U'_W=U_{WU}=\sqrt{3}U_P$$

根据欧姆定律，可求得V、W两相负载的相电流（即线电流）为

$$I_V=\frac{U_{UV}}{|Z|}=\sqrt{3}\frac{U_P}{|Z|}$$

$$I_W=\frac{U_{WU}}{|Z|}=\sqrt{3}\frac{U_P}{|Z|}$$

根据基尔霍夫电流定律，可求得U相的线电流等于

$$i_U=-(i_V+i_W)$$

利用向量图可求得U相线电流的有效值为

$$I_U=3\frac{U_P}{|Z|}$$

因此，在电源电压（指有效值）恒定且不计线路阻抗的情况下，在负载星形连接的对称

三相三线制电路中，一相负载短路，则

（1）短路相的负载电压为零，其线电流增至原来的 3 倍；

（2）其他两相负载上的电压和电流均增至原来的$\sqrt{3}$倍。

此时线路出现过热，负载不能正常工作。

【实例 4-5】 在Y/Y连接的三相三线制电路中，每相负载的电阻 $R=80\Omega$，感抗 $X=60\Omega$，接在线电压有效值为 380V 的三相对称电源上。当 U 相负载短路时，求负载的相电压、线电流和相电流的有效值。

解：U 相负载短路后，U′点与 N′点等电位，有 $U'_{U}=0$。

$$U_{N'N}=U_{U}=U_{P}=\frac{380}{\sqrt{3}}=220V$$

V、W 两相负载的电压分别为

$$U'_{V}=U_{UV}=\sqrt{3}\,U_{P}=\sqrt{3}\times 220=380V$$

$$U'_{W}=U_{WU}=\sqrt{3}\,U_{P}=\sqrt{3}\times 220=380V$$

应用欧姆定律可求得 V、W 两相负载的相电流（也是线电流）为

$$I_{V}=\frac{U_{UV}}{|Z|}=\sqrt{3}\frac{U_{P}}{|Z|}=\frac{380}{\sqrt{80^{2}+60^{2}}}=3.8A$$

$$I_{W}=\frac{U_{WU}}{|Z|}=\sqrt{3}\frac{U_{P}}{|Z|}=\frac{380}{\sqrt{80^{2}+60^{2}}}=3.8A$$

应用基尔霍夫电流定律可求得 U 相的线电流有效值为

$$I_{U}=3\frac{U_{P}}{|Z|}=3\times\frac{220}{\sqrt{80^{2}+60^{2}}}=6.6A$$

2．对称的Y/△连接电路中一相负载短路

对称的三角形负载中，假定一相短路，其电路如图 4-15 所示。

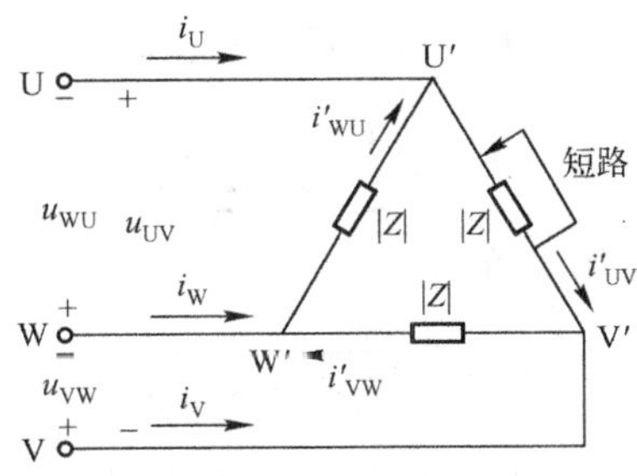

图 4-15 对称的Y/△连接电路中一相负载短路

若不计线路阻抗，则短路相的电压等于电源线电压，短路相的阻抗等于零。I'_{UV}为无穷大。此时与短路相负载相连的两条端线上将出现很大的短路电流，因此必须在线路上装设熔断器或过流保护装置。

3. 对称的Y/Y连连接电路中一相断路

对称Y/Y连接的三相电路中，假定 U 相负载发生断路，其电路图如图 4-16（a）所示，负载电压的向量图如图 4-16（b）所示。

U 相负载断路后 $i_U=0$，这时 V、W 两相电源与 V、W 两相负载串联，构成一个独立的闭合回路。

V、W 两相负载上的总电压等于电源的线电压，由于 V、W 两相负载的阻抗相等，在所选定的参考方向下，V、W 两相负载电压为

$$U'_V=\frac{1}{2}U_{VW}=\frac{\sqrt{3}}{2}U_P$$

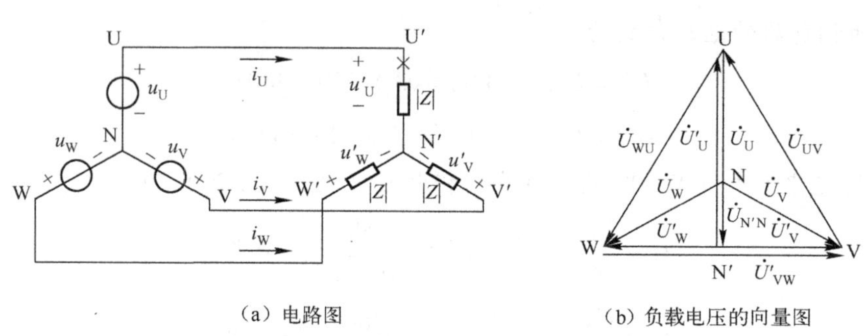

（a）电路图　　（b）负载电压的向量图

图 4-16　对称的Y/Y连接电路中一相断路

$$U'_W=\frac{1}{2}U_{VW}=\frac{\sqrt{3}}{2}U_P$$

利用基尔霍夫电压定律，可求得负载中性点与电源中性点之间的电压及 U 相断路处的电压为

$$u_{N'N}=u_V-u'_V$$
$$u'_U=u_U-u_{N'N}$$

从向量图可以看出

$$U_{N'N}=\frac{1}{2}U_U=\frac{1}{2}U_P$$

$$U'_U=\frac{3}{2}U_U=\frac{3}{2}U_P$$

根据欧姆定律，可求得 V、W 两相电流为

$$I_V=\frac{1}{2}\frac{U_{VW}}{|Z|}=\frac{\sqrt{3}}{2}\frac{U_P}{|Z|}$$

$$I_W=\frac{1}{2}\frac{U_{VW}}{|Z|}=\frac{\sqrt{3}}{2}\frac{U_P}{|Z|}$$

所以，在电源电压有效值恒定且线路阻抗不计的情况下，Y/Y连接对称三相电路一相断路时，其断路相电流等于零，负载电压为零，断路处电压为原来相电压的 3/2 倍，其他两相负载上的电压和电流均减小到原来的$\sqrt{3}/2$ 倍。

4. 对称的Y/△连接电路中一相断路

对称的三角形负载中，假定一相断路，其电路图如图 4-17（a）所示，向量图如图4-17（b）所示。

断路后，负载的线电压仍等于相应的电源线电压，其电流 $I'_{UV}=0$，其他两相负载的电流为

$$I'_{VW}=\frac{U_{VW}}{|Z|}\quad I'_{WU}=\frac{U_{WU}}{|Z|}$$

根据基尔霍夫电流定律，可求得线电流为

$$I_U=I'_{WU}\qquad I_V=I'_{VW}\qquad I_W=\sqrt{3}I'_{WU}$$

根据以上分析可知，在电源电压有效值恒定且不计线路损耗的情况下，三角形连接的对称负载一相断路时，可得出如下结论。

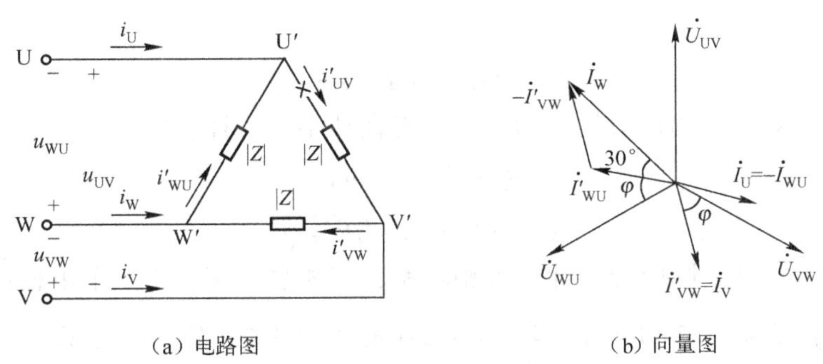

（a）电路图　（b）向量图

图 4-17　三角形连接的对称负载一相断路

（1）负载线电压：均不发生变化。

（2）相电流：断路相的负载电流等于零，其他两相的负载电流保持不变。

（3）线电流：与断路相两端相连的两端线电流减小为原相电流，另一线电流保持不变，即仍为原相电流的 $\sqrt{3}$ 倍。

【实例 4-6】 在图 4-13 所示电路中，线路阻抗为零，U 相电源电压 $u_U=220\sqrt{2}\sin(\omega t+30°)$ V，每相负载的电阻 $R=34.64\Omega$，感抗 $X=20\Omega$。U′V′相断路，试求负载的相电压、相电流及线电流有效值。

解： U′V′相负载断路，负载的线电压仍等于相应的电源线电压，U′V′相负载电流为零，即

$$U'_L=U_L\qquad I'_{UV}=0$$

其他两相的电流为

$$I'_{VW}\frac{U_{VW}}{|Z|}=\frac{380}{\sqrt{34.64^2+20^2}}=9.5\text{A}$$

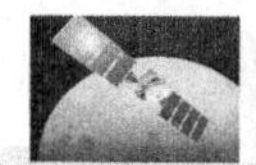

$$I'_{WU}\frac{U_{WU}}{|Z|}=\frac{380}{\sqrt{34.64^2+20^2}}=9.5A$$

根据基尔霍夫电流定律，可求得线电流

$$I_U=I'_{WU}=9.5A \qquad I_V=I'_{VW}=9.5A \qquad I_W=\sqrt{3}I'_{WU}=\sqrt{3}\times9.5=16.45A$$

4.4 三相电路的功率

在三相交流电路中，三相负载消耗的总电功率为各相负载消耗功率之和，即

$$P=P_1+P_2+P_3=U_{1P}I_{1P}\cos\varphi_1+U_{2P}I_{2P}\cos\varphi_2+U_{3P}I_{3P}\cos\varphi_3$$

当三相电路对称时，三相交流电路的功率等于3倍的单相功率，即

$$P=3P_P=3U_PI_P\cos\varphi$$

在一般情况下，相电压和相电流不容易测量。因此，通常用线电压和线电流来计算功率。

$$P=\sqrt{3}U_LI_L\cos\varphi$$

同样的道理，对称三相负载的无功功率和视在功率也一样，即

$$Q=\sqrt{3}U_LI_L\sin\varphi$$

$$S=\sqrt{3}U_LI_L=\sqrt{P^2+Q^2}$$

若三相负载不对称，则应分别计算各相功率，三相总功率等于三个单相功率之和。

【实例4-7】 已知某三相对称负载，接在线电压为380V的三相电源上，其中每一相负载的阻值 $R_P=6\Omega$，感抗 $X_P=8\Omega$。试分别计算该负载作Y形连接和△形连接时的相电流、线电流及有功功率。

解：

(1) 负载作Y形连接时，每一相的阻抗

$$Z_P=\sqrt{P_P^2+Q_P^2}=\sqrt{6^2+8^2}=10\Omega$$

而负载作Y形连接时

$$U_P=\frac{U_L}{\sqrt{3}}=\frac{380}{\sqrt{3}}=220V$$

$$I_L=I_P=\frac{U_P}{R_P}=\frac{220}{10}=22A$$

$$\cos\varphi=\frac{R_P}{Z_P}=\frac{6}{10}=0.6$$

$$P=\sqrt{3}U_LI_L\cos\varphi$$
$$=\sqrt{3}\times380\times22\times0.6$$
$$\approx8.7kW$$

(2) 负载作△连接时

$$U_L=U_P=380V$$

$$I_P = \frac{U_P}{Z_P} = \frac{380}{10} = 38\text{A}$$

$$I_L = \sqrt{3}I_P = \sqrt{3} \times 380 \approx 66\text{A}$$

$$\begin{aligned} P &= \sqrt{3}U_L I_L \cos\varphi \\ &= \sqrt{3} \times 380 \times 66 \times 0.6 \\ &\approx 26\text{kW} \end{aligned}$$

由以上计算可以知道，负载作△形连接时的相电流、线电流及三相功率均为作Y形连接时的3倍。

知识梳理与总结

1. 三相电路基本概念

1）对称三相电源

（1）组成：由三个频率相同、振幅相同、相位各差120°的电压源组成。

（2）连接方式：Y形连接和△形连接。

① Y形连接时，线电压是相电压的$\sqrt{3}$倍，其公式为

$$U_L = \sqrt{3}U_P$$

且分别超前对应的相电压30°。

② 三角形连接时，相电压就是线电压。

2）三相负载连接

（1）连接方式：Y形连接和△形连接。

（2）线电压：端线与端线间的电压，有效值用U_L表示。

（3）相电压：每相负载两端的电压称做负载的相电压，有效值用U_P表示。

（4）线电流：端线中的电流，有效值用I_L表示。

（5）相电流：流过每相负载的电流叫相电流，有效值用I_P表示。

（6）中线电流：流过中线的电流叫中线电流，有效值用I_N表示。

2. 三相对称负载电路分析计算

1）三相四线制的三相电路

（1）在对称的Y/Y三相电路中，不管有无中线、中线阻抗多大，对电路都没有影响，即中线不起作用。

（2）各相具有独立性，负载的电压和电流均由该相电源和负载决定，与其他两相无关。

（3）各相电压、电流均是与电源同相序的对称三相正弦量。

（4）对于对称三相电路的计算，只需取出一相，按单相电路计算。

2）三相三线制的三相电路

根据对称三角形连接的三相电路的线电流与相电流的关系，可求得线电流的有效值为

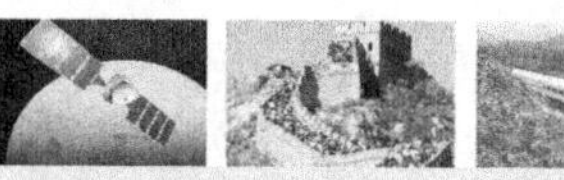

$$I_U = I_V = I_W = \sqrt{3}I'_{UV} = \frac{3U_P}{\sqrt{R^2+X^2}}$$

负载的相电压与相电流之间的相位差等于负载的阻抗角，即

$$\varphi_{UV} = \varphi_{VW} = \varphi_{WU} = \arctan\frac{X}{R}$$

3. 三相电路的功率

三相负载消耗的总电功率为各相负载消耗功率之和，即

$$P = P_1 + P_2 + P_3 = U_{1P}I_{1P}\cos\varphi_1 + U_{2P}I_{2P}\cos\varphi_2 + U_{3P}I_{3P}\cos\varphi_3$$

当三相电路对称时，三相交流电路的功率等于 3 倍的单相功率，即

$$P = 3P_P = 3U_PI_P\cos\varphi$$

用线电压和线电流来计算功率，为

$$P = \sqrt{3}U_LI_L\cos\varphi$$

对称三相负载的无功功率和视在功率一样，即

$$Q = \sqrt{3}U_LI_L\sin\varphi$$

$$S = \sqrt{3}U_LI_L = \sqrt{P^2+Q^2}$$

习题 4

一、填空题

1. 我国工业及民用交流电的频率为__________ Hz，三相四线制供电线路的相电压为__________V，线电压为__________V。

2. 对称三相电源的各相电压有效值__________，相位互差__________，频率__________。

3. 已知三相电源为正序，且 $\dot{U}_U = 220\angle 18°$V，则 $\dot{U}_V =$ __________，$\dot{U}_W =$ __________。

4. 对称三相电源以星形连接时，线电压与相电压的有效值关系为__________。

二、判断题

1. 当负载以三角形连接时，线电流一定等于相电流的$\sqrt{3}$倍。(　　)

2. 三相负载的Y接法，若有一相断路，对其他两相工作情况没有影响。(　　)

3. 三相负载作三角形连接时，用电流表测出各相电流相等，说明三相负载是对称的。(　　)

4. 对称三相电路有功功率计算公式 $P = \sqrt{3}U_LI_L\cos\varphi$ 中的功率因数角，无论负载作何种连接，均指负载相电压和相电流之间的相位差。(　　)

三、分析计算题

1. 一台三相发电机的绕组连成星形时线电压为 6 300V。(1) 试求发电机绕组的相电压；

(2) 若将绕组改成三角形连接，求线电压。

2. 一组三相对称负载，每相电阻 $R = 10\Omega$，接在线电压为 380V 的三相电源上，试求下面两种接法中的线电流。(1) 负载接成三角形；(2) 负载接成星形。

3. 三相对称负载每相阻抗 $Z = (6 + j8)\Omega$，每相负载额定电压为 380V。已知三相电源线电压为 380V，问此三相负载应如何连接？试计算相电流和线电流。

4. 有一台三相电动机，其功率为 3.2kW，功率因数 $\cos\varphi = 0.8$，若该电动机接在 $U_L = 380V$ 的电源上，求电动机的线电流。

第5章 非正弦周期电流电路

教学导航

<table>
<tr><td rowspan="4">教</td><td>教学目标</td><td>1. 了解非正弦周期电流的产生、周期量与正弦量的关系；
2. 了解具有对称性的周期波的特点；
3. 理解非正弦周期电流电路的计算、有效值和平均功率</td></tr>
<tr><td>知识重点</td><td>1. 非正弦量产生的原因；
2. 非正弦量分解的方法；
3. 非正弦量的有效值；
4. 平均值和平均功率的计算；
5. 非正弦周期电流电路的分析方法</td></tr>
<tr><td>知识难点</td><td>1. 非正弦量的有效值；
2. 非正弦周期电流电路的分析</td></tr>
<tr><td>教学方法</td><td>结合生活实际，用知识的迁延法，通过正弦量让学生理解非正弦量的产生及计算方法</td></tr>
<tr><td rowspan="3">学</td><td>学习方法</td><td>1. 通过分析计算体会电路的特点；
2. 通过电路搭建掌握电路器件的应用方法</td></tr>
<tr><td>知识要点</td><td>1. 非正弦周期电流的产生、周期量与正弦量的关系；
2. 了解具有对称性的周期波的特点；
3. 理解非正弦周期电流电路的计算、有效值和平均功率</td></tr>
<tr><td>技能要点</td><td>使用示波器测量非正弦周期信号</td></tr>
</table>

5.1　非正弦周期信号的产生和表示方法

非正弦周期信号是指不按正弦规律变化的周期性交流信号。

1. 非正弦周期信号的产生

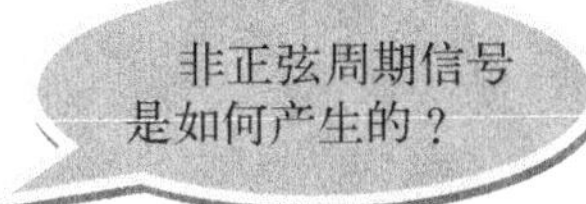

在工程实际中，经常遇到电流、电压不按正弦变化的非正弦交流电路。如实验室常用的电子示波器中的扫描电压是锯齿波；在自动控制、电子计算机等领域内大量用到的脉冲电路中，电压和电流的波形也都是非正弦的。

在电工技术应用中产生非正弦交流电的原因可能有以下几种。

(1) 正弦电源（或电动势）经过非线性元件（如整流元件或带铁芯的线圈）时，产生的电流将不再是正弦波。

(2) 发电机由于内部结构的缘故很难保证电动势是正弦波。

(3) 电路中有几个不同频率的正弦电源作用，叠加后就不再是正弦波了。

如图 5-1 所示，为三种常见的非正弦周期波形。

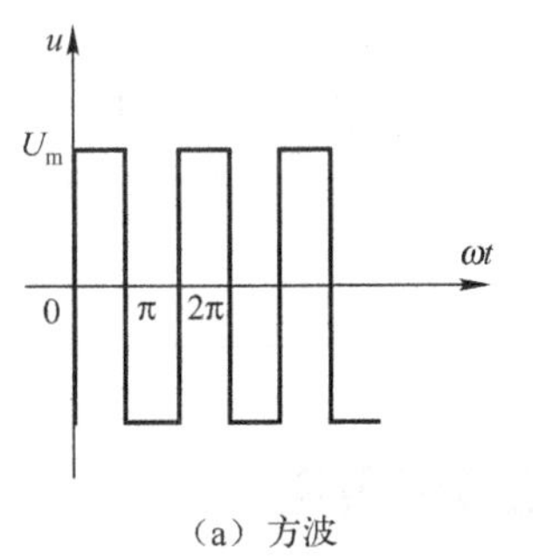

(a) 方波

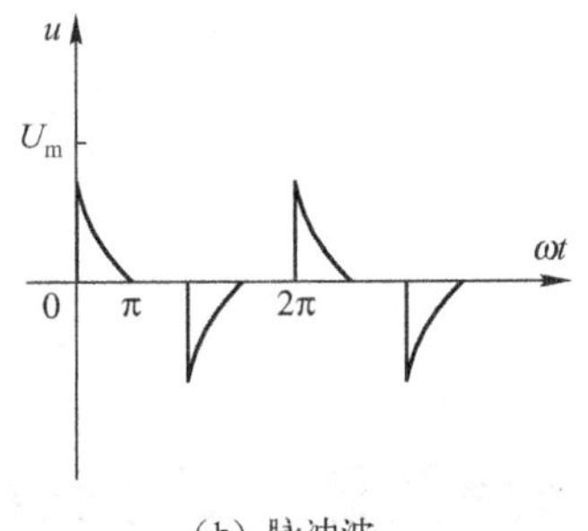

(b) 脉冲波

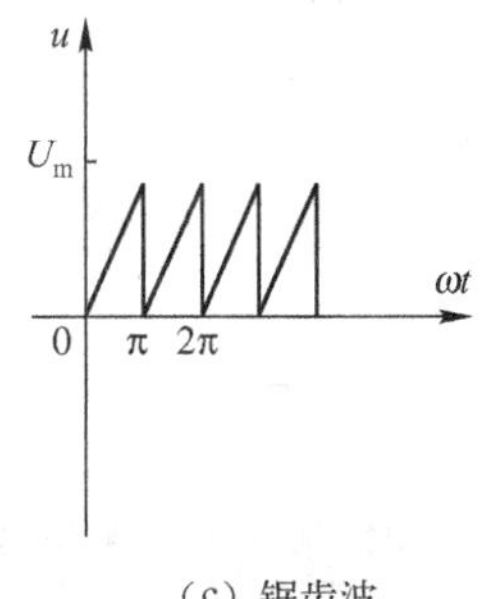

(c) 锯齿波

图 5-1　常用非正弦周期波形

非正弦信号可分为周期性的和非周期性的两种。上述波形虽然形状各不相同，但变化规律都是周期性的。含有周期性非正弦信号的电路称为非正弦周期性电流电路。本章主要讨论线性非正弦周期电流电路。

2. 非正弦周期信号的表示方法

非正弦周期
量如何表示？

本章所讨论的在非正弦周期性电流作用下线性电路的分析和计算方法，主要是利用数学中学过的傅里叶级数展开法，将非正弦电压（电流）分解为一系列不同频率的正弦量之和，然后对不同频率的正弦量分别求解，再根据线性电路的叠加原理进行叠加，就可以得到电路中实际的稳态电流和电压。这就是分析非正弦周期电流电路的基本方法，称为谐波分析法。

由于在电路中遇到的非正弦周期信号均能满足傅里叶级数所要求的条件，所以可用傅里叶级数展开式来表示。设周期信号 $f(t)$ 的周期为 T，则其傅里叶级数展开式可写成

$$f(t)=A_0+A_{1m}\sin(\omega t+\varphi_1)+A_{2m}\sin(2\omega t+\varphi_2)+\cdots+A_{km}\sin(k\omega t+\varphi_k)+\cdots$$

$$= A_0 + \sum_{k=1}^{\infty} A_{km}\sin(kwt + \varphi_k)$$

式中，第一项 A_0 为直流分量（也叫恒定分量或零次谐波），其余各项依次称为一次谐波、二次谐波、三次谐波…k 次谐波等。一次谐波也称基波，其频率等于非正弦周期信号的频率，角频率 $\omega = 2\pi/T$，二次及二次以上的谐波统称为高次谐波，高次谐波的频率均为基波频率的整数倍，当倍数为偶数时叫偶次谐波，当倍数为奇数时叫奇次谐波。

表 5-1 列出了半波整流和全波整流的波形及其傅里叶级数展开式，供读者参考。

表 5-1　半波整流和全波整流的波形及其傅里叶级数展开式

	$f(t)$ 波形图	$f(t)$ 傅里叶变换
半波整流	$f(t)$, A, 0, π, 2π, t	$f(t) = \frac{A}{\pi}\left(1 + \frac{\pi}{2}\sin\omega t - \frac{2}{3}\cos2\omega t - \frac{2}{15}\cos4\omega t - \cdots - \frac{2}{(k-1)(k+1)}\cos k\omega t - \cdots\right)$ k 为偶数
全波整流	$f(t)$, A, 0, 2π, 4π, t	$f(t) = \frac{4A}{\pi}\left(\frac{1}{2} - \frac{1}{3}\cos\omega t - \frac{1}{15}\cos2\omega t - \cdots - \frac{1}{4k^2 - 1}\cos k\omega t - \cdots\right)$ k 为正整数

5.2 非正弦周期量的有效值、平均值和平均功率

1. 非正弦周期量的有效值

对于任何周期性的电压（电流），不论正弦的还是非正弦的，有效值的定义都为

$$A = \sqrt{\frac{1}{T}\int_0^T f^2(t)\,\mathrm{d}t} \tag{5-1}$$

即非正弦周期量的有效值就是周期函数在一个周期里的方均根值。

这样根据式（5-1）可以求得电流的有效值为

$$I = \sqrt{I_0^2 + I_1^2 + I_2^2 + \cdots} \tag{5-2}$$

即非正弦周期电流的有效值等于直流分量（恒定分量）的平方与各次谐波有效值平方之和的平方根。

同理，电压有效值为

$$U = \sqrt{U_0^2 + U_1^2 + U_2^2 + \cdots} \tag{5-3}$$

由此得出结论，非正弦周期量的有效值等于其直流分量及各次谐波分量有效值平方之和的平方根。

【实例 5-1】求周期电压 $u(t)=100+70\sin(\omega t+120°)-40\sin(3\omega t-30°)$ 的有效值。

解：根据公式（5-3）得

$$U=\sqrt{100^2+\left(\frac{70}{\sqrt{2}}\right)^2+\left(\frac{40}{\sqrt{2}}\right)^2}=115.1\text{V}$$

2. 非正弦周期量的平均值

非正弦周期函数的平均值定义为周期函数在一个周期内的绝对值的平均值。以电流为例，其数学表达式为

$$I_{av}=\frac{1}{T}\int_0^T|i(t)|\,dt$$

应当注意的是，一个周期内其值有正、负的周期量的平均值 I_{av} 与其直流分量 I 是不同的，只有一个周期内其值均为正值的周期量，平均值才等于其直流分量。

当正弦电流 $i(t)=I_m\sin\omega t$ 时，其平均值为

$$\begin{aligned}I_{av}&=\frac{1}{T}\int_0^T|i(t)|\,dt=\frac{2}{T}\int_0^{\frac{T}{2}}I_m\sin\omega t\,dt\\&=\frac{2}{T}\cdot\frac{1}{\omega}\int_0^{\pi}I_m\sin\omega t\,d(\omega t)=\frac{1}{T}I_m[-\cos\omega t]_0^{\pi}\\&=\frac{2I_m}{\pi}=0.637I_m=0.898I\end{aligned}$$

同样，周期电压的平均值为

$$U_{av}=\frac{1}{T}\int_0^T|u(t)|\,dt$$

对于同一非正弦量，当我们用不同类型的仪表进行测量时，就会得出不同的结果。

(1) 若用磁电系仪表测量，其读数为非正弦量的直流分量。

(2) 若用电磁系或电动系仪表测量，其读数为非正弦量的有效值。

(3) 若用全波整流磁电系仪表测量，其读数为非正弦量的绝对平均值。

由此可见，在测量非正弦周期电流和电压时，要注意选择合适的仪表，并注意各种不同类型仪表的读数所表示的含义。

3. 非正弦周期量的平均功率

非正弦周期量的平均功率（有功功率）仍定义为瞬时功率在一个周期内的平均值，即

$$P=\frac{1}{T}\int_0^T p\,dt=\frac{1}{T}\int_0^T ui\,dt$$

可以证明

$$\begin{aligned}P&=U_0I_0+\sum_{k=1}^{\infty}U_kI_k\cos\varphi_k=P_0+\sum_{k=1}^{\infty}P_k\\&=P_0+P_1+P_2+\cdots\end{aligned}$$

可见，非正弦周期性电路中的平均功率等于直流分量和各次谐波分量分别产生的平均功率之和。

【实例 5-2】某一非正弦电压为 $u=40+180\sin\omega t+60\sin(3\omega t+45°)+20\sin(5\omega t+18°)\text{V}$，电流为 $i(t)=1.43\sin(\omega t+85.3°)+6\sin(3\omega t+45°)+0.78\sin(5\omega t+18°)\text{A}$。求平均功率 P。

解：

$$P=P_0+P_1+P_3+P_5$$

$$P_0=U_0I_0=40\times0=0$$

$$P_1=U_1I_1\cos_{\varphi1}=\left[\frac{180}{\sqrt{2}}\times\frac{1.43}{\sqrt{2}}\cos(0°-85.3°)\right]=10.6\text{W}$$

$$P_3=U_3I_3\cos_{\varphi3}=\left[\frac{60\times6}{2}\cos(45°-45°)\right]=180\text{W}$$

$$P_5=U_5I_5\cos_{\varphi5}=\left[\frac{20\times0.78}{2}\cos(18°+60°)\right]=1.62\text{W}$$

$$P=10.6+180+1.62=192\text{W}$$

5.3 非正弦周期电流电路的分析

音箱中的喇叭，主要利用电感元件和电容元件对不同频率的谐波具有不同阻抗的特性，在组合成不同的滤波电路时，就能输出高音和低音，这就是所谓高音喇叭和低音喇叭的工作原理。

由于非正弦周期信号可分解为傅里叶级数，因此线性电路在它的激励下，根据叠加原理，其响应为直流信号和一系列正弦稳态响应的叠加，各响应的计算分别用直流和正弦稳态电路的分析方法进行。电工技术的工程计算中，通常将这种分析方法叫做谐波分析法，其具体步骤如下。

（1）将给定的非正弦信号分解为傅里叶级数，并根据计算精度要求，取有限项高次谐波。

（2）分别计算直流分量及各次谐波分量单独作用时电路的响应，计算方法与直流电路及正弦交流电路的计算方法完全相同。对直流分量，电感元件等于短路，电容元件等于开路。对各次谐波分量可以用相量法进行，但要注意，感抗、容抗与频率有关，要根据不同的谐波频率，分别计算复阻抗。

（3）应用叠加原理，将各次谐波作用下的响应解析式进行叠加。需要注意的是，必须先将各次谐波分量响应写成瞬时值表达式后才可以叠加，而不能把表示不同频率谐波的正弦量的相量进行加减，最后所求响应的解析式是用时间函数表示的。

【实例 5-3】LC 滤波电路如图 5-2 所示，已知 $L=5\text{H}$，$C=10\mu\text{F}$，$R=2\text{k}\Omega$，外加电压为 $u(t)=15-10\cos2\omega t-2\cos4\omega t_{\text{V}}$，$f=50\text{Hz}$。

试求：（1）电阻电压 $u_R(t)$；

（2）电压 $u_R(t)$ 中二次谐波、四次谐波与直流分量的比值。

解：

（1） $\omega=2\pi f=2\pi\times50=314\text{rad/s}$

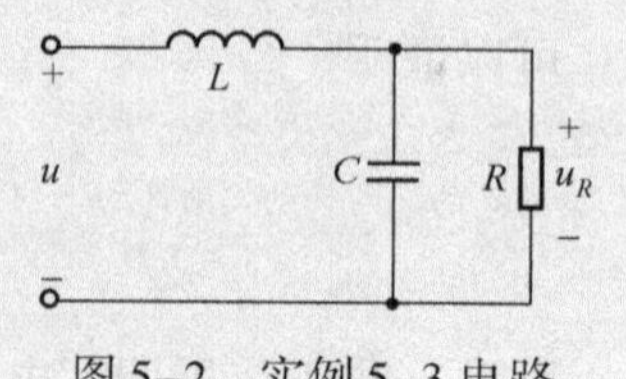

图 5-2 实例 5-3 电路

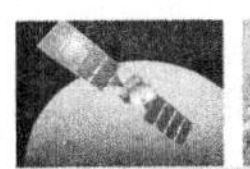  

设相应的电阻电压 $u_R(t)$ 的各分量为

$$u_R = U_{R_0} + u_{R_2} + u_{R_4}$$

U_0单独作用时，按直流电路计算方法得

$$U_{R_0} = U_0 = 15\text{V}$$

二次谐波 u_2 单独作用时，RC 并联电路对二次谐波的复阻抗为

$$Z_{\text{RC}_2} = \frac{\dfrac{R}{\text{j}2\omega C}}{R + \dfrac{1}{\text{j}2\omega C}} = \frac{\dfrac{2\times10^3}{\text{j}2\times100\pi\times10\times10^{-6}}}{2\times10^3 + \dfrac{1}{\text{j}2\times100\pi\times10\times10^{-6}}}$$

$$= 159\angle -89.5° = 12.5 - \text{j}158.8\Omega$$

电阻电压二次谐波 u_{R_2} 的极大值相量

$$\dot{U}_{R_2} = \dot{U}_{2\text{m}}\frac{Z_{\text{RC}_2}}{\text{j}2\omega L + Z_{\text{RC}_2}} = 10\angle -90° \times \frac{159\angle -85.5°}{\text{j}2\times100\pi\times5 + 12.5 - \text{j}158.5}$$

$$= 0.53\angle 94.5°\text{V}$$

写成瞬时值表达式为

$$u_{R_2} = 0.53\sin(2\omega t + 94.5°)\ \text{V}$$

四次谐波 u_4 单独作用时，RC 并联电路对四次谐波的复阻抗为

$$Z_{\text{RC}_4} = \frac{\dfrac{R}{\text{j}4\omega C}}{R + \dfrac{1}{\text{j}4\omega C}} = \frac{\dfrac{2\times10^3}{\text{j}4\times100\pi\times10\times10^{-6}}}{2\times10^3 + \dfrac{1}{\text{j}4\times100\pi\times10\times10^{-6}}}$$

$$= 79.5\angle -87.7° = 3.1 - \text{j}79.5\Omega$$

电阻电压四次谐波 u_{R_4} 的极大值相量为

$$\dot{U}_{R_4} = \dot{U}_{4\text{m}}\frac{Z_{\text{RC}_4}}{\text{j}4\omega L + Z_{\text{RC}_4}} = 2\times\angle -90° \times \frac{79.5\angle -87.7°}{\text{j}4\times100\pi\times5 + 3.1 - \text{j}79.5}$$

$$= 0.026\angle 92.3°\text{V}$$

写成瞬时值表达式为

$$u_{R_4} = 0.026\sin(4\omega t + 92.3°)\ \text{V}$$

将 $u_R(t)$ 的直流分量 U_{R_0}、二次谐波 u_{R_2} 和四次谐波 u_{R_4} 叠加，得

$$u_R = 15 + 0.53\sin(2\omega t + 94.5°) + 0.26\sin(4\omega t + 92.3°)$$

$$\approx 15 + 0.53\cos 2\omega t + 0.026\cos 4\omega t\text{V}$$

(2) 二次谐波和四次谐波的有效值与直流分量的比值分别为

$$\frac{U_{R_2}}{U_{R_0}} = \frac{\dfrac{0.53}{\sqrt{2}}}{15} = 2.5\%$$

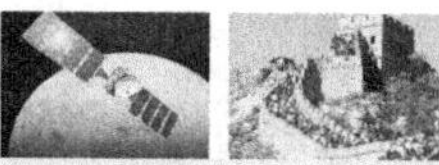

$$\frac{U_{R_4}}{U_{R_0}}=\frac{\frac{0.026}{\sqrt{2}}}{15}=0.12\%$$

上述例题表明，交流分量的响应所占的比例很小，谐波次数越高，响应分量的比例越小。同时，要充分注意到电容元件和电感元件对不同次谐波的作用。电感元件对高次谐波有着较强的抑制作用，而电容元件对高次谐波电流有畅通作用。

应当注意，虽然非正弦波在电信设备中广泛应用，但在电力系统中，由于发电机内部结构的原因，输出能量除基波能量以外，还有高次谐波能量。高次谐波会给整个系统带来极大的危害，如使电能质量降低，损坏电力电容器、电缆、电动机等，增加线路损耗。因此，要想办法消除高次谐波分量。

知识梳理与总结

1. 非正弦周期波

（1）正弦周期波的产生：电源电压或电流是非正弦波；电路中存在非正弦元件。

（2）正弦周期波的表示展开成傅里叶级数。

（3）正弦周期波的有效值、平均值和平均功率。

有效值 $$A=\sqrt{\frac{1}{T}\int_0^T[f(t)]^2\mathrm{d}t}$$

平均值 $$I_{\mathrm{av}}=\frac{1}{T}\int_0^T|i(t)|\,\mathrm{d}t$$

平均功率 $$P=P_0+\sum_{k=1}^{\infty}P_k=P_0+P_1+P_2+\cdots$$

2. 非正弦周期电流电路的分析

谐波分析法是解决非正弦周期电流电路的有效方法。各次谐波叠加时，只能用解析式相加。

习题 5

一、填空题

1. 电路中产生非正弦周期波的原因有____________；________________；________________。

2. 几个不同频率的正弦波共同作用于线性电路，叠加后是一个____________波。

3. 非正弦周期电压电流有效值、平均值计算一般比较烦琐，常用仪表测量求得。平均值应选用____________系仪表，有效值应选用____________系和____________系仪表。

4. 非正弦周期波的有功功率等于____________有功功率之和；无功功率等于____________无功功率之和；视在功率等于________________________。

5. 非正弦周期电流电路的功率因数并不代表电路________________________，

仅代表电路____。

6. 已知某非正弦周期信号的周期 $T=25\text{ms}$，其信号的基波频率______________；三次谐波频率______________。

二、分析计算题

1. 一个全波整流电流波，振幅为 100mA，$\omega=314\text{rad/s}$，试将其分解为傅里叶级数（精确到四次谐波），并求其直流分量、基波和二次谐波。

2. 流过电阻 5Ω 的电流为 $i=5+14.14\cos t+7.07\cos 2t\text{A}$，试计算电阻吸收的功率。

3. 已知 RL 串联电路，外加电压 $u=100\sqrt{2}\sin 314t+25\sqrt{2}\sin 628t+10\sqrt{2}\sin 942t\text{V}$，$R=20\Omega$，$L=63.7\text{mH}$，试求 i、I 和 P。

4. 已知 RLC 串联电路的端电压和电流分别为：$u=100\sin 314t+50\sin(942t-30^{\circ})\text{V}$，$i=10\sin 314t+1.755\sin(942t+\varphi_{i_3})\text{A}$。试求：（1）R、L、C 值；（2）电流三次谐波初相位角 φ_{i_3}；（3）电路吸收功率 P。

5. 已知 RL 串联电路，$R=3\Omega$，$L=12.74\text{mH}$，外施电压 $u=30+60\sin 314t\text{V}$。试求：（1）电流i 和 I；（2）电路吸收功率。

6. 已知 RLC 串联电路，$R=10\Omega$，$L=100\text{mH}$，$C=200\mu\text{F}$，$u=20+20\sin\omega t+10\sin(3\omega t+90^{\circ})\text{V}$，$f=50\text{Hz}$。试求：（1）电流 i 和 I；（2）电路吸收功率 P；（3）电路功率因数。

7. 按照半波、全波整流电路原理图完成一个交流变直流的整流电路搭接。测量该电路的输入/输出端电压、电流，并记录波形；测量该电路的电压、电流的有效值、平均值和输出功率；试计算该电路的电压、电流的有效值、平均值和输出功率。

第6章 电路的暂态分析

教学导航

教	教学目标	1. 了解电路的过渡过程、电压和电流初始值的计算； 2. 理解零输入响应、零状态响应、全响应及其分解； 3. 掌握一阶线性电路暂态分析的三要素法； 4. 了解 LC 电路中的自由振荡
	知识重点	1. 过渡过程、换路等概念； 2. 换路定律； 3. 电路初始值的计算； 4. 一阶电路三要素的求解； 5. RC 电路的应用
	知识难点	1. 初始值的计算； 2. 一阶电路三要素的求解
	教学方法	结合生活实际，通过对实际电路的分析，使学生掌握线性电路的瞬态过程分析
学	学习方法	1. 通过测量感知电物理量的存在，并检验电路的实际参数与计算值的关系； 2. 通过分析计算体会电路的特点； 3. 通过电路搭建掌握电路器件的应用方法
	知识要点	1. 过渡过程、换路、突变概念； 2. 换路定律； 3. 电路初始值的计算； 4. 一阶电路三要素的求解； 5. RC 电路的应用
	技能要点	1. 瞬态电路、RC 电路的搭接； 2. 使用万用表对参数值的测量

6.1　换路定律

6.1.1　电路过渡过程的定义与产生原因

过渡过程在自然界普遍存在，例如，车辆的启动和制动，需要有一个过程，这个过程称为暂态，最后达到稳速或停止运行，称为稳态。在电路中，电容、电感的充放电也存在上述物理现象。

1. 过渡过程的定义

电路从一种稳定状态（稳态）变化到另一种稳定状态的中间过程称为电路过渡过程（也称动态过程或瞬态过程）。

2. 产生过渡过程的原因

如图 6-1 所示的 RLC 电路，将 R、L、C 分别串联一个同样规格的灯泡后，并联接到一个直流电压源上，合上开关，观察灯泡的发光情况：R 支路的灯泡在开关合上的瞬间立即变亮，而且亮度稳定不变；L 支路的灯泡在开关合上后由暗逐渐变亮，最后亮度达到稳定；C 支路的灯泡在开关合上的瞬间突然变至最亮，然后逐渐变暗直至熄灭。三个灯泡不同的发光情况说明了 R、L、C 三个元件上的电流和电压遵循着不同的规律：R 支路的电流 i_R 在开关合上的瞬间立即增大到稳定值；L 支路的电流 i_L 在开关合上后逐渐增大，最后达到稳定值；C 支路的电流 i_C 在开关合上后瞬间突然增大至某一值，然后逐渐减小至零。因此，凡是含有储能元件的电路在涉及与电场能量和磁场能量有关的电量（如电感元件上的电流 i_L 和电容元件两端电压 u_C）发生变化时都只能是逐渐改变而不能突变。这就是电路产生过渡过程的根本原因。

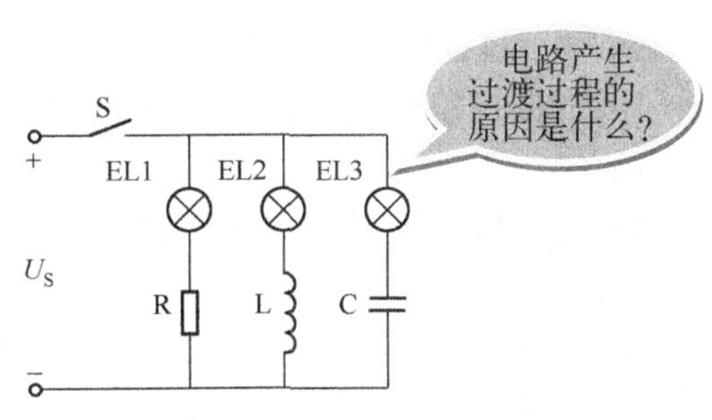

图 6-1　RLC 电路

(1) 外因：电路换路。如电路的接通或断开、电源的变化、电路参数的变化、电路结构的改变等。

(2) 内因：电路中含有储能元件。储能元件即电容 C 和电感 L，纯电阻电路不存在过渡过程。

因此，换路是引起过渡过程的外因，电容中的电场能和电感中的磁场能不能突变是引起过渡过程的内因。

6.1.2　换路定律

综上分析可知，在换路后的一瞬间，如果流过电容的电流和电感两端的电压为有限值，

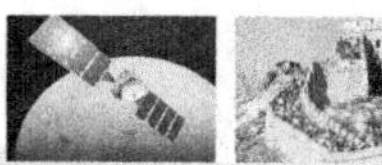

则电容两端的电压与电感上的电流都应保持换路前一瞬间的原数值而不能突变，电路换路后就以此为初始值连续变化直至达到新的稳态值，这个规律称为换路定律。

换路使含有储能元件的电路的能量发生变化，但能量变化是一个渐变的过程，不能跃变。电容所储存的电场能量为 $Cu_C^2/2$，所以，电场能量不能跃变反应在电容器的电压 u_C 不能跃变。电感元件所储存的磁场能量为 $Li_L^2/2$，所以，磁场能量不能跃变反应在通过电感线圈中的电流 i_L 不能跃变。

设 $t=0$ 为换路瞬间，则以 $t=0_-$ 表示换路前一瞬间，$t=0_+$ 表示换路后一瞬间，换路的时间间隔为零。从 $t=0_-$ 到 $t=0_+$ 瞬间，电容元件上的电压 u_C 和电感元件中的电流 i_L 不能跃变，即用公式可表示为

$$u_C(0_+)=u_C(0_-) \tag{6-1}$$

$$i_L(0_+)=i_L(0_-) \tag{6-2}$$

式（6-1）和式（6-2）为换路定律的数学表达式。

应当注意，除了电容电压 u_C 和电感电流 i_L 不能跃变之外，其他的量，如电容电流 i_C、电感电压 u_L、电阻电压 u_R 或电流 i_R 均不受此限制。

6.1.3 电压和电流初始值的计算

电路动态过程初始值的计算按下面的步骤进行。

（1）根据换路前的电路求出换路前瞬间，即 $t=0_-$ 时的电容电压 $u_C(0_-)$ 和电感电流 $i_L(0_-)$ 值。

（2）根据换路定律求出换路后瞬间，即 $t=0_+$ 时的电容电压 $u_C(0_+)$ 和电感电流 $i_L(0_+)$ 值。

（3）画出 $t=0_+$ 时的等效电路，把 $u_C(0_+)$ 等效为电压源，把 $i_L(0_+)$ 等效为电流源。

（4）根据基尔霍夫定律，求电路其他电压和电流在 $t=0_+$ 时的值。

【实例 6-1】 如图 6-2 所示电路中，已知 $R_1=4$，$R_2=6$，$U_s=10\text{V}$，开关 S 闭合前，已达到稳定状态，求环路后瞬间各元件上的电压和电流。

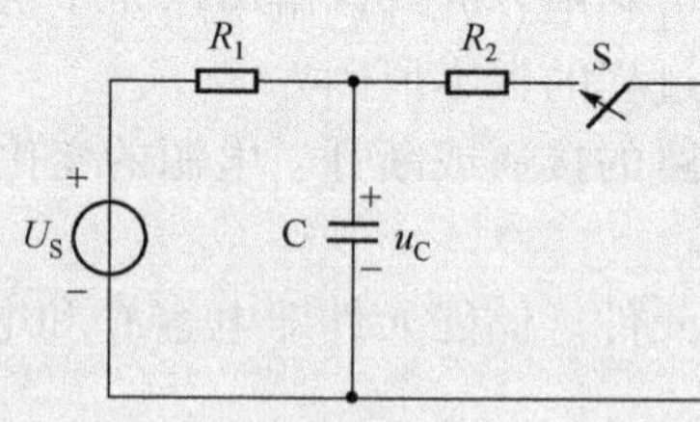

图 6-2　实例 6-1 电路

解：（1）换路前开关 S 尚未闭合，R_2 电阻没有接入，电路如图 6-3 所示。

（2）根据环路定律

$$u_C(0_-)=U_S=10\text{V}$$

$$u_C(0_+)=u_C(0_-)=10\text{V}$$

(3) 开关S闭合后，电阻R_2接入电路，其$t=0_+$时的等效电路如图6-4所示。

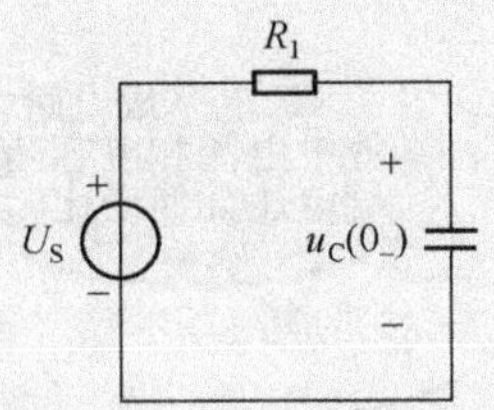

图6-3　换路前电路

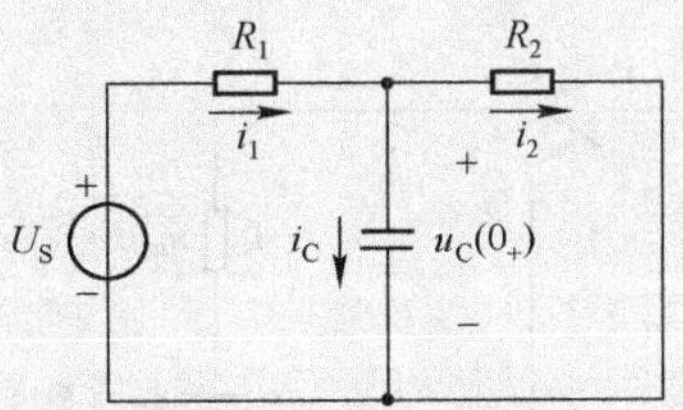

图6-4　等效电路

(4) 在图6-4所示电路上求出各个电压、电流值

$$i_1(0_+)=\frac{U_S-u_C(0_+)}{R_1}=\frac{10-10}{4}=0\text{A}$$

$$u_{R_1}(0_+)=Ri_1(0_+)=0\text{V}$$

$$u_{R_2}(0_+)=u_C(0_+)=10\text{V}$$

$$i_2(0_+)=\frac{u_{R_2}(0_+)}{R_2}=\frac{10}{6}=1.67\text{A}$$

$$i_C(0_+)=i_1(0_+)-i_2(0_+)=-i_2(0_+)=-1.67\text{A}$$

6.2　一阶电路的零输入响应

在电路分析中，“激励”和“响应”是经常提到的词语。那么什么是激励？什么是响应呢？简单地说，施加于电路的信号称为激励，对激励作出的反应称为响应。

只含有一个动态元件（即储能元件L或C）的电路可用一阶微分方程描述和求解，这种电路称为一阶电路。所谓一阶电路响应，就是研究只含有一种储能元件的电路在激励后所产生的反应。

零输入是指输入能量为零，电路依靠原有储能产生过渡过程（响应），这种电路一定是储能元件放电电路，最终，储能为零（即放电放完，$u_C=0$或$i_L=0$）。

6.2.1　RC电路零输入响应

RC零输入电路如图6-5所示，电容器充电至$u_C=E$后，将S扳到2，电容器通过电阻R放电。电路中的电流及电压都按指数规律变化，其数学表达式为

$$i=-\frac{E}{R}\text{e}^{-\frac{t}{\tau}} \tag{6-3}$$

$$u_C=E\text{e}^{-\frac{t}{\tau}} \tag{6-4}$$

$$u_R=-E\text{e}^{-\frac{t}{\tau}}$$

$\tau=RC$为放电的时间常数，单位为秒（s），它反映了电路过渡过程的快慢。τ越小，衰减速率越快。

u_C和 i 的函数曲线如图 6-6 所示。

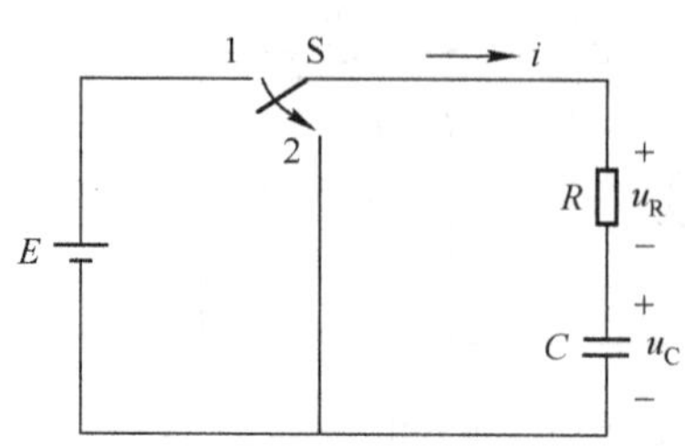

图 6-5　RC 零输入电路

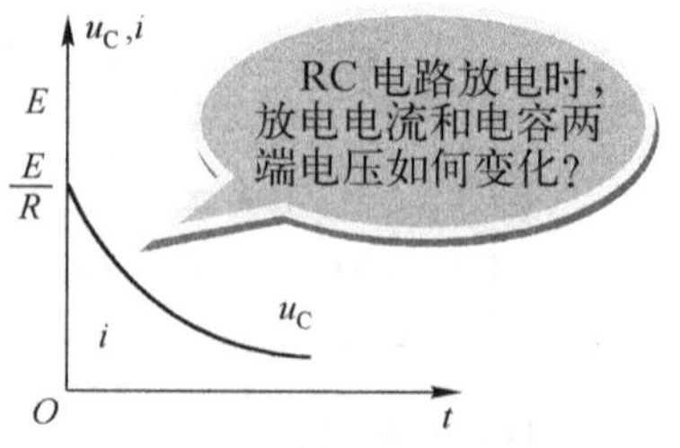

图 6-6　电容放电时 u_C和 i 的函数曲线

从图 6-6 可以看出，开关 S 合到 2 上时，电流瞬时达到最大，之后逐渐减小至零；电容两端电压也逐渐减小。

【实例 6-2】如图 6-7 所示电路中，已知 $C = 0.5\mu F$，$R_1 = 100\Omega$，$R_2 = 50k\Omega$，$E = 200V$，当电容器充电至 200V 时，将开关 S 由接触点 1 转向接触点 2，求初始电流、时间常数及接通后经多长时间电容器电压降至 74V？

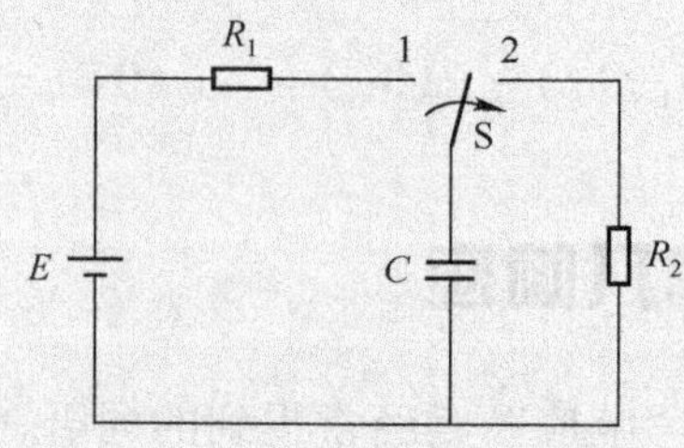

图 6-7　实例 6-2 电路

解：

$$i(0_+) = \frac{u_C(0_+)}{R_2} = \frac{200}{50 \times 10^3} = 4 \times 10^{-3}A$$

$$\tau = R_2C = 50 \times 10^3 \times 0.5 \times 10^{-6}s = 25ms$$

$$e^{-\frac{t}{\tau}} = \frac{u_C}{u_C(0_+)} = \frac{74}{200} = 0.37$$

求得

$$t/\tau = 1$$

$$t = \tau = 25ms$$

6.2.2　RL 电路零输入响应

RL 零输入电路如图 6-8 所示，S 闭合稳定后，断开 S 的等效电路如图 6-9 所示。

理论和实践证明，在瞬态过程中，i、u_R、u_L都按指数规律下降，最后下降为零。其数学表达式为

$$i_L = i_L(0_+)e^{-\frac{t}{\tau}}$$

$$u_L = i_L(0_+)Re^{-\frac{t}{\tau}}$$

$$u_R = u_L$$

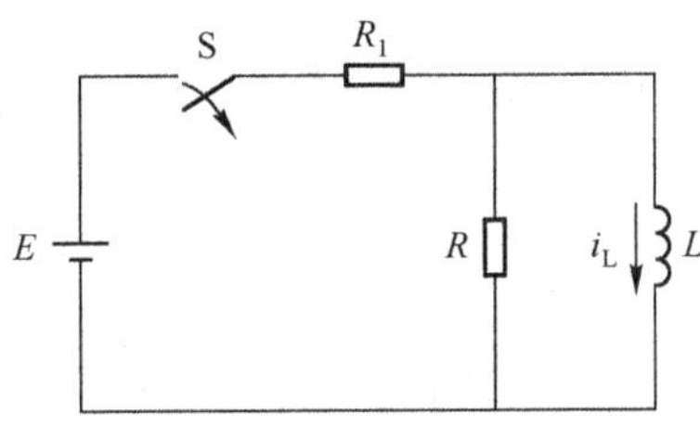

图6-8　RL零输入电路

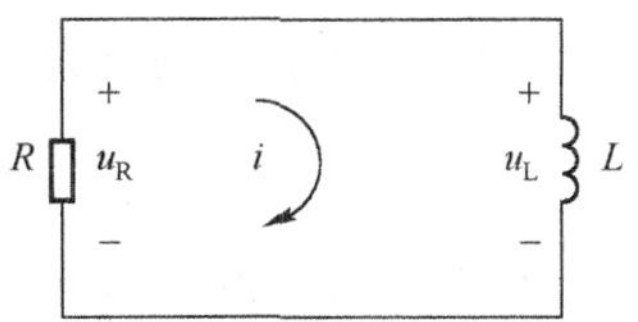

图6-9　RL电路切断电源的等效电路

$\tau=\dfrac{L}{R}$称为RL电路的时间常数，单位为秒（s），意义和RC电路的时间常数τ相同。时间常数τ越大，RL电路到达稳定状态的时间就越长；时间常数τ越小，RL电路就越快进入稳定状态。

【实例6-3】电路如图6-10所示，电路原已稳定，$t=0$时，打开开关S。试求：电感电流$i_L(t)$和电感电压$u_L(t)$。

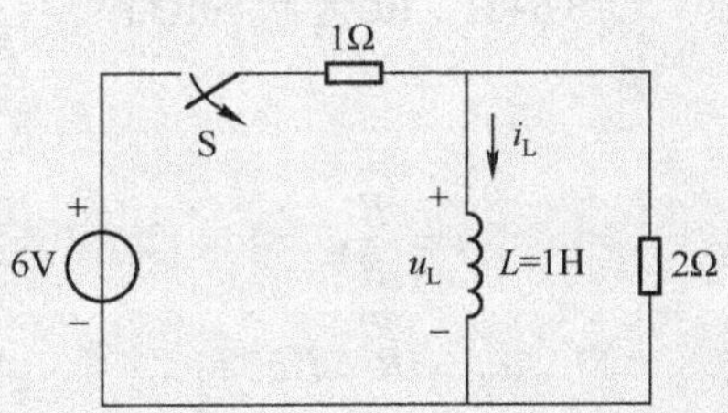

图6-10　实例6-3电路

解：RL电路的时间常数$\tau=\dfrac{L}{R}$，但该表达式中的R应为换路后电路的电阻。因此，

$$\tau=\frac{L}{R}=\frac{1}{2}=0.5\text{s}$$

换路前，电路已达稳态，电感对直流相当于短路，$i_L(0_-)=6/1=6\text{A}$。

根据换路定律，$i_L(0_+)=i_L(0_-)=6\text{A}$。

换路后，电路属于零输入电路

$$i_L(t)=i_L(0_+)e^{-\frac{t}{\tau}}=i_L(0_-)e^{-\frac{t}{\tau}}=6e^{-2t}\text{A}$$

$$u_L(t)=2i_L(t)=12e^{-2t}\text{V}$$

6.3　一阶电路的零状态响应

零状态响应是在电路零初始状态下（储能元件初始储能为零），由外施激励引起的响应。这种电路一定是储能元件由零开始充电，最终充至最大值。

6.3.1 RC 电路零状态响应

RC 零状态电路如图 6-11 所示，开关 S 刚合上时，由于 $u_C(0_-)=0$，所以 $u_C(0_+)=0$，$u_R(0_+)=E$，该瞬间电路中的电流为

$$i(0^+)=\frac{E}{R}=I$$

电路中电流开始对电容器充电，u_C逐渐上升，充电电流 i 逐渐减小，u_R也逐渐减小。当 u_C趋近于 E 时，充电电流 i 趋近于 0，充电过程基本结束。理论和实践证明，RC 电路的充电电流按指数规律变化。

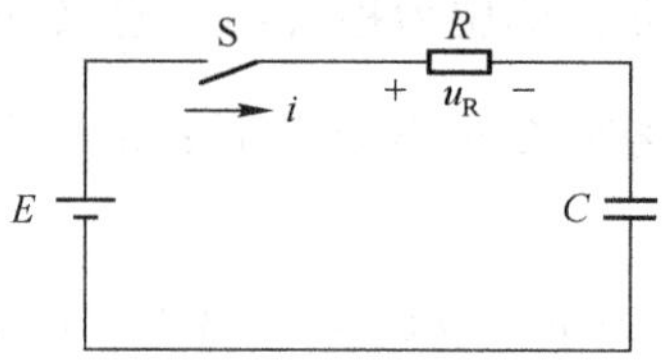

图 6-11　RC 零状态电路

其数学表达式为

$$i=\frac{E}{R}e^{-\frac{t}{\tau}}$$

则

$$u_R=iR=Ee^{-\frac{t}{\tau}}$$

$$u_C=E-u_R=E(1-e^{-\frac{t}{\tau}})$$

式中，$\tau=RC$ 称为时间常数，单位是秒（s），它反映电容器的充电速率。τ 越大，充电过程越慢。当 $t=\tau$ 时，$u_C=0.632E$，τ 是电容器充电电压达到稳态值的 63.2% 时所用的时间。当 $t=(3\sim5)\tau$ 时，u_C为$(0.95\sim0.99)E$，通常可以认为充电过程结束。

u_C和 i 的函数曲线如图 6-12 所示，从图中可以看出，在图 6-11 中合上开关 S 时，电流瞬时达到最大，然后逐渐减小至零；电容两端的电压逐渐增大。

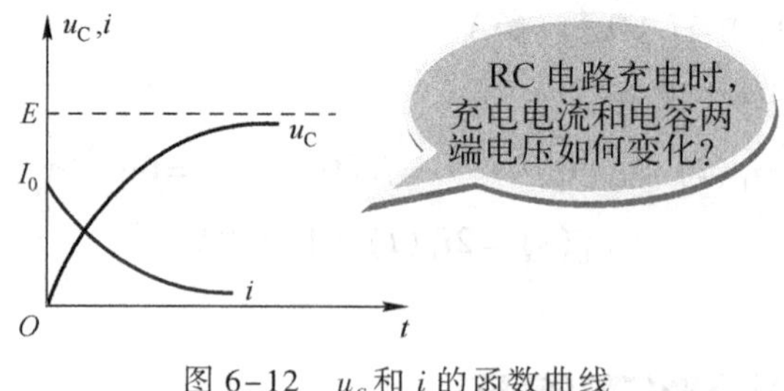

图 6-12　u_C和 i 的函数曲线

6.3.2 RL 电路零状态响应

RL 零状态电路如图 6-13 所示，S 刚闭合时电路的方程为

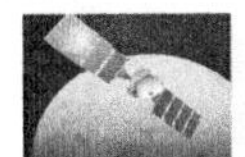

$$u_R + u_L = E$$

$$iR + L\frac{\Delta i}{\Delta t} = E$$

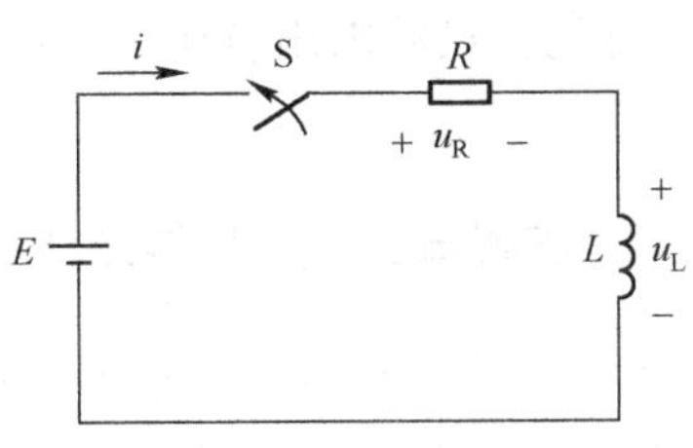

图 6-13 RL 零状态电路

i、u_R、u_L变化的数学表达式为

$$i = \frac{E}{R}(1 - e^{-\frac{L}{R}t}) = \frac{E}{R}(1 - e^{-\frac{t}{\tau}})$$

所以 $$u_R = E(1 - e^{-\frac{L}{R}t}) = E(1 - e^{-\frac{t}{\tau}})$$

$$u_L = Ee^{-\frac{L}{R}t} = Ee^{-\frac{t}{\tau}}$$

式中，$\tau = \frac{L}{R}$称为 RL 电路的时间常数，单位为秒（s），意义和 RC 电路的时间常数 τ 相同。时间常数 τ 越大，RL 电路到达稳定状态的时间就越长；时间常数 τ 越小，RL 电路就越快进入稳定状态。

i、u_R和 u_L随时间变化的曲线如图 6-14 所示。

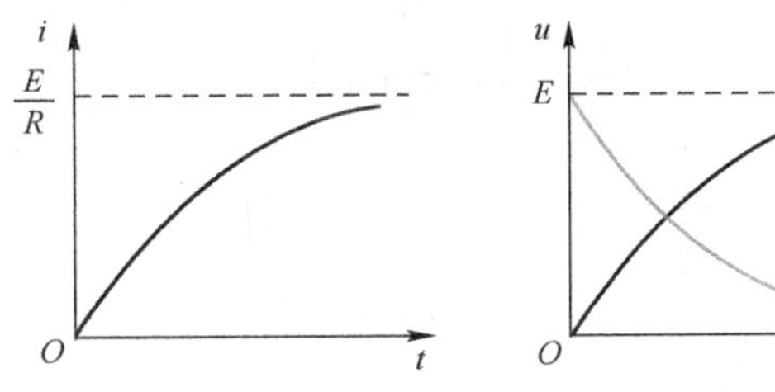

图 6-14 i、u_R、u_L随时间变化的曲线

从图 6-14 中可以看出，在图 6-13 中合上开关 S 时，电流逐渐增大；电感两端的电压瞬时达到电源电压，之后逐渐减小。

6.4 一阶电路的三要素法

一阶电路过渡过程通常是：电路变量由初始值向新的稳态值过渡，并且是按照指数规律逐渐趋向新的稳态值，趋向新的稳态值的速率与时间常数有关。所以，只要知道换路后的初始值、稳态值和时间常数三个要素，就能直接写出一阶电路过渡过程的通解，这就是一阶电路的三要素法。

1. 三要素法的一般形式

$$f(t) = f(\infty) + [f(0_+) - f(\infty)]e^{-\frac{t}{\tau}} \tag{6-5}$$

式（6-5）中：$f(t)$表示电路中待求的电压或电流；$f(0_+)$表示初始值，可根据换路定律求得；$f(\infty)$是电容相当于开路、电感相当于短路时求得的新稳态值；时间常数 τ 在同一电路中只有一个值，$\tau = RC$ 或 $\tau = L/R$，其中 R 应理解为换路后的电路从储能元件（C 或 L）两端看进去的输入电阻。

可见，只要求出$f(0_+)$、$f(\infty)$和τ就可写出过渡过程的表达式，这种方法称为三要素法。

2. 求解三要素的具体方法

（1）求出初始值$f(0_+)$。求解$f(0_+)$应充分利用换路定律，RC电路，先求电容电压$u_C(0_-)$，$u_C(0_+)=u_C(0_-)$；RL电路，先求电感电流$i_L(0_-)$，$i_L(0_+)=i_L(0_-)$。

（2）求出稳态下响应电流或电压的稳态值$i(\infty)$或$u(\infty)$，即$f(\infty)$。

（3）求出电路的时间常数τ。RC电路，$\tau=RC$；RL电路，$\tau=\dfrac{L}{R}$。

（4）将求得的三要素代入一阶电路过渡过程的通解即可。

【实例6-4】如图6-15所示的电路中，已知$E=6\text{V}$，$R_1=10\text{k}\Omega$，$R_2=20\text{k}\Omega$，$C=30\mu\text{F}$，开关S闭合前，电容两端电压为零，求S闭合后电容元件上的电压u_C。

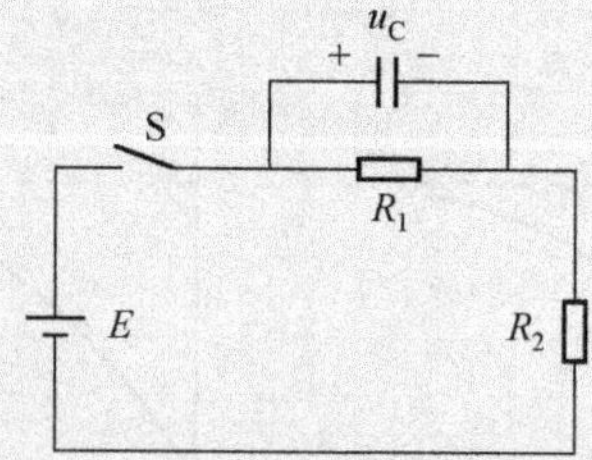

图6-15　实例6-4电路

解：（1）确定初始值：

开关S闭合前　$u_C(0_-)=0$

根据换路定律　$u_C(0_+)=u_C(0_-)=0$

（2）确定稳态值：

稳态时，电容元件相当于开路，所以

$$u_C(\infty)=\frac{R_1E}{R_1+R_2}=\frac{10\times6}{10+20}=2\text{V}$$

（3）确定开路的时间常数：

根据换路后的电路，从电容元件两端看进去的等效电阻为

$$R=\frac{R_1R_2}{R_1+R_2}=\frac{10\times20}{10+20}=\frac{20}{3}\text{k}\Omega$$

所以

$$\tau=RC=\frac{20}{3}\times10^3\times30\times10^{-6}=0.2\text{s}$$

（4）根据一阶电路过渡过程的通解可得

$$u_C=\left[2+(0-2)\text{e}^{-\frac{t}{0.2}}\right]=2-2\text{e}^{-5t}\text{V}$$

【实例6-5】如图6-16所示电路中，已知 $E=20\text{V}$，$R_1=2\text{k}\Omega$，$R_2=3\text{k}\Omega$，$L=4\text{mH}$，开关S闭合前，电路处于稳态，求开关S闭合后电路中的电流 i_L。

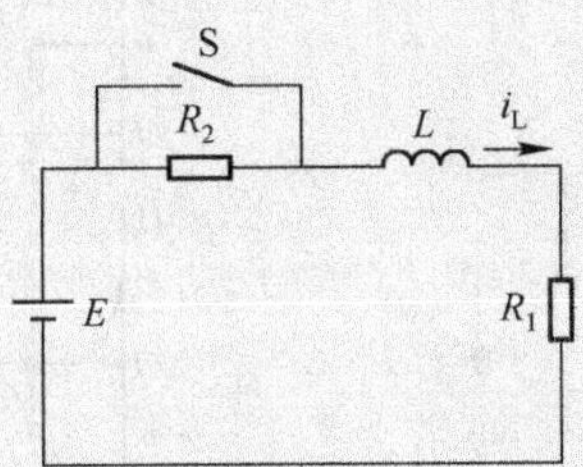

图6-16 实例6-5电路

解：(1) 确定初始值：

开关S闭合前电路处于稳态，电感相当于短路，所以

$$i_L(0_-)=\frac{E}{R_1+R_2}=\frac{20}{2+3}=4\text{mA}$$

根据换路定律

$$i_L(0_+)=i_L(0_-)=4\text{mA}$$

(2) 确定稳态值：

开关S闭合后，R_2被短路。电路处于稳态时，电感元件相当于短路，所以

$$i_L(\infty)=\frac{E}{R_1}=\frac{20}{2\times10^3}=10\text{mA}$$

(3) 确定时间常数：

根据换路后的电路，从电感元件两端看进去的等效电阻为

$$R=R_1=2\text{k}\Omega$$

所以

$$\tau=\frac{L}{R}=\frac{4\times10^{-3}}{2\times10^3}=2\mu\text{s}$$

(4) 根据一阶电路过渡过程的通解可得

$$i_L=[10+(4-10)\text{e}^{-\frac{t}{2\times10^{-6}}}]=(10-6\text{e}^{-5\times10^5t})\text{mA}$$

6.5 一阶电路的典型应用

在电子技术中常用RC电路实现多种不同的功能，RC电路构成的微分电路与积分电路用来实现波形的产生和变换；在避雷器中的RC电路有过压保护作用。

1. 微分电路

微分电路是指输出电压与输入电压之间成微分关系的电路。微分电路可以由RC或RL电路构成，下面以RC微分电路为例，讨论电路的构成条件和特点。

最简单的RC微分电路如图6-17（a）所示，其主要作用是当输入如图6-17（b）所示

的矩形脉冲 u_i 时，输出如图 6-17（b）所示的正、负脉冲 u_o。

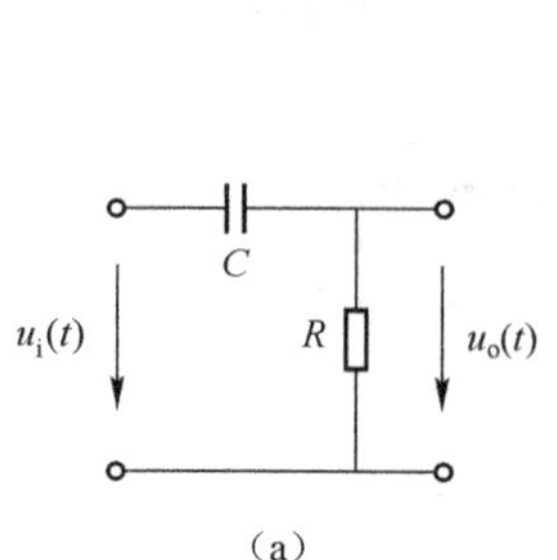

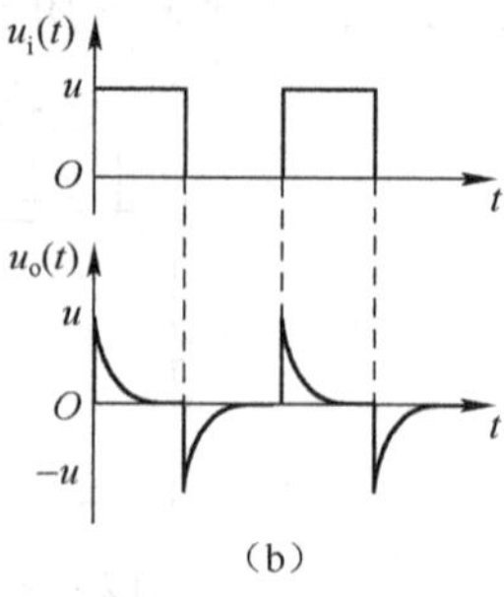

图 6-17　微分电路

构成 RC 微分电路的条件是：

(1) RC 串联电路，从电阻 R 输出电压；

(2) 电路的时间常数 τ 要比输入矩形脉冲的宽度 t_p 小得多，即 $\tau << t_p$。

因此，取 RC 串联电路中的电阻两端为输出端，并选择适当的电路参数使时间常数 $\tau << t_p$。由于电容器的充放电进行得很快，因此电容器 C 上的电压 $u_C(t)$ 接近等于输入电压 $u_i(t)$，这时输出电压为

$$u_o(t) = R \cdot i_C = RC \cdot \frac{du_C}{dt} \approx RC \cdot \frac{du_i(t)}{dt}$$

上式表明，输出电压 $u_o(t)$ 近似地与输入电压 $u_i(t)$ 成微分关系，所以这种电路称为微分电路。

2. 积分电路

积分电路是指输出电压与输入电压之间成积分关系的电路。积分电路可以由 RC 或 RL 电路构成，最简单的 RC 积分电路如图 6-18（a）所示，其主要作用是当输入如图 6-18（b）所示的矩形脉冲 u_i 时，输出如图 6-18（b）所示的波形 u_o。

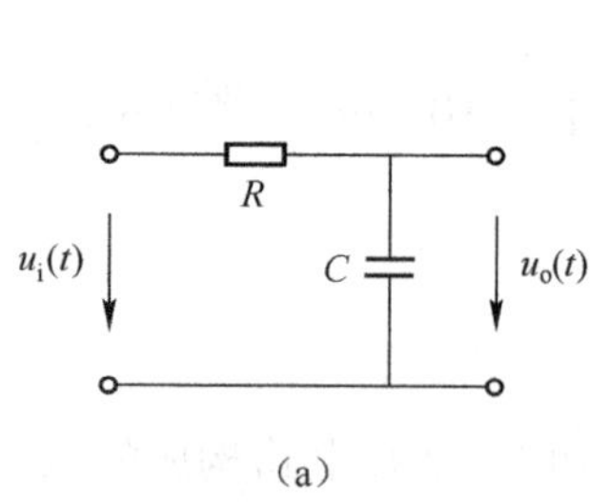

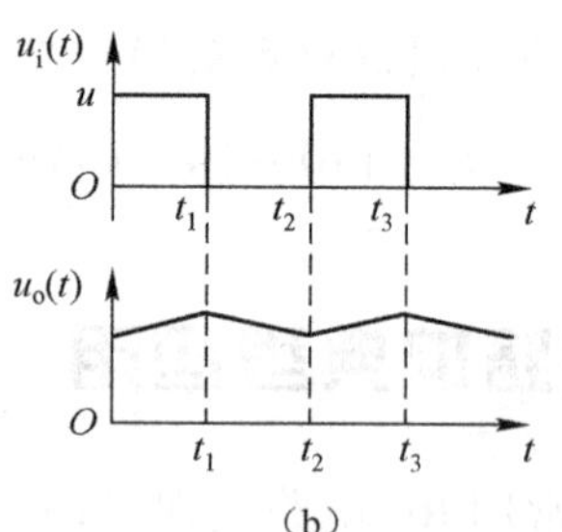

图 6-18　积分电路

构成 RC 积分电路的条件是：

(1) RC 串联电路，从电容 C 输出电压；

(2) 电路时间常数 τ 要比输入矩形脉冲的宽度 t_p 大得多，即 $\tau >> t_p$。

因此，如果将 RC 电路的电容两端作为输出端，电路参数满足 $\tau >> t_p$ 的条件，则成为积

分电路。由于这种电路电容器充放电进行得很慢，因此电阻 R 上的电压 $u_R(t)$ 近似等于输入电压 $u_i(t)$，其输出电压 $u_o(t)$ 为

$$u_o(t)=u_C(t)=\frac{1}{C}\int i_R(t)\cdot \mathrm{d}t=\frac{1}{C}\int \frac{u_R(t)}{R}\cdot \mathrm{d}t\approx\frac{1}{RC}\int\cdot u_i(t)\cdot \mathrm{d}t$$

上式表明，输出电压 $u_o(t)$ 与输入电压 $u_i(t)$ 近似地成积分关系。

3. 避雷器的过电压保护

1）避雷器的作用

避雷器是与电器设备并接的一种过电压保护设备。其作用是限制电器设备绝缘上的过电压，保护其绝缘免受损伤或击穿。

2）避雷器的工作原理

变压器高压侧经整流硅堆输出的电压是半波整流电压，其正半周时，经电阻 R 对电容 C 充电；负半周时电容 C 经 R 放电，但由于 C 较大，电荷逸出很少。下一个正半周时，C 又通过 R 充电，使两端的电压维持原来的数值，这样就保证了避雷器两端的电压波动很小。

知识梳理与总结

1. 过渡过程

在具有储能元件的电路中，换路后，电路从前一种稳态变化到后一种稳态的中间过程叫做电路的过渡过程。

2. 换路

引起过渡过程的电路变化称为换路。

3. 换路定律

由于电路含储能元件电感或电容，其能量不能跃变，所以，换路瞬间，电容元件上的电压和电感元件上的电流不能跃变，称为换路定律。

即

$$u_C(0_+)=u_C(0_-)=0$$

$$i_L(0_+)=i_L(0_-)=0$$

在换路前，如果储能元件没有储能，则在换路瞬间，电容相当于短路，电感相当于开路。应用换路定律和基尔霍夫定律可求出一阶电路的初始值。

4. RC 电路的过渡响应

$\tau=RC$ 称为时间常数，单位是秒（s），它反映电容器的充电速率。τ 越大，充电过程越慢；τ 越小，充电过程越快。当 $t=(3\sim5)\tau$ 时，u_C 为 $(0.95\sim0.99)E$，认为充电过程结束。

RC 电路状态	初始条件（$t=0_+$）	电压、电流变化	终态（$t\to\infty$）	时间常数 τ
接通电源 E $u_C(0_-)=0$	$u_C=0$ $i=\frac{E}{R}$	$u_C=E(1-e^{-\frac{t}{\tau}})$ $i=\frac{E}{R}e^{-\frac{t}{\tau}}$	$u_C=E$ $i=0$	$\tau=RC$
短路 $u_C(0_-)=E$	$u_C=E$ $i=\frac{E}{R}$	$u_C=Ee^{-\frac{t}{\tau}}$ $i=-\frac{E}{R}e^{-\frac{t}{\tau}}$	$u_C=E$ $i=0$	$\tau=RC$

5. RL 电路的过渡响应

$\tau=\frac{L}{R}$称为 RL 电路的时间常数，单位为秒（s），意义和 RC 电路的时间常数 τ 相同。时间常数 τ 越大，RL 电路到达稳定状态的时间就越长；时间常数 τ 越小，RL 电路越快进入稳定状态。

RC 电路状态	初始条件（$t=0_+$）	电压、电流变化	终态（$t\to\infty$）	时间常数 τ
接通电源 E $i(0_-)=0$	$i=0$ $u_L=E$	$i=E(1-e^{-\frac{t}{\tau}})$ $u_L=Ee^{-\frac{t}{\tau}}$	$i=\frac{E}{R}$ $u_L=0$	$\tau=\frac{L}{R}$
短路 $i(0_-)=\frac{E}{R}$	$i=\frac{E}{R}$ $u_L=E$	$i=\frac{E}{R}e^{-\frac{t}{\tau}}$ $u_L=-Ee^{-\frac{t}{\tau}}$	$i=0$ $u_L=0$	$\tau=\frac{L}{R}$

6. 一阶线性电路

电路中仅有一个储能元件（电容或电感）时，在直流电源作用下，电路方程为一阶常系数线性方程，电路称为一阶线性电路。

7. 一阶电路三要素法

在一阶电路的过渡过程中，只要知道换路后的初始值、稳态值和时间常数三个要素，就能写出一阶电路瞬态过程的解，这就是一阶电路的三要素法。

8. 一阶电路用三要素法得到的通解

在直流电源作用下，一阶电路用三要素法得到的通解为

$$f(t)=f(\infty)+[f(0+)-f(\infty)]e^{-\frac{t}{\tau}}$$

$f(0+)$可根据换路定律和基尔霍夫定律求得；$f(\infty)$是电容相当于开路、电感相当于短路时求得的新稳态值；时间常数在同一电路中只有一个值，$\tau=RC$ 或 $\tau=L/R$，其中 R 应理解为换路后的电路从储能元件两端看进去的输入电阻。

习题 6

一、填空题

1. 换路定律的内容用公式表示为______________；______________。

2. RC串联电路过渡过程的时间常数 $\tau=$ ____________；而RL串联电路的时间常数 $\tau=$ ____________。时间常数 τ 越大，过渡过程的时间越____________。

3. 电容器在充电的过程中，两极板间____________逐渐上升，但充电____________却是由大逐渐减小到零。

4. 根据换路定律分析过渡过程，在 $t=0$ 时换路的一瞬间电容电压 $u_C(0_+)=u_C(0_-)=0$，则此时该电容相当于____________。

5. 根据换路定律分析过渡过程，在 $t=0$ 时换路的一瞬间电感电流 $i_L(0_+)=i_L(0_-)=0$，则此时该电感相当于____________。

6. RC微分电路的作用是将输入的____________波变换为____________波输出。RC积分电路的作用是将输入的____________波变换为____________波输出。

7. RC串联电路构成微分电路的条件是____________，____________。RC串联电路构成积分电路的条件是____________，____________。

8. 电路产生过渡过程的内因是____________；外因是____________。

二、分析计算题

1. 在图6-19中，直流电源的电压 $U_S=50V$，$R_1=5\Omega$，$R_2=5\Omega$，$R_3=20\Omega$，电路原已达到稳态，在 $t=0$ 时，断开开关S，试求 0_+ 时的 i_L、U_C、U_R、i_C、U_L。

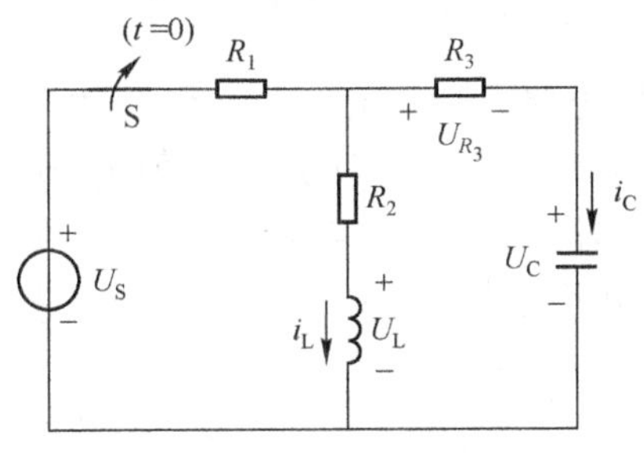

图6-19　习题2-1图

2. 电路如图6-20所示，当开关S断开前电路处于稳态，试求S断开时电容电压和电流的初始值 $u_C(0_+)$、$i_C(0_+)$。

3. 电路如图6-21所示，当开关S断开前电路处于稳态，试求S断开时电感电流和电压的初始值 $i_L(0_+)$、$u_L(0_+)$。

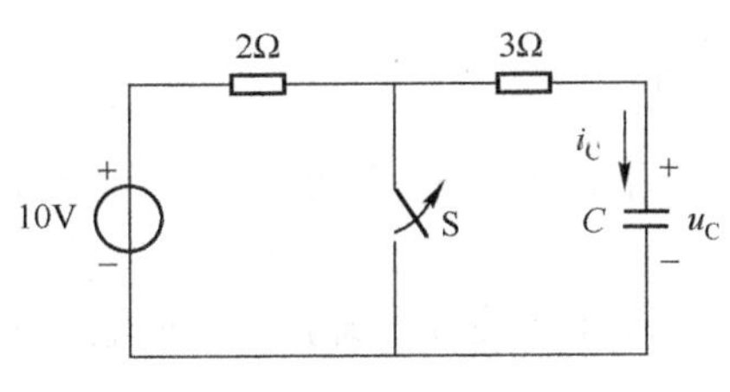

图6-20　习题2-2图

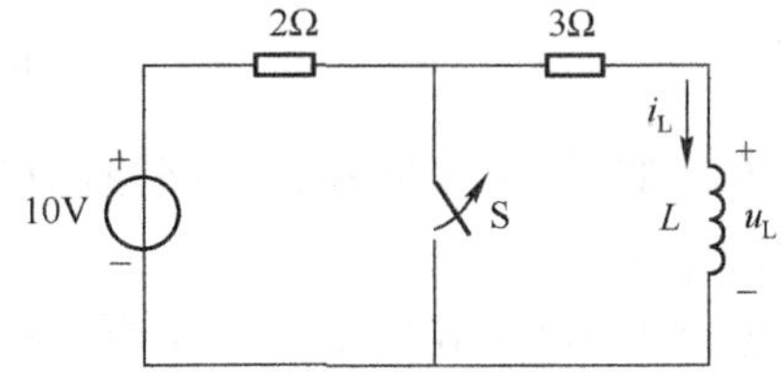

图6-21　习题2-3图

4. 电路如图6-22所示，电路原已稳定，$t=0$ 时，合上开关S。试作出 $t=0_+$ 时的等效电路，并求初始值 $i_L(0_+)$、$u_C(0_+)$、$u_L(0_+)$、$i_C(0_+)$。

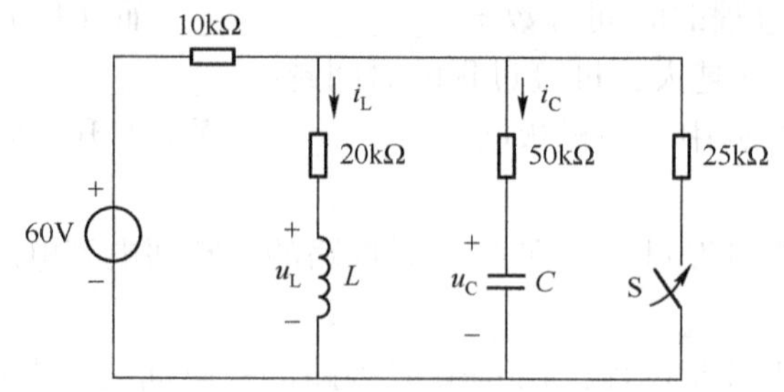

图 6-22　习题 2-4 图

5. 一阶电路如图 6-23 所示，求开关 S 打开时电路的时间常数。

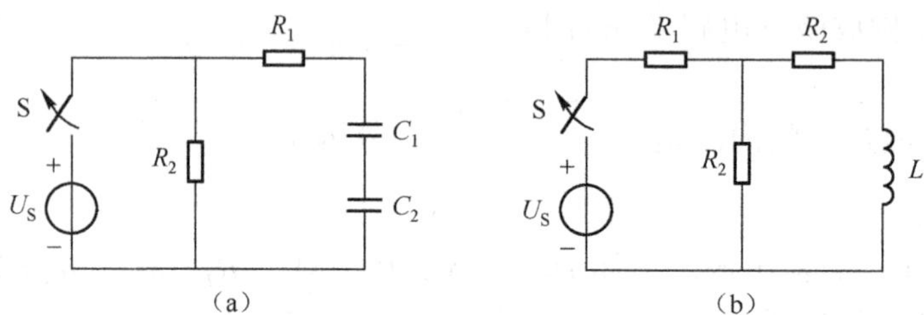

图 6-23　习题 2-5 图

6. 电路如图 6-24 所示，原电路已达稳态。(1) 在 $t=0$ 时开关 S 闭合，如图 6-24（a）所示，求 $t=0_+$ 和 $t=\infty$ 时的等效电路，并计算初始值 $i_1(0_+)$、$i_2(0_+)$ 和稳态值 $i_1(\infty)$、$i_2(\infty)$；(2) 在 $t=0$ 时开关 S 打开，如图 6-24（b）所示，求 $t=0_+$ 和 $t=\infty$ 时的等效电路，并计算初始值 $i_1(0_+)$、$i_2(0_+)$ 和稳态值 $i_1(\infty)$、$i_2(\infty)$。

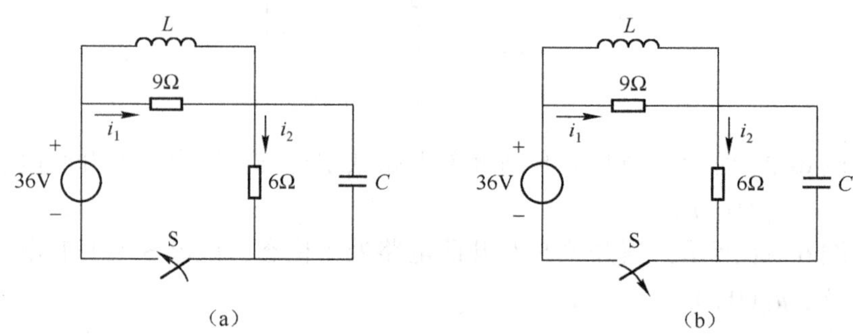

图 6-24　习题 2-6 图

7. 电路如图 6-25 所示，电路原已稳定，$t=0$ 时，合上开关 S。试求：电感电流 $i_L(t)$ 和电感电压 $u_L(t)$。

8. 电路如图 6-26 所示，电路原已稳定，$t=0$ 时，打开开关 S。试求：电感电流 $i_L(t)$ 和电感电压 $u_L(t)$。

9. 电路如图 6-27 所示，电路原已稳定，$t=0$ 时，打开开关 S。试求：(1) 开关 S 打开后的初始值 $u_C(0_+)$、稳态值 $u_C(\infty)$ 及时间常数 τ；(2) $u_C(t)$ 及其响应曲线。

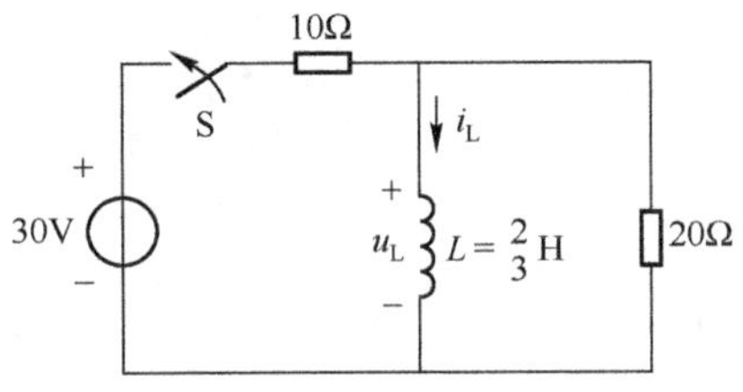

图 6-25 习题 2-7 图

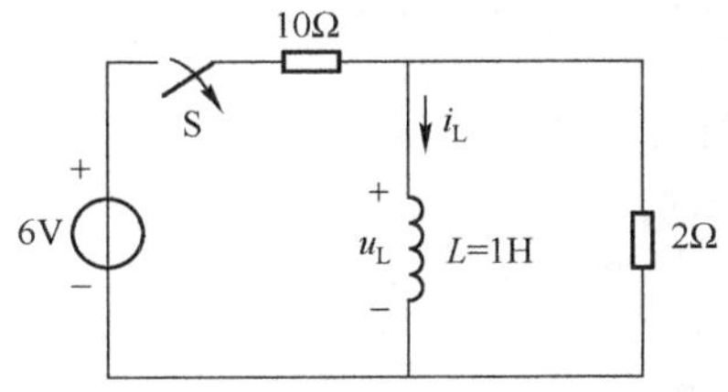

图 6-26 习题 2-8 图

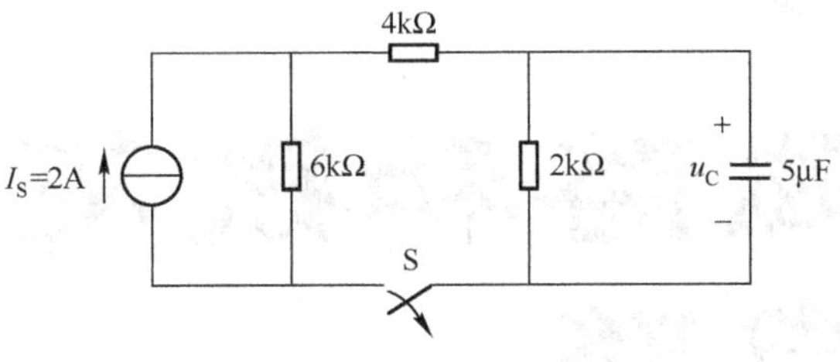

图 6-27 习题 2-9 图

10. 电路如图 6-28 所示，电路原已稳定，$t=0$ 时，开关 S 由 1 合向 2。试求：$t \geq 0_+$ 时 $u_C(t)$。

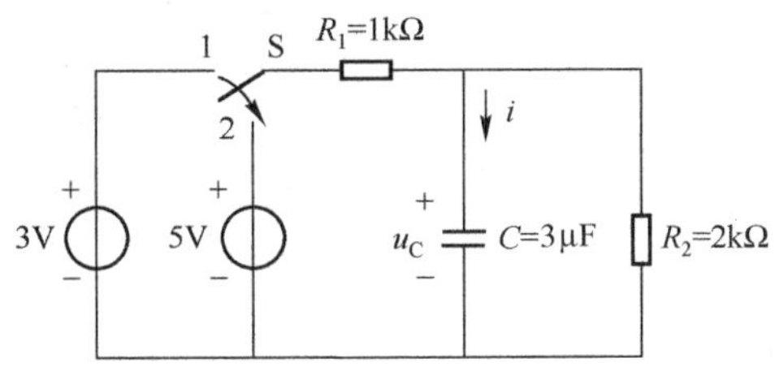

图 6-28 习题 2-10 图

11. 电路如图 6-29 所示，$U_S=180$V，$R_1=30\Omega$，$R_2=60\Omega$，$C=0.1$F，电容无储能，应用三要素法求开关 S 合上后 $u_C(t)$、$i_1(t)$ 的响应。

12. 电路如图 6-30 所示，电路原已稳定，$t=0$ 时合上开关 S，应用三要素法求 $i_L(t)$、$u_L(t)$ 的响应。

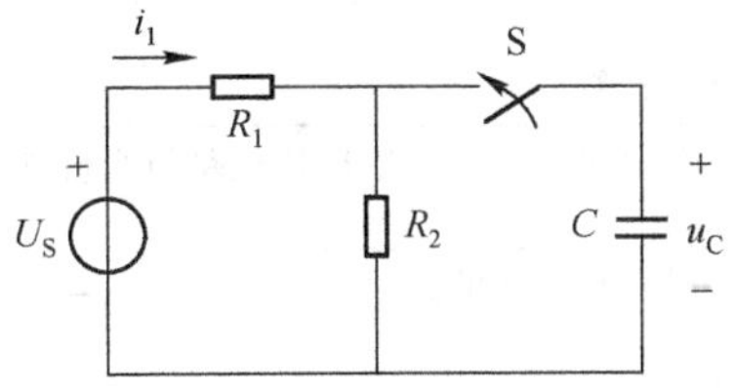

图 6-29 习题 2-11 图

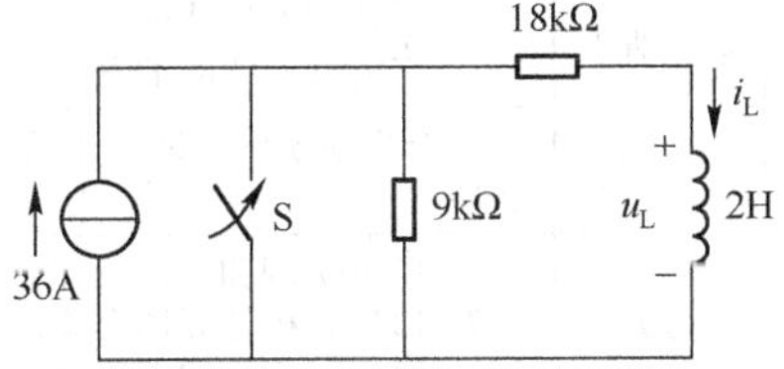

图 6-30 习题 2-12 图

第7章 磁路和铁芯线圈电路

教学导航

教	教学目标	1. 了解磁路的基本物理量及其相互关系、安培环路定律； 2. 了解铁磁材料的磁性能； 3. 理解磁路与磁路定律、直流磁路的计算、交流磁路的特点； 4. 掌握铁芯线圈的电路模型
	知识重点	1. 磁路的概念和磁路基本定律的计算； 2. 铁磁性物质的磁化过程和参数； 3. 交流铁芯线圈的磁通、电压、电流、功率的计算； 4. 电磁铁的结构、原理、分类、使用； 5. 变压器的组成、原理、用途
	知识难点	1. 磁路基本定律的计算； 2. 交流铁芯线圈的磁通、电压、电流、功率的计算
	教学方法	结合生活实际，通过生活实例、实物展示、实验演示，让学生理解磁路与交流铁芯线圈
学	学习方法	1. 通过实例和演示感知磁路的存在，并检验铁磁性物质的磁化； 2. 通过分析计算体会磁路基本定律； 3. 通过实物掌握电磁铁、变压器的结构、组成
	知识要点	1. 磁路基本定律的计算； 2. 磁滞回线； 3. 交流铁芯线圈的磁通、电压、电流、功率的计算； 4. 电磁铁的结构、原理、分类、使用； 5. 变压器的组成、原理、用途
	技能要点	1. 变压器的拆卸； 2. 变压器应用电路的搭接； 3. 使用万用表对参数值的测量

7.1　磁路的基本概念及基本定律

电能产生磁，磁又能转变为电，电和磁相互作用、紧密联系，在许多实际应用中，不能孤立分析，如变压器、电动机等。因此，学习磁铁及其特性很有必要。

7.1.1　磁场基本物理量

磁场的基本物理量主要有磁感应强度 B、磁通 Φ、磁导率 μ 和磁场强度 H 等。

1. 磁感应强度 B

磁感应强度是表征磁场中某点的磁场大小和方向的物理量，用 B 表示，单位为特斯拉（T），工程上常采用高斯（Gs）作为 B 的单位，1Gs = 10T。

2. 磁通量 Φ

磁感应强度 B 与垂直于磁场方向的面积 A 的乘积，称为通过该面积的磁通量 Φ。即

$$\Phi = BA$$

或

$$B = \frac{\Phi}{A}$$

磁通量 Φ 的单位为韦伯（Wb），工程上有时用麦克斯韦（Mx），1Wb = 10Mx。

3. 磁导率 μ

磁导率是一个用来表示磁场媒质磁性的物理量，也就是用来衡量物质导磁能力的物理量。真空中的磁导率是一个常数，用 μ_0 表示，即

$$\mu_0 = 4\pi \times 10^{-7}\,\mathrm{H/m}$$

其他任一媒质的磁导率与真空中的磁导率的比值称为相对磁导率，用 μ_r 表示，即

$$\mu_r = \frac{\mu}{\mu_0}$$

或

$$\mu = \mu_0 \mu_r$$

4. 磁场强度 H

在磁场中，各点磁场强度的大小只与电流的大小和导体的形状有关，而与媒质的性质无关。H 的方向与 B 相同，在数值上有

$$B = \mu H$$

H 的单位为安/米（A/m）。

5. 安培环路定律

在磁场中，H 的任意闭合路径的线积分，等于穿过此路径所围成面的电流的代数和。即

$$\oint_l H\mathrm{d}l = \sum I$$

该积分称为安培环路定律。当电流参考方向与环路的绕向符合右手螺旋定则时，该电流前取“+”，反之，取“-”。

7.1.2 磁路及其基本定律

1. 磁路基本概念

1）*磁路*

在电工设备中，常采用导磁性能良好的铁磁材料做成一定形状的铁芯，将线圈绕在铁芯上，由于磁性材料的磁导率比周围空气的磁导率大得多，给绕在铁芯上的线圈接通较小的电流，就会在铁芯中产生很强的磁场，而周围非磁性材料中的磁场非常弱，也就是说，磁场的磁力线几乎全部（大部分）汇聚于铁芯中，工程上把这种由铁芯所限定的磁场称为磁路。在实际中，凡需要强磁场的场合，都采用磁路来实现，如电机、变压器、继电器、电磁铁等。

2）*主磁通和漏磁通*

约束在铁芯内的磁通称为主磁通 Φ；还有一小部分的其中一段或全段不经过铁芯的磁通称为漏磁通 Φ_σ。一般来讲，漏磁通所占比例极小，可忽略不计。

3）*磁阻* R_m

磁路中的磁介质对磁通呈现的阻碍作用，称为磁阻，用 R_m 表示。

$$R_m = \frac{l}{\mu S}$$

式中，l 为磁路长度，S 为磁路截面积，μ 为磁导率，磁阻的单位为1/亨利。

4）*磁位差* U_m

某一段磁路中磁场强度与该段磁路长度之积称为该段磁路的磁位差，用 U_m 表示。

$$U_m = Hl$$

需要指出的是，磁路中的磁位差与某一具体磁路路径有关，磁位差的单位为安培。

5）*磁动势* F

磁动势（也叫磁通势）类似于电路中的电动势。磁路中产生磁通的磁源通常是线圈中的电流，该电流与线圈匝数之积称为磁通势。

$$F = NI$$

磁通势的单位也是安培。

2. 磁路欧姆定律

如图7-1所示磁路，l 为磁路平均长度，S 为磁路截面积，Φ 为磁路主磁通，Φ_σ 为漏磁

通（可忽略不计），I 为线圈电流。

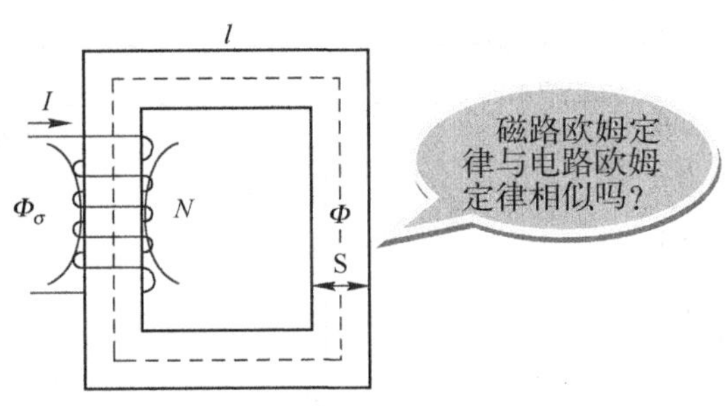

图 7-1　磁路欧姆定律

对于均匀磁路，有

$$NI = HI = \frac{B}{\mu}I = \frac{\Phi}{S\mu}I$$

令磁阻

$$R_{\mathrm{m}} = \frac{l}{\mu S}$$

则推出磁路的欧姆定律

$$U_{\mathrm{m}} = \Phi R_{\mathrm{m}}$$

上式表明，磁路中某一段磁路的磁位差等于该段磁路的磁阻与磁通的乘积。磁路欧姆定律与电路欧姆定律相似，而它反映了磁路中磁通、磁压与磁阻的关系。

3. 磁路基尔霍夫定律

（1）磁路基尔霍夫第一定律 $\Phi_1 = \Phi_2 + \Phi_3$ 或 $\sum \Phi_k = 0$，如图 7-2 所示。

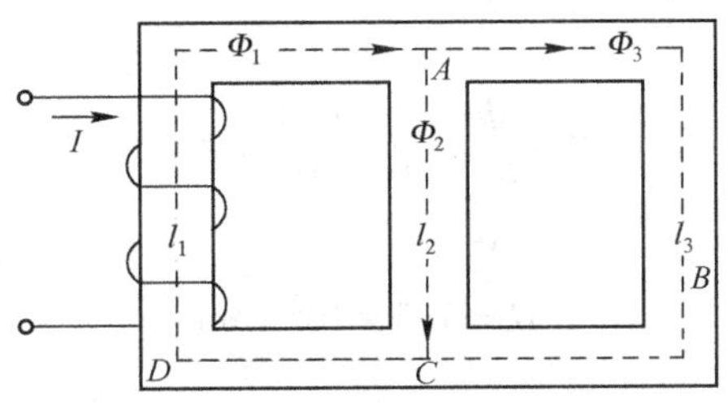

图 7-2　磁路基尔霍夫第一定律

（2）磁路基尔霍夫第二定律 $NI = Hl_1 + Hl_3$ 或 $\sum NI = \sum Hl$，式中，H_1 表示 CDA 段的磁场强度，l_1 为该段的平均长度；H_3 表示 ABC 段的磁场强度，l_3 为该段的平均长度，如图 7-2 所示。

磁路基尔霍夫两大定律相当于电路中的基尔霍夫两大定律，是计算带有分支的磁路的重要工具（本书对并联磁路不作要求）。

4. 磁路与电路的比较

磁路与电路相比，在形式上有许多相似之处，如表 7-1 所示。

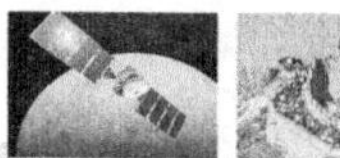

表 7-1　磁路和电路的类比关系

磁　　路	电　　路
物　理　量	
磁动势 $F=\Phi R_m$ 磁通量 Φ 磁阻 $R_m=\frac{l}{\mu A}$ 磁导 $\Lambda=\frac{1}{R_m}$ 磁导率 μ	电动势 $E=IR$ 电流 I 电阻 R 电导 G 电导率 ρ
基 本 定 律	
欧姆定律 $\Phi=\frac{Ni}{\frac{L}{A\mu}}=\frac{F}{R_m}$ 基尔霍夫第一定律 $\sum\Phi=0$ 基尔霍夫第二定律 $\sum Ni=\sum_{k=1}^{n}H_k l_k$	欧姆定律 $I=\frac{E}{R}$ 基尔霍夫第一定律 $\sum i=0$ 基尔霍夫第二定律 $\sum e=\sum iR$

但磁路与电路还有许多不同之处，具体如下。

(1) 电路中有电流就有功率损耗，磁路中恒定磁通下没有功率损耗。

(2) 电流全部在导体中流动，而在磁路中没有绝对的磁绝缘体，除在铁芯的磁通外，空气中也有漏磁通。

(3) 电阻为常数，磁阻为变量。

(4) 对于线性电路可应用叠加原理，而当磁路饱和时为非线性，不能应用叠加原理。

综上所述，磁路与电路仅是数学形式上的类似，本质是不同的。

【实例 7-1】 在由铸钢制成的闭合铁芯上绕有导线，匝数 $N=2\,000$，铁芯的截面积 $S_{Fe}=10\text{cm}^2$，铁芯的平均长度 $l_{Fe}=20\text{cm}$。若要在铁芯中产生磁通 $\Phi=0.001\text{Wb}$，试问线圈中应通入多大直流电流？

解：

$$B=\frac{\Phi}{S_{Fe}}=\frac{0.001}{10\times10^{-4}}=1\text{T}$$

查铸钢的磁化曲线可得

$$H=0.7\times10^{3}\text{A/m}$$

由 $IN=Hl_{Fe}$ 可得

$$I=\frac{Hl_{Fe}}{N}=\frac{0.7\times10^{3}\times20\times10^{-2}}{2\,000}=0.07\text{A}$$

7.2　铁磁性物质的磁化

如果我们直接用普通钢板去靠近大头针，钢板不能吸引大头针；如果用磁铁的南极或北极，沿钢板的一个方向多摩擦几次之后，再用钢板去靠近大头针，则钢板能吸引大头针，这证明钢板被磁化了。

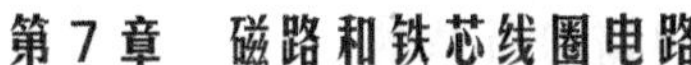

铁磁性物质是指易于磁化的物质（如铁、钴、镍），当把它们移近磁铁处，磁铁的磁场会使它们产生磁化感应，靠近磁铁 N 极的一端就成为 S 极，这类高磁性物体叫做铁磁性物质。磁化是指使原来不具有磁性的物质获得磁性的过程。

当一块钢铁被磁化成磁铁之后，内部的磁区就朝着同一方向，如图 7-3 所示。整个钢块一段呈 N 极，一段呈 S 极，对外界的钢铁就产生磁力了。

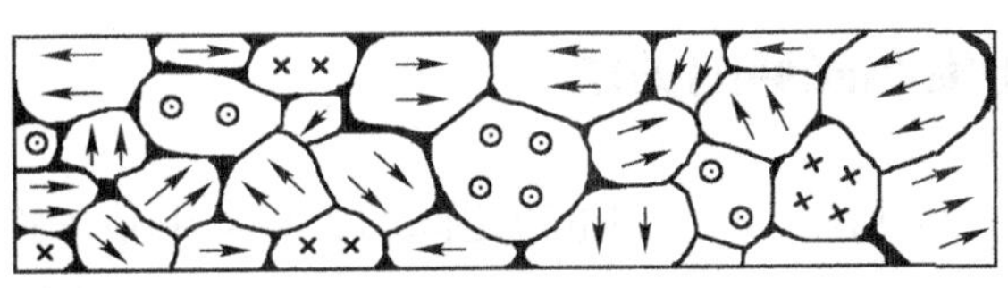

（a）被磁化前

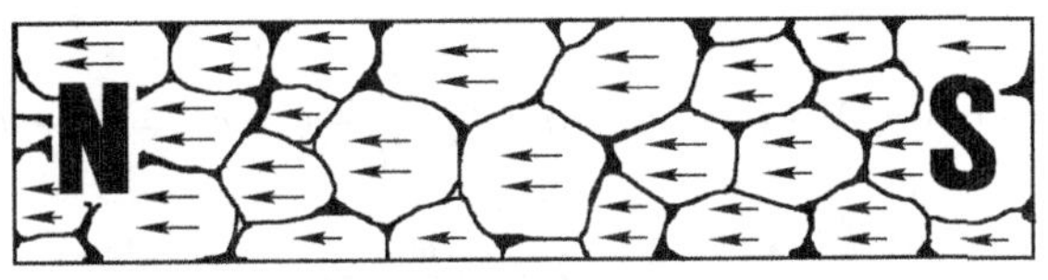

（b）被磁化后

图 7-3　钢铁内部磁区示意图

我们在描写铁磁性物质的磁化规律时，一般用磁场强度 H 表示传导电流产生的激励磁场，用磁感应强度表示铁磁性物质中的磁场强弱。

利用实验方法，可以测绘出铁磁性物质的 $B-H$ 曲线，如图 7-4 所示，称为磁化曲线。

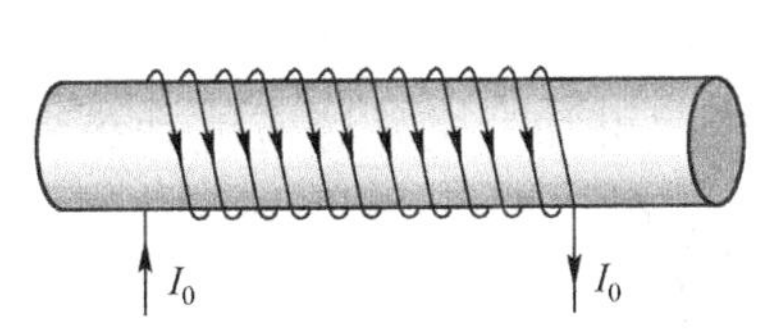

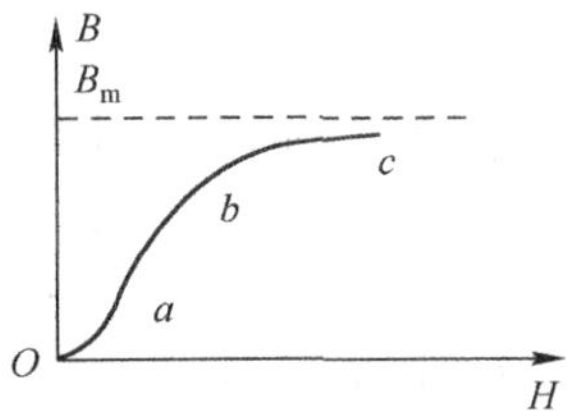

图 7-4　磁化曲线

当铁磁性物质开始磁化时，B 随 H 的增加而很快增长。当 H 增大到一定程度后，B 却增长得极为缓慢，最后铁芯中的磁感强度达到 B_s 而不再增加，这种状态叫做磁饱和现象。

当外加磁场由强逐步减弱至 $H=0$ 时，铁磁质中的 B 不为零，而是 $B=B_r$，B_r 称为剩余磁感应强度，简称剩磁。要消除剩磁，使铁磁质中的 B 恢复为零，这时的反向磁场强度 H_c 称为矫顽力。

图 7-5　磁滞回线

当磁场强度变化一个周期后，铁磁性物质的磁化曲线形成一个闭合曲线，如图 7-5 所示，称为磁滞回线。

7.3 交流铁芯线圈

将交流铁芯线圈接到交流电源上，即形成交流铁芯线圈电路。由于线圈中通过交流电流，因此在线圈和铁芯中将产生感应电动势。下面将介绍交流铁芯线圈电路的特点。

7.3.1 电压、电流与磁通的关系

如图 7-6 所示交流铁芯线圈，电压和电流之间的关系可由基尔霍夫电压定律得出

$$u + e + e_\sigma = Ri$$

或

$$u = Ri + (-e_\sigma) + (-e) = Ri + L_\sigma \frac{\mathrm{d}i}{\mathrm{d}t} + (-e) = u_R + u_\sigma + u'$$

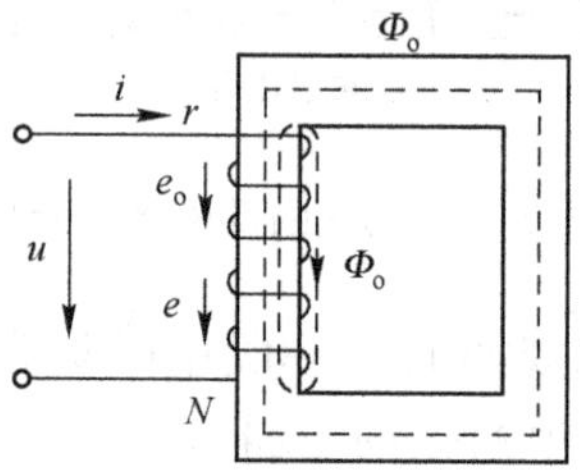

图 7-6　交流铁芯线圈

设线圈导线电阻为 R，一般情况下当外加正弦电压 u 时，Ri 与 e_σ 值可忽略不计，即

$$u \approx -e \tag{7-1}$$

在图 7-6 规定的参考方向下，由电磁感应定律可知，主磁感应电动势为

$$e = -N\frac{\mathrm{d}\Phi}{\mathrm{d}t} \tag{7-2}$$

将主磁通 $\Phi = \Phi_\mathrm{m}\sin\omega t$ 代入式（7-2）中，则得

$$e = -N\frac{\mathrm{d}\Phi}{\mathrm{d}t} = -N\frac{\mathrm{d}(\Phi_\mathrm{m}\sin\omega t)}{\mathrm{d}t} = -N\omega\Phi_\mathrm{m}\cos\omega t$$

$$= 2\pi fN\Phi_\mathrm{m}\sin(\omega t - 90°) = E_\mathrm{m}\sin(\omega t - 90°)$$

上式中 Φ_m 为主磁通最大值，f 为电源频率，N 为线圈匝数，$E_\mathrm{m} = 2\pi fN\Phi_\mathrm{m}$ 是主磁电动势 e 的幅值，而其有效值则为

$$E = \frac{E_\mathrm{m}}{\sqrt{2}} = \frac{2\pi fN\Phi_\mathrm{m}}{\sqrt{2}} = 4.44fN\Phi_\mathrm{m}$$

由式（7-1）可知 $U \approx E$，所以在忽略线圈电阻与漏磁通的条件下，主磁通的幅值 Φ_m 与线圈外加电压有效值 U 的关系为

$$U \approx E = 4.44fN\Phi_\mathrm{m} \tag{7-3}$$

上式中 U 为线圈的外加电压，式（7-3）反映了交流铁芯线圈电路的基本电磁关系，它是分析计算交流磁路的重要依据。

7.3.2　功率损耗

在交流铁芯线圈中功率损失有两部分：一部分是铜损 $P_{Cu}=I^2R$，即线圈电阻功率损失；另一部分是铁损 P_{Fe}，在交流磁通的作用下，铁芯内的磁滞损耗 ΔP_h 和涡流损耗 ΔP_e 合称铁损。

1. 磁滞损耗

磁滞损耗取决于磁滞回线的面积。磁滞损耗会引起铁芯发热，为了减小磁滞损耗，应选用磁滞回线狭小的磁性材料制造铁芯。硅钢就是变压器和电机中常用的铁芯材料，其磁滞损耗较小。

2. 涡流损耗

若铁芯为整块的，则在交变磁通下，在与磁通方向垂直的截面中产生漩涡状的感应电动势和电流，称为涡流。有涡流产生的功率损耗称为涡流损耗，它也使铁芯发热。如图 7-7 所示，为了减小涡流损耗，在顺着磁场方向铁芯可由彼此绝缘的硅钢叠成，这样就可以限制涡流只能在较小的截面内流通。

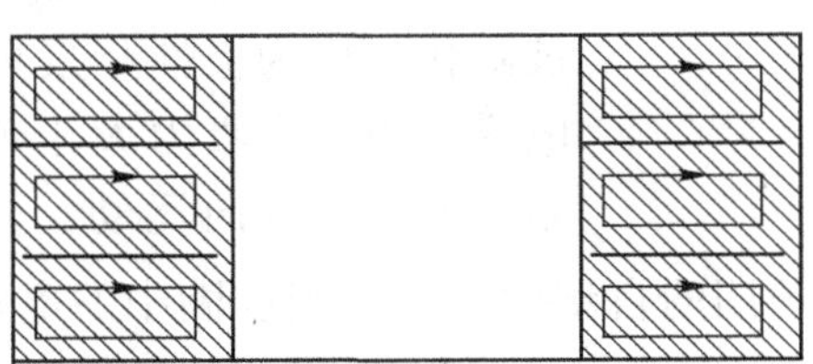

图 7-7　减小涡流损耗示意图

此外，通常所用的硅钢片中含有少量的硅（0.8%～4.8%），因而电阻率较大，这也可以使涡流减小。

因此，铁芯线圈交流电路的有功功率为

$$P=UI\cos\varphi=P_{Cu}+P_{Fe}=I^2R+\Delta P_{Fe}=I^2R+\Delta P_h+\Delta P_e$$

【实例 7-2】 为了求出铁芯线圈的铁损，先将它接在直流电源上，从而测得线圈的电阻为 2.35Ω；然后接在交流电源上，测得电压 $U=90\text{V}$，功率 $P=60\text{W}$，电流 $I=1.5\text{A}$。试求铁损和线圈的功率因数。

解： 线圈的铜损

$$\Delta P_{Cu}=I^2R=1.5^2\times 2.35\approx 5.29\text{W}$$

线圈的铁损

$$\Delta P_{Fe}=P-\Delta P_{Cu}=60-5.29=54.71\text{W}$$

线圈的功率因数

$$\cos\varphi=\frac{P}{UI}=\frac{60}{90\times 1.5}\approx 0.44$$

7.4 电磁铁与变压器

7.4.1 电磁铁

1. 电磁铁的基本组成

电磁铁主要由线圈、铁芯及衔铁三部分组成，铁芯和衔铁一般用软磁材料制成。铁芯一般是静止的，线圈总是装在铁芯上，开关电器的电磁铁的衔铁上还装有弹簧，如图7-8所示。

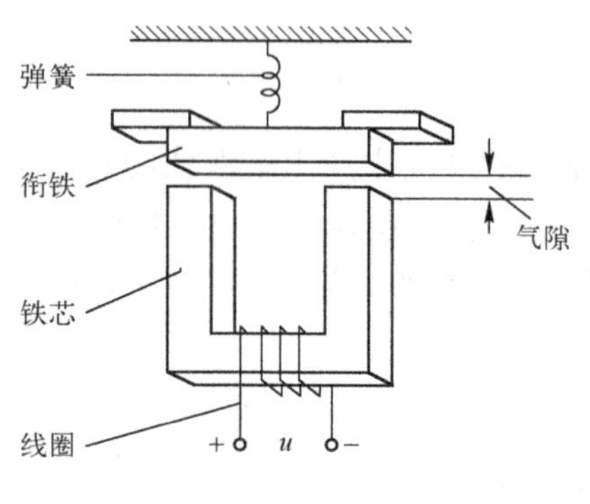

图7-8 电磁铁的组成

2. 电磁铁的工作原理

当电磁铁的线圈未通电时，衔铁在弹簧的作用下，与铁芯之间保持一个比较大的气隙，这时衔铁处于释放位置状态。当线圈通电后，在线圈磁通势的作用下，建立磁场，产生磁通，其中绝大部分磁通通过铁芯和衔铁形成闭合回路，这时铁芯和衔铁被磁化，成为极性相反的两块磁铁，它们之间产生电磁吸力。当吸力大于弹簧的反作用力时，衔铁开始向着铁芯方向运动，同时，可以通过衔铁来带动其他机械装置或部件，完成预期的自动化动作。当线圈中的电流小于某一定值或中断供电时，电磁吸力小于弹簧的反作用力，衔铁将在反作用力的作用下返回原来的释放位置。这就是电磁铁的基本工作原理。

电磁铁是利用载流铁芯线圈产生的电磁吸力来操纵机械装置，以完成预期动作的一种电器。它是将电能转换为机械能的一种电磁元件。

3. 电磁铁的分类和使用

电磁铁根据所用电源的不同可分为交流电磁铁和直流电磁铁；按用途不同可分为牵引电磁铁、制动电磁铁和起重电磁铁。

1）电磁铁根据所用电源的不同分类

（1）交流电磁铁。交流电磁铁正常工作时，线圈中通过的是交流电，铁芯中的磁通是交变的，交变的磁通在铁芯中会产生磁滞和涡流损耗，使铁芯中产生热量。为了减小铁损，铁芯和衔铁采用硅钢片叠成。

阀用交流电磁铁的使用电压一般为交流220V，电气线路配置简单。交流电磁铁启动力较大，换向时间短，但换向冲击大，工作时温升高（外壳设有散热筋）；当阀芯卡住时，电磁铁因电流过大易烧坏，可靠性较差，所以切换频率不许超过30次/min，寿命较短。

(2) 直流电磁铁。直流电磁铁正常工作时，线圈中通过的是直流电，在稳定状态下铁芯中的磁通是恒定的，铁芯中没有磁滞和涡流损耗，铁芯中部产生热量。直流电磁铁的铁芯和衔铁由整块软钢或电工纯铁制成。

直流电磁铁一般使用24V 直流电压，因此需要专用直流电源。其优点是不会因铁芯卡住而烧坏（其圆筒形外壳上没有散热筋），体积小，工作可靠，允许切换频率为 120 次/min，换向冲击小，使用寿命较长，但启动力比交流电磁铁小。

2) 按用途不同分类

(1) 牵引电磁铁。牵引电磁铁主要用于自动控制设备中，用来牵引或推斥机械装置，以达到自控或遥控的目的。例如，用来开启或关闭水路、油路、气路等阀门，用以操纵金属切割机床的各种操作机构，以实现自动控制。当前常用的牵引电磁铁有 MQ1 和 MQ2 两个系列交流单相螺管式电磁铁及 MQZ1 系列小型直流电磁铁。

(2) 制动电磁铁。制动电磁铁是用来操纵制动器，完成制动任务的电磁铁，通常与瓦式制动器配合使用，在电气传动装置中，用来对电动机进行机械制动，以达到准确、迅速停车的目的。常用的制动电磁铁有 MZS1 系列三相交流长行程制动电磁铁、MZZ2 系列直流长行程制动电磁铁、MZD1 系列单相交流短行程制动电磁铁、MZZ1 系列直流短行程制动电磁铁等。

(3) 起重电磁铁。起重电磁铁是用于起重、搬运铁磁性重物的电磁铁。它广泛应用于冶炼、铸造、机械制造和运输部门，在常温下搬运钢板、生铁锭、废钢屑、钢轨、铁矿石等磁性物件。起重电磁铁为直流电磁铁。常用的起重电磁铁有 MW1 和 MW5 系列圆盘形起重电磁铁、MW2 和 MW4 系列矩形起重电磁铁、MW61 系列椭圆形起重电磁铁。

7.4.2　变压器

1. 变压器的组成

变压器是一种改变交流电压和交流电流、传递电功率的器件，变压器主要由铁芯和绕组两个基本部分组成。

1) 铁芯

铁芯是变压器中主要的磁路部分，通常由含硅量较高、厚度为 0.35mm 或 0.5mm、表面涂有绝缘漆的热轧或冷轧硅钢片叠装而成。铁芯分为铁芯柱和铁轭两部分，铁芯柱套有绕组；铁轭为闭合磁路之用。铁芯结构的基本形式有心式和壳式两种。心式铁芯成“口”字形，线圈包着铁芯，如图 7-9 (a) 所示；壳式铁芯成“日”字形，铁芯包着线圈，如图 7-9 (b) 所示。

2) 绕组

绕组是变压器的电路部分，它是用具有良好绝缘的漆包圆线、纱包线或丝包线绕成的。在工作时，和电源相连的线圈叫做原线圈（初级绕组），而与负载相连的线圈叫做副线圈（次级绕组）。

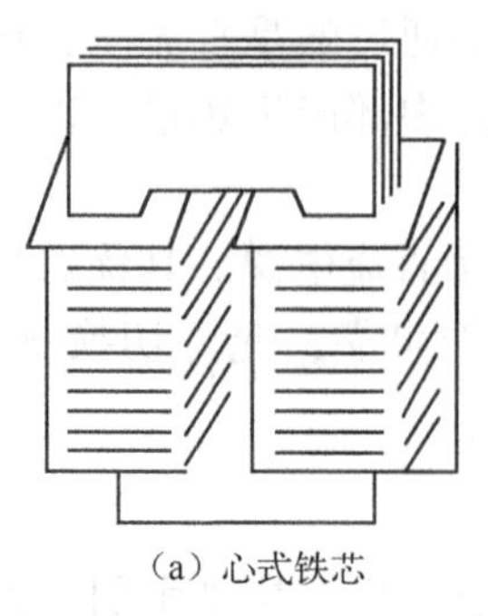

（a）心式铁芯

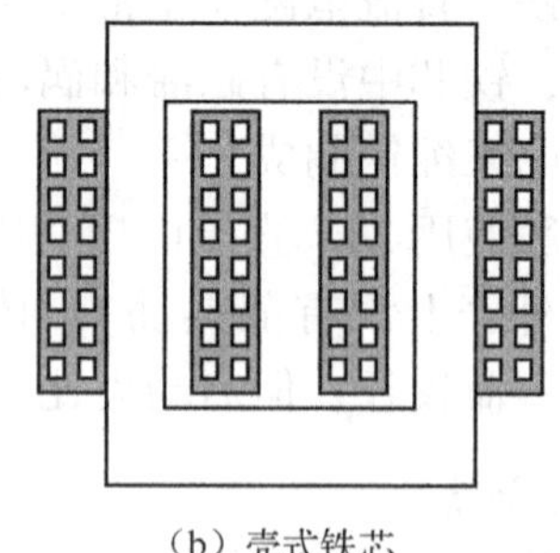

（b）壳式铁芯

图 7-9　铁芯结构

为了起到电磁屏蔽的作用，变压器往往用铁壳或铝壳罩起来，原、副线圈间加一层金属静电屏蔽层，大功率的变压器中还有专门设置的冷却设备等。

2. 变压器的工作原理

变压器的工作原理，是电磁感应定律和全电流定律的应用。如图 7-10 所示的单相变压器，由一个闭合铁芯和绕在铁芯上的两个线圈构成，两个线圈是相互绝缘的，没有电的联系，但由于绕在同一个磁路上，故有磁的耦合。设原线圈的串联匝数是 N_1 匝，副线圈的串联匝数是 N_2 匝，如果把原线圈与交流电源接通，副线圈接电灯负载，会看到电灯发亮的现象，这说明两个线圈之间通过电磁感应实现了能量传递。此时，称为变压器负载运行；如果副线圈开路，则称变压器空载运行。

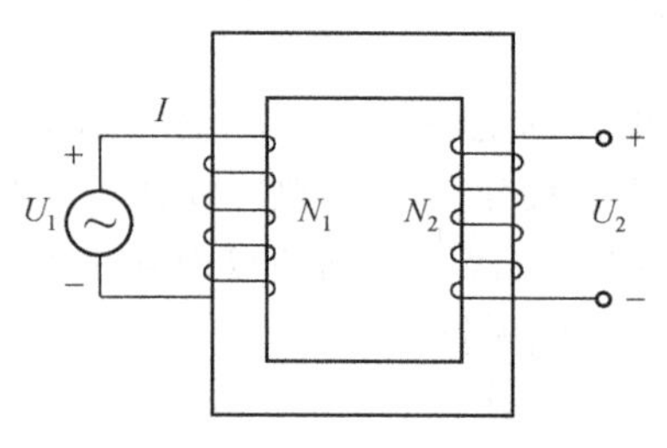

图 7-10　单相变压器

3. 变压器的作用

变压器有变换交流电压、变换交流电流和变换交流阻抗的作用。

1）变换交流电压

如果把原线圈与交流电源接通，在原、副线圈中通有交变的磁通，若略去不计，可认为原、副线圈的交变磁通相同，因而这两个线圈每匝所产生的感应电动势相等。设原线圈的匝数是 N_1，副线圈的匝数是 N_2，穿过它们的磁通是 Φ，则原、副线圈产生的感应电动势分别是

$$E_1 = N_1 \frac{\Delta \Phi}{\Delta t}$$

$$E_2 = N_2 \frac{\Delta \Phi}{\Delta t}$$

由此得出

$$\frac{E_1}{E_2} = \frac{N_1}{N_2}$$

在原线圈中，E_1 起阻碍电流变化的作用，与加在原线圈中两端的电压 U_1 相平衡。原线圈

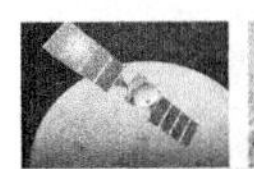

的电阻很小，略去不计，则有 $U_1 \approx E_1$。感应电动势 E_2 相当于电源的电动势，副线圈的电阻很小，略去不计，相当于无内阻的电源，因而副线圈两端的电压 U_2 等于感应电动势 E_2，即有 $U_2 \approx E_2$。因此得到

$$\frac{U_1}{U_2} = \frac{E_1}{E_2} = \frac{N_1}{N_2} = K$$

式中，K 称为变压比。

因此，变压器原、副线圈的端电压比等于这两个线圈的匝数比。如果 $N_2 > N_1$，U_2 就大于 U_1，变压器使电压升压，叫做升压变压器；如果 $N_1 > N_2$，U_1 就大于 U_2，变压器使电压降低，叫做降压变压器。

2）变换交流电流

变压器能从电网中获取能量，并通过电磁感应进行能量转换后，再把电能输送给负载。

根据能量守恒定律，在不计变压器内部损耗的情况下，变压器输出的功率和它从电网中获得的功率相等，即 $P_1 = P_2$。

根据交流电功率的公式 $P = UI\cos\phi$ 可得，$U_1 I_1 \cos\phi_1 = U_2 I_2 \cos\phi_2$。

$\cos\phi_1$ 是原线圈电路的功率因数，$\cos\phi_2$ 是副线圈电路的功率因数，ϕ_1 和 ϕ_2 通常相差很小，在实际计算中可以认为它们相等，因而得到

$$U_1 I_1 \approx U_2 I_2$$

即

$$\frac{I_1}{I_2} \approx \frac{N_2}{N_1} = \frac{1}{K}$$

因此，变压器工作时原、副线圈中的电流与线圈的匝数成反比。变压器的高压线圈匝数多而通过的电流小，可用较细的导线绕制；低压线圈匝数少而通过的电流大，应当用较粗的导线绕制。

3）变换交流阻抗

在电子线路中，常用变压器来变换交流阻抗。无论收音机还是其他电子装置，总希望负载获得最大功率，而负载获得最大功率的条件是负载电阻等于信号源的内阻，此时称为阻抗匹配。

在实际中，负载的电阻与信号源的内阻往往是不相等的，所以，把负载直接接到信号源上不能获得最大功率。为此，就需要利用变压器来进行阻抗匹配。

设变压器初级输入阻抗（即初级两端所呈现的等效阻抗）为 $|Z_1|$，次级负载阻抗为 $|Z_2|$，则

$$|Z_1| = \frac{U_1}{I_1}$$

将 $U_1 = (N_1/N_2)U_2$、$I_1 = (N_2/N_1)I_2$ 代入上式，整理后得

$$|Z_1| \approx \left(\frac{N_1}{N_2}\right)^2 \cdot \frac{U_2}{I_2}$$

因为

$$\frac{U_2}{I_2} = |Z_2|$$

所以

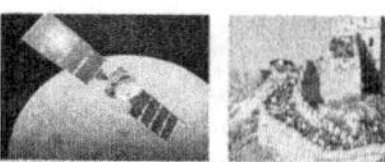

$$|Z_1| \approx \left(\frac{N_1}{N_2}\right)^2 \cdot |Z_2| = K^2 |Z_2|$$

因此，在次级负载阻抗为$|Z_2|$时，就相当于使电源直接接上一个阻抗$|Z_1| \approx K^2 |Z_2|$。

【实例 7-3】 有一个电压比为 220/110V 的降压变压器，如果在次级接上 55Ω 的电阻，求变压器初级的输入阻抗。

解法 1： 先求出次级电流

$$I_2 = \frac{U_2}{|Z_2|} = \frac{110}{55} = 2\text{A}$$

再根据变压比求出初级电流

$$K = \frac{N_1}{N_2} \approx \frac{U_1}{U_2} = \frac{220}{110} = 2$$

$$I_1 \approx \frac{1}{K} \cdot I_2 = \frac{1}{2} \times 2 = 1\text{A}$$

所以，变压器的输入阻抗为

$$|Z_1| = \frac{U_1}{I_1} = \frac{220}{1} = 220\Omega$$

解法 2： 先求出变压比

$$K = \frac{N_1}{N_2} = \frac{U_1}{U_2} = \frac{220}{110} = 2$$

再根据阻抗变换公式，直接求出变压器的输入阻抗为

$$|Z_1| = K^2 |Z_2| = 2^2 \times 55 = 220\Omega$$

【实例 7-4】 有一个信号源的电动势为 1V，内阻为 600Ω，负载电阻为 150Ω。要使负载获得大功率，必须在信号源和负载之间接一个匹配变压器，使变压器的输入电阻等于信号源的内阻，如图 7-11 所示，问变压器的变压比为多少？初、次级电流各为多大？

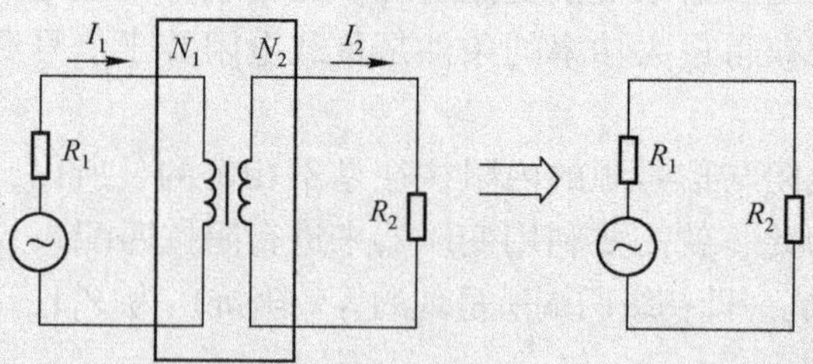

图 7-11　实例 7-4 电路

解： 因为负载电阻 R_2 为 150Ω，变压器的输入电阻 $R_1 = R_0 = 600\Omega$，可用变压器的阻抗变换公式，求得变压比为

$$K = \frac{N_1}{N_2} \approx \sqrt{\frac{R_1}{R_2}} = \sqrt{\frac{600}{150}} = 2$$

所以，信号源和负载之间接一个变压比为 2 的变压器就能达到阻抗匹配的目的。

变压器初级电流为

$$I_1=\frac{E}{R_0+R_1}=\frac{1}{600+600}\approx 0.83\text{mA}$$

次级电流为

$$I_2\approx\frac{N_1}{N_2}I_1=2\times 0.83=1.66\text{mA}$$

4. 变压器的功率和效率

1）变压器的功率

变压器初级端电压为 U_1，初级电流为 I_1，初级电压和电流的相位差为 ϕ_1，变压器初级的输入功率为

$$P_1=U_1I_1\cos\phi_1$$

变压器次级端电压为 U_2，次级电流为 I_2，次级电压和电流的相位差为 ϕ_2，变压器次级的输出功率为

$$P_2=U_2I_2\cos\phi_2$$

输入功率和输出功率的差就是变压器所损耗的功率，即

$$P=P_1-P_2$$

2）变压器的效率

变压器的效率是变压器输出功率与输入功率的百分比，即

$$\eta=\frac{P_2}{P_1}\times 100\%$$

变压器的效率较高，大容量变压器的效率可达 98% ～ 99%，小型变压器的效率约为 70% ～ 80%。

【实例 7-5】一变压器的初级电压为 2 200V，次级电压为 220V，在接有纯电阻性负载时，测得次级电流为 10A。如果变压器的效率为 95%，求它的损耗功率、初级功率和初级电流是多少。

解：次级负载功率为

$$P_2=U_2I_2\cos\phi_2=220\times 10=2\ 200\text{W}$$

初级功率为

$$P_1=\frac{P_2}{\eta}=\frac{2\ 200}{0.95}\approx 2\ 316\text{W}$$

损耗功率为

$$P=P_1-P_2=2\ 316-2\ 200=116\text{W}$$

初级电流为

$$I_1=\frac{P_1}{U_1}=\frac{2\ 316}{2\ 200}\approx 1.05\text{A}$$

知识梳理与总结

（1）磁路：由于磁性物质具有高导磁性，可用来构成磁力线的集中通路，称为磁路。

（2）磁路基尔霍夫定律：

① 磁路基尔霍夫第一定律，$\Phi_1=\Phi_2+\Phi_3$或$\sum\Phi_k=0$。

② 磁路基尔霍夫第二定律，$NI=Hl_1+Hl_3$或$\sum NI=\sum Hl$。

式中，H_1表示 CDA 段的磁场强度，l_1为该段的平均长度；H_3表示 ABC 段的磁场强度，l_3为该段的平均长度（见图 7–2）。

（3）铁磁性物质：指易于磁化的物质（如铁、钴、镍），当把它们移近磁铁处，磁铁的磁场会使它们产生磁化感应，靠近磁铁 N 极的一端就成为 S 极，这类高磁性物体叫做铁磁性物质。

（4）磁化：是使原来不具有磁性的物质获得磁性的过程。

（5）磁滞回线：当磁场强度变化一个周期后，铁磁性物质的磁化曲线形成一个闭合曲线，称为磁滞回线。

（6）电磁铁的结构：电磁铁主要由线圈、铁芯及衔铁三部分组成，铁芯和衔铁一般用软磁材料制成，铁芯通常是静止的，线圈总是装在铁芯上。

（7）变压器的组成：变压器由铁芯和绕组两个基本部分组成。

（8）铁芯：铁芯是变压器中主要的磁路部分，通常由含硅量较高、厚度为 0.35 或 0.5mm、表面涂有绝缘漆的热轧或冷轧硅钢片叠装而成。

（9）绕组：绕组是变压器的电路部分，它是用具有良好绝缘的漆包圆线、纱包线或丝包线绕成的。

习题 7

一、选择题

1. 变压器的初、次级电压比为 3∶1，若初级输入 6V 的交流电压，则次级电压为（　　）。

A. 18V　　B. 6V　　C. 2V　　D. 0V

2. 若变压器的变压比为 3，在变压器的次级接上 3Ω 的负载电阻，相当于直接在初级回路接上（　　）电阻。

A. 9Ω　　B. 27Ω　　C. 6Ω　　D. 1Ω

3. 有一信号源，内阻为 600Ω，负载阻抗为 150Ω，欲使负载获得最大功率，必须在电源和负载之间接一匹配变压器，变压器的变压比应为（　　）。

A. 2∶1　　B. 1∶2　　C. 4∶1　　D. 1∶4

二、判断题

1. 在变压器的工作过程中，若初级电压比次级电压高，则初级电流将比次级电流大。（　　）

2. 若初、次级变压比 $n<1$，则变压器的初级电压小于次级电压，这种变压器叫做升压变压器。（　　）

3. 变压器的初、次级变压比为 2∶1，当初级加入 4V 的直流电压时，次级输出的电压应

为2V。(　　)

4. 当变压比为1，即初、次级电压相等时，称为隔离变压器。(　　)

三、分析计算题

1. 有一只碳膜电阻为100Ω、50W，求其最大工作电压 U_M。若将该电阻误接到100V的直流电源上，会产生什么后果？

2. 一只白炽灯额定值为220V、100W，求其电阻 R、额定电流 I_e。若将这只灯泡接到110V电路中，其实际功率是多少？

3. 一根5A的保险丝，电阻为0.015Ω，其熔断时两端的电压是多少？

4. 一个闭合的均匀的铁芯线圈，其匝数为300，铁芯中的磁感应强度为0.9T，磁路的平均长度为45cm。试求：(1) 铁芯材料为铸铁时线圈中的电流；(2) 铁芯材料为硅钢片时线圈中的电流。

5. 有一交流铁芯线圈，电源电压 $U=220$V，电路中的电流 $I=4$A，功率表读数 $P=100$W，频率 $f=50$Hz，漏磁通和线圈电阻上的电压降可忽略不计。试求：(1) 铁芯线圈的功率因数；(2) 铁芯线圈的等效电阻和感抗。

6. 一理想变压器，初级绕组接在220V的正弦电压上，测得次级绕组的端电压为20V，若初级匝数为200匝，求变压器的变压比和次级绕组的匝数各为多少？

四、简答题

1. 电动机为什么能转动？

2. 变压器为什么能升高或降低电压？

3. 接触器为什么能动作？

参考文献

[1] 秦曾煌. 电工学. 5 版. 北京：高等教育出版社，1999.
[2] 李树燕. 电路基础. 2 版. 北京：高等教育出版社，1994.
[3] 邱关源. 电路. 2 版. 北京：高等教育出版社，1999.
[4] 翁黎朗. 电路分析基础. 北京：机械工业出版社，2009.
[5] 胡翔骏. 电路基础. 北京：高等教育出版社，1996.
[6] 宫俊芳. 电路基本理论. 济南：山东科学技术出版社，1994.
[7] 谭恩鼎. 电工基础. 北京：高等教育出版社，1985.
[8] 卢秉娟. 电路基础. 北京：机械工业出版社，2006.
[9] 秦曾煌. 电工学. 4 版. 北京：高等教育出版社，1990.
[10] 李瀚荪. 电路分析基础. 3 版. 北京：高等教育出版社，1993.
[11] 张志良. 电工基础. 北京：机械工业出版社，2010.
[12] 赵景波. 电工电子技术. 北京：人民邮电出版社，2008.
[13] 王慧玲. 电路基础. 2 版. 北京：高等教育出版社，2007.
[14] 赵辉. 电路基础. 2 版. 北京：机械工业出版社，2008.
[15] 徐淑华. 电工电子技术. 2 版. 北京：电子工业出版社，2008.
[16] 范世贵. 电路分析基础. 西安：西北工业大学出版社，2004.